本书受浙江师范大学重点建设学科经费资助

伦理与事理

ETHICS AND LAW

三思斋时评及其他

Sansi Zhai Commentaries and Others

李建华 著

社会科学文献出版社
SOCIAL SCIENCES ACADEMIC PRESS (CHINA)

目 录

前　言 / 1

一 时评

道德就应该始终站在制高点上 / 3
谁在挑战这个社会的道德底线 / 6
告密文化盛行绝对不是好事 / 8
要高度重视风险社会的来临 / 11
警惕封建腐朽思想死灰复燃 / 14
我还是要感谢"感谢贫穷" / 16
道德底线为什么不容突破 / 19
艺人逃税的背后 / 21
在这个可以言说和不可言说的世界里 / 23
"奋斗幸福观"的三重伦理意蕴 / 26
无须在乎排名　但要心中有数 / 31
没有师道尊严　哪来立德树人 / 34
"白眼"的背后 / 37
在这个喧嚣的年代，我们究竟如何学雷锋 / 39
在物理与伦理之间 / 46
作风建设为什么永远在路上 / 49
心中有快乐　天天便是节 / 52
坚持以人民为本的社会治理 / 54
我们为什么这样忙 / 57
新目标开启教育新征程 / 60

如何理解美好生活需要 /63

怎样理解当代中国的发展不平衡不充分 /66

好大学贵在有特色，强在坚持特色 /69

别忘了，"双一流"前面有"世界"二字 /72

尊重人才是培养领军人才的根本 /74

低欲望社会的可能性道德风险 /77

迎新季，大学校长到底说点啥好 /81

父亲与领导岂可同日而语 /83

诚实于自我，也不过是动物而已 /86

建设中国特色社会主义现代化强国的最强音 /89

"干部成长感恩谁"这个问题不用讨论 /92

领导干部的道德定力如何养成 /94

人民百姓才是正能量的真正来源 /99

着力培养城市生态公民 /102

道德冷漠，为何让我们如此不安 /104

毕业典礼送"拒腐礼"，值得称道 /106

中国式高考：我的感悟 /108

完善信用体系　构建信用社会 /111

莫让"教授治学"成为大学行政化的助推器 /115

新型智库要学会"站式服务" /117

大学领导贵在有"书生气" /119

共商、共建、共享：构建人类命运共同体的价值理念 /121

官德建设的法治之维 /123

共生：共享的存在论基础 /128

廉洁是一种永不衰竭的道德 /132

青年与道德 /135

《人民的名义》：政绩也要讲道德 /138

《人民的名义》唤醒久违的热情 /142

做理论上的清醒者 /144

企业家应当如何讲道德 /147

| 目录

文化自信的内在机理 /149

家风家教：激发传统文化正能量 /154

为师者"三思" /159

嫉妒为何变凶残 /162

密切关注当代中国社会伦理的新变化 /166

政党伦理之思 /170

二 书评

共享文明何以可能
——读卢德之博士《论共享文明》有感 /175

思想的沉重与飘逸
——重读曾钊新先生《午后清唱》随感 /180

阶层正义，何种正义
——读靳凤林教授的《追求阶层正义——权力、资本、劳动的制度伦理考量》 /183

人性的全方位透视
——曾钊新教授《人性论》简评 /187

来自价值生活的现实关怀
——唐日新教授等《价值取向与价值导向》简评 /190

伦理学关切现实的三个层次
——罗国杰教授《道德建设论》读后 /192

理论源于生活，责任重于泰山
——读唐凯麟教授的《伦理大思路——当代中国道德和伦理学发展的理论审视》 /194

打开道德资本的逻辑之门
——读王小锡教授《道德资本论》 /196

寻求大学改革的"善治"境界
——读陈治亚教授《反思与正道——双一流建设与高教改革发展随想录》 /198

先擎大纛开新派
——曾钊新先生和他的道德心理学 /201

3

宋明儒诚学思想的开拓
　　——评《湖湘学统与宋明新儒学》／213
新农村道德建设研究的力作
　　——《新农村道德建设研究》读后／218

三　书序

《湖湘伦理学文集》序言／223
《中国农民工市民化及其权益保障》序／226
"中南大学伦理学研究书系"总序／231
"浙江师范大学马克思主义理论研究文库"总序／233
《商业广告伦理构建》序／236
"国家治理与现代伦理研究丛书"序／238
《敌人论》序／244
《社会转型时期弱势心理研究》序／247
《企业家政府理论的伦理批判》序言／249
《政府效能建设研究》序／253
《论道德自由》序言／257
"公务员职业道德培训丛书"序／260
《政府公共服务中的伦理关系研究》序／271
《新农村建设中农业多功能经营发展方式研究》序言／274
《灾难与救助——灾难管理中民间志愿者组织研究》序／277
"公共治理与公共管理研究丛书"总序／281
《传统家训的伦理之维》序／283
《WTO后过渡期中国政府改革研究》序／286
农民工问题与社会正义
　　——《脚手架》序／290
《农村社会学新论》序言／293
《企业家行为：一种伦理规范分析》序／295
《伦理学与公共事务》简介／299

前　言

　　人的生存与发展主要基于两种关系——人伦关系（人与人的关系）与人物关系（人与外在物的关系），处理前者要学会做人，处理后者要学会做事，所以人生在世无非就是做人与做事，缺一不可。做人要讲伦理，因为只有在"人伦"关系中才会产生为何要做人、如何做人的问题；做事要讲事理，因为只有在"人物"关系中才会产生物随人意与物理人通的问题。

　　"做人"的观念是伦理学的观念，具有规范性的意味，是"内部"性的；"做事"的观念尽管也是交往实践的整体性观念，但偏重于职业性的观念，是"外部"性的。伦理求"善"，事理求"成"，但"事"既有私人性的"事情"，也有公共性的"事务"，所以"事理"常常表现为"私理"与"公理"，"私理"往往由"道理"来解决，而"公理"往往由"伦理"来体现。同时，在对"私理"与"公理"关系的处理过程中，就体现为"道理"与"伦理"双重性质，这也就是伦理与道德常常互用的原因。学做事，先学做人，但会做人，不一定能成事，这就意味着伦理推不出事理，同样事理也推不出伦理，只有二者相互打通，伦理才能落实，事理才有依据。

　　当代伦理学的最大不足在于，在概念分析时道德与伦理、伦理与事理不分，但具体的社会伦理实践中道理、伦理、事理三者又是断裂的。对伦理与道德进行明确区分的首推德国哲学家黑格尔。黑格尔在《法哲学原理》中认为，法的基础是人的自由意志，意志是自由的，所以自由构成了法的实体和规定性。自由意志的不同发展阶段就形成了抽象法、道德和伦理。抽象法作为自由意志的直接体现，包含三个环节：对物的占有或所有权；转移所有权的自由与权利；自由意志与自身相反对，侵犯他人权利，就是不法或犯罪。道德是由扬弃抽象形式的法发展而来的成果，道德是法的真理，道德是自由之体现在人的主观内心，道德意志是他人不能过问的。道德发展有三个阶段：故意与责任（道德只对自己的意向行为负责）、意图与福利（动机与效果的统一）、良心与善（道德自身就是目的）。抽象法是客观的，道德是主观的，只有伦理才是主观和客观的统一。主观的善和客观的善的统一就是伦理，伦理的规定就是个人的实体性或普遍性。伦理也有三个阶段：家庭（自然的伦理精神）、市民社会（单个人的联合体）、国家（伦理精神的充分实现）。总之，自由意志借外物（特别是财产）以实现其自身，就是抽象法；自由意志在内心中实现，就是道德；自由意志既通过外物，又通过内心，得到充分的现实性，就是伦理。可见，伦理与道德尽管可以通用，但在作为分析性概念时，还是各有侧重，道德偏重于人的主观心性、内在自学与个体承载，而伦理偏重客观关系、外在约束与群体性要求。李泽厚先生在《伦理学纲要》中也强调现代伦理学研究中伦理与道德区分的重要性。他认为伦理是人类群体社会中的公共规范，先后包括原始图腾、禁忌、巫术礼仪、迷信律令、宗教教义、法律法规等，也包括各种风俗习惯、常规惯例，它是群体对个体行为的要求、命令、约束、控制和管辖；道德则是人的内在规范，即个体的行为、态度及其心理状态，是群体规范要求经由历史和教育内化为个体的自觉行为和心理，从自觉意识一直到无意识的直觉。

张岱年先生在《天人五论》中单独著有"事理论"篇章，专门讨论了事与理的问题。他认为，事与理俱属实有，而理在事中，无离事独存之理，对理在事先进行了批判。张先生认为，凡有起有过者谓之事，事起辄过，复有事起，起起不已，过过不已，事事相续。凡变中之常谓之理。事与事有异，相异之事，成为多事。理为事事相续中之恒常，亦为多事同有之共通，所以理既是常相，也是共相。

杨国荣教授最近也在关注中国哲学中的"事"与"史"的关系。他认为，所谓的"人事"，可以引申为广义上人所做之"事"及其结果，由"人事代谢"而论"古今往来"，无疑有见于"事"与"史"之间的关联。作为历史变迁的具体内容，人事的代谢体现于不同方面，从经济、政治、军事领域到文化领域等，人所做之"事"展开为多样的过程。同时，他认为,宽泛而言,做为人之所"做","事"既表现为个体性的活动,也展开于类的领域。在个体的层面,个体所做之"事"的延续,构成其人生过程;在类的层面,人"事"的代谢,则呈现为前后赓续的历史演进。做为人之所"做"的两种形态,个体领域之"事"与类的领域之"事"并非截然相分的。一方面,个体不仅可以参与类的层面之"事",而且个体所从事的活动或个体之"事"也内在于更广领域的类之"事";另一方面,类的层面展开之"事",往往在不同意义上构成个体从事多样活动(做不同之"事")的背景,这就是大的"事理"。

这本书收集了我近年来的时事道德评论及部分书评与书序,也是理论研究与关注现实相结合、自我研究与学习同行相结合的体现。之所以将书名定为《伦理与事理》,就是基于上述学术背景与资源。近年来,我比较关注道德生活现实问题,进行过许多理论对话(以《成人与成事》为书名,另结集出版)。其实道德生活就是一系列"道德事件"的联结,是一些"事"出现之后,有了道德所赋予的意义,当为了纯粹"做事"而需要规范性需求时,就有了伦理的意味。或者说,当伦理学作为一种哲学理论形态而存在时,探究的就是人伦之理,但"人伦"从来都不是一种观念性存在,而是一种活动(实践)性存在,这就是"事"由,伦理总是离不开事理,伦理与事理是观察和分析道德生活的两个基本维度,缺一不可。特此说明,妄为自序。

李建华

2019.2.28 于"三思斋"

一

时评

道德就应该始终站在制高点上

近几天，面对"江歌案"讨论的持续升温，作为"道德观察者"，也有点坐不住，想写点什么。好在大家都有了一些共识："不姑息恶行，善行才会得到尊重；不盲目原谅，宽容才不会变成纵容。""盲目的原谅，是对善良的亵渎，是对无辜的戕害。"这是一种最朴素的道德情感，是人类道德精神的体现，没有什么东西比善良更珍贵，善良是我们的最高价值，刘鑫，在道德上永远不可原谅。

当然，我们也听到了另一种声音，说不要以法律上的无知来盲目同情，法律是不讲感情的，更不要以道德义愤来"绑架"法律，特别是认为不要站在道德制高点上随便对法律（司法）指手画脚，言下之意是，你不懂法律，就不要来评论这类涉及道德与法律冲突的案件，你没有资格来评价。这种论调其实不仅仅在"江歌案"中有，在"雷洋案"和"于欢辱母杀人案"的激烈讨论中也有，并且比较有市场。在此，我们必须理直气壮地说：道德就应该始终站在制高点上，道德就应该具有某种特定的优越感和优先性。

善良是人性中"神"的品格，不尊重善良，就不是人。

弗兰西斯·培根认为，善良就是一种利人的品德，它是人类的一切精神和道德品格中最伟大的一种，是属于"神"的品格。善良，这种人性中的"神性"就在于，它能够处处为他人利益着想，同情同类，在必要时损己利人。人类之所以视善良为"神"的品格，并非因为人世间善良的稀有为贵，如拉罗什福科所说"再没有什么比真正的善良更稀少的了"，而是对人性的自私面的超越。善良不像"性善论"者所声称的那样是先天具有的，而是在后天的道德实践中形成的。康德认为，人的善良意志不是因快乐而善，因幸福而善，或因功利而善，而是因其自身而善的道德善。在康德看来，善良是一切行为具有道德价值不可缺少的条件，人的智慧、勇敢等品性，如果没有善良意志，就可能导致极大的恶。这样康德就把善良当成一种先定的抽象的价值原则，某一行为符合这一原则就具有了善的性质，善良给人间带来了美好。古希腊哲人德谟克利特认为，善良是一种美，品性善良的人永远是美丽的。一句问候，一个搀扶，一点理解，一次捐献，都飘逸着善良的温馨，闪烁着人性的光彩，体现着人格的魅力，衡量着一个人的真正价值所在。我们虽然不是神，但我们必须具备善良这种"神性"，否则与动物无异。在这些意义上，如果连善良本性都不顾，甚至认为善不善无所谓，那么连做人的资格都没有。

善良是人类永恒追求的最高价值，不顾道德民愤，休谈法律。

如果要对人类价值进行分层排序，那么，真善美就是人类永恒的最高的价值，经济价值、政治价值、法律价值等均居次位，或者叫二级价值。就法律价值和道德价值关系而言，任何法律必然以合道德性为前提，以追求善和正义为前提，法律精神必然以道德价值为导向。法有善法与恶法之分，人类历史证明，法一旦失去道德价值方向，失去对善的抵达，就会向恶法转变，就会对社会生活产生严重威胁，甚至引发灾难性后果。任何法律都不能以程序、形式、细节、技术为借口而置善良于不顾，而纵容恶行、恶人。为了确保法成为良法，需要加强法律伦理建设，强调道德观念和伦理制度、立法者的道德素质对立法、司法、执法的影响。法安天下，德润人心。只有人心暖、人心善、人心齐，天下才会安，失去了人心，必定失去天下。同时，如果法无善润，法无善指，法无善护，安的也只是一人的天下、恶人的天下、坏人的天下。我虽不熟知法律，但我懂得善良，恶人就应该得到惩罚，道德就应该永远站在制高点上，用善良之光照亮法律，善良之人永远具备对法律"指手画脚"的资格。法治就是人人治、治人人的广泛社会活动，不仅仅是少数人的技术专业活。

善良是我们每个人的守护神，放纵自私冷漠，就是变相杀人。

陈世峰是直接杀人者，当然要受到法律制裁。为什么人们更恨刘鑫？是因为她极度自私、极度冷漠，间接成了杀人者的"帮凶"，这是不能用"胆怯"来逃避责任的。人类之所以能抱团生活，通过"群居"而战胜大自然的各种威胁，是因为人有"类"意识、有同情心、有利他行为。"生活你我他，有难靠大家"，你今天的冷漠终将换来冷漠的待遇，你今天的自私终将换来自私的苦果。自私是人性中一种恶劣的品性，是人为了满足自己的私欲而不择手段地损人利己。在历史与现实生活中因自私而对美好人性犯下罪行的人屡见不鲜。培根在论述自私的危害时，打比喻说：蚂蚁这种小动物替自己打算是很精明的，但对于一座花果园来说，它却是一种很有害的生物。极度自私的人也如同蚂蚁，不过他们危害的是社会，是你我，"点着别人的房子煮自己的一个鸡蛋"，就是自私者的本性。秉持善良，张扬善良，就是保护自己，就是维护社会正义，法律不也是为此目的吗？如果漠视善良，纵容自私，也许会有无数个刘鑫就在你身边，明天的江歌就是你。

其实，我无意去争辩道德与法律的轻重，只知道，做人要善良，人人都要善良，社会要扬善抑恶，形成善场，让好人一定要有好报，让恶人一定要得到惩罚，这是人类最朴素的生活道理，也是几千年不变且将来也不会变的道理。道德就应该始终站在制高点上，如何？

2017.11.14

谁在挑战这个社会的道德底线

2017年，在寒冷的冬天来临之际，发生了一系列事情，让人心寒，无法心安，难以自持。从"湖南沅江高中生杀害老师案"到"北京红黄蓝幼儿园虐童事件"，从网络到现实引起轩然大波。其实，又何止"今冬"，这类问题常有发生，总是有人、有事在不断挑战这个社会的道德底线，挑战人们的心理承受力。

什么是善良？其实非常简单，就是人对同类的怜悯、同情、关怀和顾念，没有害人之心，没有损人之行。父慈子孝是善良，夫妻恩爱也是善良；尊老爱幼是善良，尊师爱生也是善良；君明臣忠是善良，爱民如子更是善良；锦上添花是善良，雪中送炭更是善良……相反，暴力杀师、虐待儿童，都是恶，是对同类的残忍，这是我们最最基本的是非观、人生观、价值观。突破了人类的道德底线，善恶不分，无论何种自以为正当的理由都说不过去，无论何种自认为神圣的法律都无法生效。

人为什么需要善良？其实很简单，就是因为我们每一个人太渺小、太孤单，需要彼此之间的理解、同情与帮助，只有这样，我们才有生存的可能。善良的发生机制就是推己及人，将心比心，站在别人的角度去思考自己如何做，站在自己的角度去理解他人的处境，善善相循。

可是，总是会有人去挑战我们的道德底线，这不是某个人，也不是某个群体，而是一种"恶势力"，只有"恶势力"才敢挑战"善底线"。这种"恶势力"表现为专横者、贪婪者、伪善者，如果集三者于一身，就会十恶不赦，罪恶滔天。

专横者就是有权就任性的人，并以权势作为衡量一切是非的唯一标准。克雷洛夫寓言《狼和小羊》里叙述了这样一个故事。饿狼要吃掉在小河边上喝水的小羊，它的理由是小羊搅浑了它的清水，小羊说："我是在离大王一百步的下游喝水的。"狼又说："前年夏天你得罪过我。"小羊说：

"我从娘胎出来还不到一年。"狼又说:"一定是你的同类……为了它们的一切罪恶,我要向你清算。"小羊说:"我有什么罪呢?"狼说:"你的罪名就是我要吃你。"最终把小羊拖走了。克雷洛夫的结论是:"弱者在强者面前总是有罪的。"综观社会生活中的种种现状,不难发现许多异曲同工之处。

贪婪者就是失去节制、放纵自己的人。古希腊哲学家亚里士多德认为,人有两种享乐欲望是合理的,一种是需求与获得才能的过程中所带来的享乐,另一种是获得才能后施展其才能所带来的享乐。与此相关联的是,弗兰西斯·培根认为,人"促进和完善其本质的欲望",并且"把它扩展到他物之上的欲望",是一种"积极的善",同样,人们对自己的欲望不加权衡和节制,就是恶。伊壁鸠鲁认为欲望可以分为三类:"有些欲望是自然的和必要的,有些是自然的而不必要的,又有些是既非自然而又非必要的。"他举例说,面包和水属于第一类;牛奶或奶酪属于第二类,人们偶尔享用这些东西,可以用面包去代替;第三类是那些虚妄的权势欲、贪财欲等,理应舍弃。只有自然而又必要的欲望,才是善的,过分贪婪,就是恶。

伪善者就是伪君子(时下也可叫"两面人")。伪善就是打着善的旗号干着恶的勾当。伪善是邪恶向德性所致的一种虚情假意,伪善是道德上的形式主义和虚伪的变种。伪善者用极端严肃主义、清教徒行为和偏执性的精神来解释道德要求,使自己在周围人面前摆出一副操行善良和笃信宗教的样子,公开显示自己的"美德",并对其他所有人的行为扮演一种严格监视者的角色。伪善作为一种社会现象,一方面使道德成为表面上的仪表优雅和形式上的礼仪;另一方面又使它成为风尚中的秘密警察,为粗暴地干涉、损害他人权利找借口。

当然,挑战道德底线的还有道德上的无知者和冷漠者。道德无知者因为没有善恶观念,或者善恶颠倒而导致作恶,而道德冷漠者则也许在认知上知善,但在心理上冷酷无情,在行为上视而不见、见难不帮、见死不救。关于这一点,我已经在我的微信公众号的有关文章中有所涉及,在此不再重复。总之,无论有多少人想挑战社会的道德底线,我们一定要坚守,一定会坚守,一定能坚守,坚信善良一定会战胜邪恶。

2017.11.28

告密文化盛行绝对不是好事

今天是入冬以来较冷的一天了。天冷也好，可以"宅"在家里，"冷眼"看世界，"冷静"想问题，想一些好像与己无关但又不得不说几句的问题。

记得2013年12月《中国青年报》发表过一篇文章《河南一小学规定学生校外就餐将被劝退揭发他人可获奖》，后被众人指责，称之为"变态教育"，纷纷质疑："是谁把孩子培养成了告密者？"

前几天网上的一篇文章《中小学里为什么有那么多告密者》，披露了目前中小学里盛行的告密文化。同时也告诉人们，在美国、澳大利亚、加拿大、新加坡等国家，学校是禁止"打小报告"来"举报"他人的。

今天在朋友圈里读到一篇文章《"惩罚告密者"的女老师被全国网友爆赞，她说：你必须自己有所信仰》，称赞王悦微老师做得好，她写的《学生告状很正常，但不能以此培养告密者》一文也在网上流传，由此看来，这个社会对厌恶、憎恨告密行为还是有基本道德共识的，人们对善良还抱有希望。

中小学校里告密文化的普遍盛行，原因可能多种多样，但结果只有一个：毒害心灵、践踏道德、殃及社会。其实，告密文化岂止在中小学盛行，在社会上也已泛滥成灾了。如果说，孩子们的告密是出于朴素的想法的话（王悦微老师分析了孩子们的三种告密动机），那大人堆里盛行的告密文化就没有那么简单了。在单位里、社会上我们几乎每天都能听到：某某因被匿名举报提拔之事黄了，某某因被匿名举报而被约谈了，某某因被匿名举报而被函询了，某某因被匿名举报而被开除了，某某因什么事被匿名举报在网上传开了……

公开监督是必要的，但告密是卑鄙的，鼓励告密就是放纵作恶，这是一条基本的道德底线。告密，又可称为告发、告讦、告奸等，指向上司或有关部门揭露、揭发别人（往往是身边的熟人、亲人）的隐私、短处、过错甚至是不太合时宜的言行，从而达到害人的目的。告密是为社会上多数人所不齿的行为，在几千年里却如瘟疫般虐行于大地，摧残和折磨着无数人的肉体和心灵，告密总是成为我们生活中挥之不去的梦魇。

史书记载，中国历史上的第一个告密者是崇侯虎，他身处商纣王时代，距今约3100年。当时，纣王任命姬昌、九侯、鄂侯为"三公"，其中九侯的女儿被纣王纳入后宫，因不喜淫乐，被纣王杀掉，之后连带着把九侯也剁成肉酱。鄂侯为之争辩了几句，结果也被做成肉干，姬昌听到后只偷偷叹了声气，就被"好友"崇侯虎告知纣王而遭囚禁，崇侯虎能知道姬昌背后叹息一事，可见他和姬昌的关系非同一般，但为了讨好纣王，竟干出了出卖朋友的下作事。

武则天改朝换代后，为了巩固自己的皇位，便使出"杀手锏"：实施恐怖政策，设置"铜匦"，并设立"理匦使"这一官职，专门负责开启检验。武则天诏旨：凡有欲进京告密者，州县不得询问详情，以驿马送其尽速来京，告密有功者予以封赏。结果，四方告密者蜂拥而起，来京向铜匦投书者络绎于途。如索元礼因告密得到武则天的赏识，被任命为游击将军，负责审理案件，死在他手下的达数千人。一般军民亦难幸免，有一天，十几个侍卫军士在客店饮酒作乐，一个人开玩笑说："早知今日得不到功赏，不如去扶持庐陵王。"有一个人趁大家不注意离席，向上司呈文告发，酒席还没散，御林军已破门而入，把他们全部抓获，经审问属实，告发者授五品官衔，其他一律处以绞刑。

告密，作为社会生活中的阴毒术，为何至今阴魂不散，且有愈演愈烈之势？真叫人担忧。从历史上看，一般而论，告密文化的盛行往往与专制、独裁、文字狱有关，同时也是因权力伸展不顺、耳目有限、信息不灵所致，当然最重要的原因是人心险恶、世道炎凉。一个健康的社会应该视告密为无耻，告密者应该成为过街老鼠，告密文化本质上就是小人文化、阴毒文化、纵恶文化，告密文化盛行绝对不是好事，须防之、阻之、灭之。

从告密的目的来看，基本上是不可告人的，是害人，是从恶。告密的原因大致有四种：认为被告密者的行为大逆不道，因而大义灭亲；被告密者的言行可能导致连坐，为保护自己做出告密的选择；与被告密者有私怨，借机报复；完全是利欲熏心。除第一种情形外，告密者都会受到社会舆论的谴责，最后落得众叛亲离、身败名裂的下场。告密者出卖他人隐私，同时也付出了自己做人的尊严——能置亲朋挚友于死地的人，可以想见其内心已经猥琐龌龊到何等地步；如果人心皆是如此之恶，谈何共生共享共赢？

从告密的手段来看，基本上是阴招，是见不得人的。如当下的匿名信满天飞，就是例证。对社会公权力进行社会监督是对的，但可以实名举报，之所以选择匿名信，一是因为我们的举报制度不健全，怕被打击报复；二是因为内容不实、凭空捏造、捕风捉影，基本上是诬告，见不得人，完全是为了害人、坏事。只要举报，基本上可以达到害人、坏事的目的。即使英明的组织帮你澄清了事实，但黄花菜基本上都凉了，你的心情也坏了，告密者的目的也就达到了。

从告密的后果来看，一定会败坏社会风气，导致社会道德的整体性垮塌。因为信任是维系社会团结性、一致性的基础性条件，如果因告密而使社会人人不可信，个个存戒心，人人自危，个个纵恶，那么就是互害型社会了，而互害本身就是人类的天敌。我们要满足人民的美好生活需要，美好生活的前提是"安全"，身边告密者无数，"小人"无数，何来安全感？人民获得感、幸福感、安全感何以充实、何以有保障、何以可持续？告密无疑是一种严重的社会腐蚀剂，如果任其风行，达到"亲朋挚友亦须防"的地步，其结果必然是正人君子侧目，小人无赖扬眉，那实在是社会的悲哀，民族的悲哀。

《关于新形势下党内政治生活的若干准则》明确指出："党员有权向党负责地揭发、检举党的任何组织和任何党员违纪违法的事实，提倡实名举报。""对受到诽谤、诬告、严重失实举报的党员，党组织要及时为其澄清和正名。要保障党员申辩、申诉等权利。"正常和健康的政治生活应该是鼓励实名检举，禁止匿名诬告；欢迎阳光监督，打击暗箭伤人；优化政治生态，消灭告密文化。只有这样，才能真正有好的党风、政风和民风。

2017.12.16

要高度重视风险社会的来临

新年开局，习近平总书记就主持省部级主要领导干部坚持底线思维着力防范化解重大风险专题研讨班，强调指出"既要有防范风险的先手，也要有应对和化解风险挑战的高招；既要打好防范和抵御风险的有准备之战，也要打好化险为夷、转危为安的战略主动战"①。

德国著名社会学家 U. 贝克的《风险社会》，被认为是一部"朝向一种新的现代性"的社会学著作，是 20 世纪末欧洲最有影响力的社会分析著作之一。在书中，贝克关注的是工业社会的"反身性现代化"（reflexive modernization）。他从两个角度给予说明，一是"以财富和风险生产为例讨论反身性现代化的连续性和非连续性的混杂"，二是"工业社会中蕴含的现代性和反现代性（modernity and counter modernity）的内在矛盾"。虽然贝克是以家庭婚姻、性别身份作为个人生活方式的层面来说明反身性现代化的，但是从另一角度理解，贝克书中所聚焦的两个核心概念"反身性现代化"和"风险问题"，也在这一层面体现和展示出来。贝克尤其强调在工业社会中的个体化（individualization）倾向，其导致个人生活、性别身份、婚姻家庭在个体化浪潮中被重新定义，同时，变化了的社会又给个体带来新的危机和风险。"风险问题"是贯穿于《风险社会》始终的一个核心概念，而"个体化"则是在贝克分析个人生活方式这一层面时凸显出来的，是"反身性现代化"的一种表现，并带来了新的"风险问题"。在贝克成名之前，即《风险社会》一书出版以前，他主要从事工业和家庭方面的研究。对于他来说，反身性现代化的特征也存在于这些领域。反身性现

---

① 《习近平在省部级主要领导干部坚持底线思维着力防范化解重大风险专题研讨班开班式上发表重要讲话》，中央人民政府网，http://www.gov.cn/xinwen/2019－01/21/content_5359898.htm，最后访问日期：2019 年 4 月 30 日。

代化掀起个体化的浪潮，它消解了工业社会的传统变量：阶级文化和共识、性别和家庭角色。个体化促使新的社会形成不同的结构，使阶级的社会认同的区分失去了原有的重要性，但社会不平等并没有消失，而是在社会风险的个体化趋势中被重新定义；不同的群体和团体依据特定的利害关系问题和情境，建立或解散临时的联盟，而社会的长久冲突将体现在先赋的特征之上，如种族、肤色、性别、民族、年龄、同性恋、身体残疾等。

由农业社会向工业社会的转变是现代化的起点或契机。西方现代化所走过的道路表明，以工业社会为标志的现代化本身具有无法克服的内在矛盾，即以自我为中心的社会决策产生的种种威胁作为"残留风险"不断增殖并被"合法化"，但是随着时间的推移，工业社会的危险开始支配公共生活尤其是政治生活，工业社会的制度成为其自身不可控威胁的生产者和授权者，此时，工业社会的某些主要特征本身就成为社会的政治问题（如政治民主化问题、司法制度问题）。这种潜在的、不受欢迎的社会风险，一旦格局化和规模化，就会形成风险社会。风险社会的格局的产生是由于工业社会的自信（众人都向往经济利益的最大化，都追求经济的无限增长，对自然资源的无节制利用等）主导着人们的思想和行动。

作为一种社会理论和文化诊断，"风险社会"概念的提出确实有它特殊的意义，因为现代社会的发展并非一个"一往无前"的问题，而是同时存在一个自我限制问题，"只要现代社会不发生变化、不对其自身影响进行反思并我行我素地继续执行同一种政策，那么现代社会便会对抗其自身模式的基础和极限"。

英国社会学家吉登斯概括了这样一幅现代性的"风险景象"："一、高强度意义上风险的全球化，例如，核战争构成的对人类生存的威胁。二、突发事件不断增长意义上的风险的全球化，这些事件影响着每一个人（或至少生活在我们这个星球上的多数人），如全球化劳动分工的变化。三、来自人化环境或社会化自然的风险，人类的知识进入物质环境。四、影响着千百万人生活机会的制度化风险环境的发展，例如，投资市场。五、风险意识本身作为风险，风险中的'知识鸿沟'不可能被宗教或巫术转变为'确定性'。六、分布趋于均匀的风险意识，我们共同面对的许多危险已为广大的公众所了解。七、对专业知识局限性的意识，就采用专家原则的后果来看，没有任何一种专家系统能够称为全能的专家。"

概而言之，风险社会的基本特征是不确定性、不可预测性和"不应当怎样"的文化指令，而稳定社会的特点则是确定性、可预测性和"应当怎样"的文化指令。风险社会在现代化过程中的潜在形成，已成为一个不争的事实，并且在社会治理方面带来了新的参照。

一是现代化的自反性。现代工业社会是建立在对自然资源的无限制开发与利用基础之上的，也就是说，现代化是一个自然资源不断消耗的过程。如果有一天自然资源被全部消耗，那么，现代化的根基在哪里？如果不充分利用自然资源，又怎么可能有丰富的物质生活？所以现代化本身就是一个矛盾，即现代化的基础与现代化的后果无法相容。现代经济主义、物质主义、技术主义把社会推到了风险的顶峰。现代西方发达国家并不谋求经济的飞速增长，有时甚至要放慢经济增长的步伐，主要是为了减少社会风险。

二是福利社会的"坏处"。现代社会的目标是为人类谋福利，让人得到"好处"，如好的工作、高收入、高消费、社会保障等。问题是"好处"的背后往往是无穷的"坏处"，如核技术、基因技术、化工技术的负面影响以及日益贫困化。这种好坏的冲突实质上是责任分配的冲突，即饱享了社会好处的人往往是不承担社会"坏处"风险的人。

三是个性化的加强。现代化背后的文化动因是集体化，这种意义之源支撑着西方的民主国家和经济社会一直持续到20世纪后半叶。集体意义的枯竭的必然后果就是个人权利的本位化。每个人在争取个人权利时，无论是在决策过程中还是在实施过程中，都要冒极大的风险。即使有自我也不再是明确的自我，而是分裂为自我的话语，每个人都必须掌握"风险机遇"，但由于现代社会的复杂性，个人并不能在坚实可靠的基础上做出决策。

我国处于由传统社会向现代社会与现代社会向后现代社会的双重转型发展过程中，各种社会结构化因素错综复杂地交织在一起，加之波谲云诡的国际形势、复杂敏感的周边环境、艰巨繁重的改革发展稳定任务，所以我们必须要保持清醒的头脑，不断提高防范化解重大风险的能力。

2019.1.23

警惕封建腐朽思想死灰复燃

近日,温州市文明办、市民政局、市教育局等部门组成联合调查组,对温州出现的未成年人"女德班"进行了查处。据悉,在温州传统文化促进会举办的亲子课堂夏令营课堂上,授课老师宣讲"打不还手,骂不还口,坚决不离婚"等男尊女卑封建道德思想。其实,去年辽宁抚顺也出现了类似的"女德班",其在教学过程中也出现过相似的雷人语录,包括"女子点外卖不刷碗就是不守妇道","女子就不应该往上走,就应该在最底层"。

在"传统文化热"的大背景下,各种机构纷纷成立,各种培训班铺天盖地,有人看重的是文化自信的使命,有人看重的是损人利己的商机,不排除有人是借弘扬传统文化之名行宣传封建道德之实。这绝非危言耸听,确有学者的研究走火入魔,赞美封建帝制;确有人在重提愚忠的重要性;确有人倡议恢复"家长制";确有人在利用传统文化装神弄鬼;确有人在做让小孩子大庭广众之下给父母磕头、洗脚之类的表演……总之,在传统文化传播、教育过程中形成的"乱象"值得引起我们高度重视,绝不能让封建腐朽的东西在"传统文化热"的喧嚣中死灰复燃。

大家不会忘记,在20世纪90年代初,也是伴随着"传统文化热"出现过一股"帝王之风"。细心的电视观众一定还记得,有则"王牌"的商品广告连续出没于电视黄金时间。广告一开始就响起了原来为陕北民歌后来以"东方红"闻名于世的乐曲变奏曲,踩着这曲子出场的是正在步向皇帝宝座的武媚娘,接着是"王牌"和皇帝魔术般的画面,那皇帝时而横刀立马,时而举剑云端,一副凭三尺青锋取天下的气势。伴随着特殊的乐曲,又应和着正顶天立地状的帝王出现的是一个万民仰望、欢呼雀跃的群众场面。有意思的是这些跪地而拜、热泪盈盈的群众竟是妻妾嫔妃和太监们。广告制作者把"王牌"化身的帝王威仪表现得很是邪门，下意识中流露其间的心态更是令人玩味。那时，打开电视几乎全是"帝王剧""宫廷剧"，甚至店名都是"大帝豪""皇宫""宫殿"之类。如此弘扬传统文化，其后果是什么，不堪设想。

要在学习、传播、弘扬传统文化过程中"过滤"掉封建残余，首先要区分和明示传统文化中的优与劣。我们弘扬的是优秀传统文化而不是不加分析的中国传统文化，那么哪些是优秀的，哪些是可以改造的，哪些是应该彻底摒弃的，必须明确告诉大家，否则就会泥沙俱下、良莠不分。第一，中共中央办公厅、国务院办公厅印发的《关于实施中华优秀传统文化传承发展工程的意见》，从核心思想理念、中华传统美德、中华人文精神三个方面明确概括了中国优秀传统文化，需要加大力度加强学习与普及。第二，加强对各类传统文化的研究、学习以及对培训机构的监管。对各级各类机构首先要进行资格认证，如"国学研究院""国学研究中心"必须要有一定数量的高级专业人才，各类培训机构的老师必须有教师资格证和相关专业证。同时要加强过程监管，充分发挥各行政主管部门在传承发展中华优秀传统文化中的重要作用，建立完善联动机制，严厉打击违法经营行为。第三，要加快中国优秀传统文化的创造性转换和创新性发展。所谓创造性转换，就是要秉持客观、科学、礼敬的态度，取其精华、去其糟粕，扬弃继承、转化创新，不复古泥古，不简单否定，不断赋予其新的时代内涵和现代表达形式，不断补充、拓展、完善，使中华民族最基本的文化基因与当代文化相适应、与现代社会相协调。所谓创新性发展，就是要坚持交流互鉴、开放包容，以我为主、为我所用，取长补短、择善而从，既不简单拿来，也不盲目排外，吸收借鉴国外一切优秀文明成果，积极参与世界文化的对话交流，在进行优秀传统文化输出的过程中不断丰富和发展中华优秀传统文化。

2018.12.12

我还是要感谢"感谢贫穷"

一篇《感谢贫穷！707分考入北大，她的这篇文章看哭所有人…》的文章在网上广为流传，该文讲述了河北贫困家庭出身的女孩王心仪以高分考入北京大学中文系的励志心路。已过数日，刚开始点赞者居多，往后不以为然者大有人在，特别是以"所谓《人民日报》"（假《人民日报》文章太多）名义发表的《贫穷就是贫穷，绝不值得感谢》一文为代表。

也许每个人的出身、经历、现状、价值观、环境等因素不一样，对任何一个文本的解读也会不一样，对事物的看法也不能强求一致。不过，我真的还是想感谢"感谢贫穷"。就文字谈文字的"表面文章"好写，因为贫穷着实也不是什么"好字眼"，而要读懂文章背后的苦难与真谛好难，特别是要走进王心仪的内心世界更难。你可以不感谢贫穷，但千万别嘲笑贫穷，更不要嘲笑"感谢贫穷"，也许你同样正在经受贫穷，或不知哪天贫穷就会降临到你的头上，何况王心仪对贫穷的"感谢"不是礼俗层面的"哈哈"，而是命运悲歌中的一个音符。

感谢你，感谢你有说出"感谢贫穷"的勇气。你在写关于自己、关于贫穷、关于希望时，刚开始有些犹豫，但最后你还是终于说出："贫穷带来的远不止痛苦、挣扎与迷茫。尽管它狭窄了我的视野，刺伤了我的自尊，甚至间接带走了至亲的生命，但我仍想说，谢谢你，贫穷。"生活的道理是一样的，但每个人的命运和境遇是千差万别的。谁不想富贵？谁不想有个有钱有势的家庭背景？可你就是没有。谁想贫穷？哪个年轻女孩子没有一点点虚荣心？谁愿意戴个"贫困生"的帽子？可你就是贫穷。直面命运、直面苦难、直面贫穷是需要勇气的，尤其是在一个"嫌贫爱富""以贫为耻"成为普遍世人心态的社会里。当你说出"感谢贫穷"时，我知道，你的心在流泪，而非他人所误解的那种对"贫穷"的欣然接受和对

"感谢"的轻松表达。这种"感谢"就是对命运不公的呐喊，带着酸楚与隐痛。

感谢你，感谢你从"感谢贫穷"中悟出了生活的真谛。"感谢贫穷，你让我领悟到真正的快乐与满足，让我能够零距离地接触自然的美丽与奇妙，享受这上天的恩惠与祝福。我是土地的儿女，也深深地爱恋着脚下坚实而质朴的黄土地；我从卑微处走来，亦从卑微之处汲取生命的养分。"邓小平当年就说过"贫穷不是社会主义"，可社会主义的今天就是有贫穷，能怪谁？任何事物都具有两面性，贫穷的经历也有可能成为人生的财富。面对贫穷，王心仪同样深感限制了视野、刺伤了自尊、动摇了信念，甚至阻碍了自己的进一步发展，但除了乐观面对、一笑了之，又能如何？有了自立自强、阳光乐观的精神品格，有了这种接地气的开放、豁达和担当人格垫底，人生路上还有什么困难不能克服？当年"上山下乡"的知青，谁没有经历磨难？而那些与命运抗争的强者，又有谁没有成功？你不能不说就是这种磨难成了他们的独特"资本"。"宝剑锋从磨砺出，梅花香自苦寒来。"人的能力的大小、人格的高下，不是在顺境中体现的，更不是在坐享荣华富贵中体现的，而是在面对苦难与贫穷时，能否化不利为有利体现的。面对贫穷还要感谢贫穷，绝不是"精神失常"，而是面对人生逆境的生命智慧。这种"感谢"就是对命运不公的挑战，带着冷笑与坚毅。

感谢你，感谢你一声"感谢贫穷"让世人从昏庸中惊醒。众所周知，人类正在经历现代化及作为其精神表征的现代性的深刻危机。现代性危机的根源是人自身需要和欲望的恶性膨胀，其表现是物质主义和技术主义，集中体现为对所谓"富裕"的无节制追求。市场经济的不断深化，工业和科学技术的高速发展，使人类满足自身需要的能力空前提高。在市场经济条件下，一些人追求的已不再是使用价值和物质财富，而是价值这种"抽象财富"。价值的增值和扩张是没有止境的，因而这些人对价值的追求也是无止境的。所以，现代性危机归根结底是现代人欲望无节制膨胀，日渐沦落为自身需要和欲望客体的危机，是人的主体性丧失的危机。现代性危机是人自身变异的结果，是人自身不负责任、放纵的危机。这种危机主要表现在：人的主体性原则被绝对化、极端化，真、善、美等价值没有了客观统一的评价尺度，所有生活都被资本及其逻辑所浸染和支配，物欲主义、消费主义和各种实用主义大行其道。求富无止境，而满足富的条件又是有限的，并且还贫富不均，只能自己消费自己，人最终自我消亡。我们现在沉迷于现代化的"美梦"之中，当然感受不到后现代的真知。如果我们不懂得节制、不懂得收敛、不懂得克己、不懂得公平正义（不要以为"不患寡而患不均"一点道理都没有），也许终有一天会饱尝现代化的"苦果"。贫穷不是社会主义，但"过度富裕"是社会主义的堕落。也许，真有一天，正像西方人拼命追求自由最后又渴望"逃避自由"一样，我们在追求富裕的道路上会感受到"贫穷"是另一种"财富"。"感谢贫穷"也许对于时代而言是随意的或无意的，但这种"感谢"也许真为现代性危机的来临提了个醒。

2018.7.31

道德底线为什么不容突破

长生公司"疫苗事件",引起巨大民愤和民怨,并持续升温,这一方面说明民生问题的重要性和关注度,另一方面也说明政府对此应对不及时。好在李克强总理已经做出明确批示:"此次疫苗事件突破人的道德底线,必须给全国人民一个明明白白的交代。"其实,李克强总理在7月16日已经就疫苗事件做出批示,要求彻查,充分体现了李克强总理以民生为重、求真务实的工作作风,政府将给我们一个怎样的交代,大家都拭目以待!

长生公司"疫苗事件",其实质真的不仅仅是道德问题,它从一个侧面反映了市场监管的无力、社会诚信的崩坍等"综合性社会病灶",但确实是突破了道德底线才引起如此"天怒人怨"。这说明任何组织和个人,一旦突破道德底线,必将身败名裂、遗臭万年。为什么道德底线是不容突破的?

第一,道德底线是为人的底线。理性与道德是人之为人的标志,人与动物的根本区别在于人有道德,人有最基本的"恻隐之心、羞恶之心、辞让之心、是非之心",做人首先应有德,无德即禽兽。长生公司制造害人疫苗与禽兽无异,自然就是突破了人之为人的道德底线,这种伤天害理之事也敢做,自沦为兽,遭世人咒骂,罪有应得,千刀万剐也不过分。

第二,道德底线是人民的底线。一切以人民为中心是我们党长期坚持的执政理念,但问题的关键是怎样理解"人民"。"人民"从来不是一个抽象的概念,它是具体的,它是大多数人权利的体现。从政治属性而言,"人民"是与"敌人"相对应的概念;从社会阶层属性而言,"人民"主要是指"民",是与官员等管理者相对应的概念。一切以人民为中心一定要具体明确为以老百姓为中心,以人民群众为中心,以大多数人的利益为中心，而绝不是以少数权贵阶层（尽管在政治属性上他们可能也属于人民的范畴）为中心，否则就可能有人打着人民的旗号反人民、害人民、欺骗人民。长生公司居然还开展"做合格党员"活动取得好成效，这不是天大的讽刺吗？谁践踏民生，谁无视百姓，谁就不得人心，"一切以人民为中心"不能成为政治标签，更不能是一种谋求政治合法性的空头口号。

第三，道德底线是和谐的底线。社会治理要以和谐稳定为目标本无可非议，而问题在于如何实现和谐稳定。社会和谐的基础是民心，是民情的顺达，是民意的畅通，是民心所向。严查、严惩长生公司等制假企业，就是当前的民心民意。党的十八大明确提出了建设"三清政治"的要求，即干部清正、政府清廉、政治清明，政治清明就是要决策英明、信息透明、管理开明。在信息化和互联网时代，民情民意的管理不能停留在"统治化"时代，国家治理现代化的提出开启了民主治理的新时代，想通过禁言、删帖的方式来实现和谐的时代已经过去。什么是和谐？就是"人人有饭吃，人人可言说"，如果想突破这个底线，其后果，大家都懂的。

第四，道德底线是幸福的底线。追求美好生活是新时代的目标，可老百姓最关心的是幸福在哪里，美好生活在哪里。如果吃的东西、用的东西都没有安全保障，谈何美好生活？如果我们的后代用的疫苗都是假的甚至是有害的，那我们后代的美好生活又在哪里？美好生活令人向往，我们也知道现在发展还不平衡不充分，为了幸福，我们会努力奋斗，但我们需要最基本的安全保障，空谈幸福，只能是自欺欺人。

2018.7.23

艺人逃税的背后

近几天,关于崔永元揭露范冰冰等艺人逃税事件,在网络上持续升温。其实,娱乐圈的逃税并不是什么新鲜事,当年刘晓庆就因逃税而吃官司。我们应该透过艺人巨额逃税的表象,发现些什么。

我们是文人,常常不能免俗与艺人比收入。我们讲一节课,如果是计划内的超不过100元,如果是计划外的最多也就200元,更没有什么出场费。即使一些市场化的学者的讲课费也就是每次三五万元,也许不同单位、部门、地区因经济条件不同而不同,应该大体上差不多。一个艺人,有的出场费就是上百万元,每唱一首歌还有另外的单价,而我们的一个科学家拿上一个国家奖也就十来万元,我们文科就更少了。

有人以"体制论"来解释,说知识分子是体制内的,是事业单位的,要参照公务员管理,所以,纪委就得管你的讲课费收入,还得管你支付别人的讲课费不得超过多少,艺人是体制外的,所以就管不了,就可以喊天价,也有人愿意出天价。还有人以"市场论"来解释,说你那些东西没有人喜欢,没有人听,没有人愿意出高价门票,而某歌星、某艺人有市场,别人一票难求,甚至愿意出几倍的价钱,当然收入多。这两种解释都是肤浅的、表面的,艺人逃税的背后,暴露出诸多的问题。

娱乐价值高于一切。有人批评湖南卫视是"娱乐致死",我们的电视媒体及各类媒体都倡导娱乐至上,千方百计迎合受众的低级娱乐心态,而要玩好娱乐,就要打造一些所谓的明星,各类选秀节目多如牛毛。通过选秀造明星,通过明星造受众,通过受众造市场,通过市场造收视率,通过收视率为制造低俗文化找理由,由此造成恶性循环。这种恶性循环的结果只能是抬高那些所谓"明星"的身价和"明星"模仿者的"掉价"。如果我们把视角对准科学家、思想家、实干家、劳动模范,他们所营造的受众和市场是绝对不一样的。我们不反对娱乐，但绝对不能唯娱乐或娱乐至上。如果我们把娱乐价值看得高于一切，那正是个人堕落、民族衰败的开始，谈何文化强国？

演艺界的特殊化。正是因为整个社会被娱乐文化所包围、所侵袭，或者说，娱乐文化成为我们的唯一"软实力"，"软实力"又成为真正的"控制力"，公共权力和公共资源就会由此倾斜，演艺圈就成了"特区"。艺人逃税固然与税务部门失职有关，难道与物价部门的纵容就无关吗？有些演艺人员不也经常打"国字牌"吗？难道他们的出场费、片场费就可自由叫喊？假冒伪劣商品有人管，而"假唱"欺骗观众就没有部门管？这不也是商业欺诈吗？做何处罚？在有些大型活动中，"明星"们总是坐头排，相比那些科学家、劳动模范等总是表现出某种特殊性和优越感；还有一些涉世不深的青年学生见到娱乐明星比见到自己的亲爹亲妈还激动。这些都说明，演艺界正在或已经形成一个特殊化群体（或阶层），没有受到平等的社会监管。艺人敢逃税，就说明这本身不是一个简单的税收问题，而是特权化问题。

艺人逃税表面上是逃税行为，实质上喻示着一个特殊化的社会群体对社会监督的蔑视，这个群体正以某种优越性误导国民的精神消费，破坏公正平实的成长成才环境，软化国民的精神斗志，切不可"呵呵"待之。

2018.6.3

在这个可以言说和不可言说的世界里

去年的今天，我开办了公众号，取名为"李建华·道德观察"，定位为"大变局时代需要道德正能量，复杂性社会需要理性观察者，以学术的方式，为正义呐喊，为良知代言，为好人点赞，为善政献策"。一年过去，内心是释怀了，话说了不少，但压力也大了，因为每天总得思考说些什么。公众号就是一个言说的世界，但我们总是纠结于什么是可言说的与什么是不可言说的，至于这个世界是否会因一个公众号的诞生发生什么改变，我们无从得知。

200年前的5月5日诞生了马克思，他老人家说下一句狠话，"哲学家们只是用不同的方式解释世界，而问题在于改变世界"，对以言说方式改变世界进行了鄙视。他老人家不满足于当一名理论家、一名坐而论道者、一名"解释世界"者，不喜欢像费尔巴哈那样只是单纯地解释这个世界，而更希望自己的哲学理论能对现实世界产生实际影响，当一名"改变世界"者。其实，他老人家还是通过"解释世界"来"改变世界"的，至少今天的中国就是通过他的思想改造的，铁证如山。大凡开办公众号者，都有"解释世界"的"野心"，面对世界，我只是一个笨拙的言说者和解释者。

问题在于，言说者也是不好当的。著名学者孙立平先生在他的"孙立平社会观察"开办一周年的感悟中说，"这是一个人们习惯说话的年代，这是一个很需要人们说话的时代，这是一个说话很不容易的年代，这是一个说话需要技巧的时代"，流露出他对"说话"的社会学"玄机"的掌控。相比之下，我略显愚钝，我认为言说就是写作，仅仅把写作当成乐趣、工作而已，甚至仅为将来老年生活的内容之一。

当一个以言说为生的人，遇到了可言说与不可言说的困惑时，就变得不可言说了。朋友们可以从我这一年写的一百来篇东西中看出充满"杂多"性的我,以至于只有纯文学表达时,才显得有一点点可爱。

自媒体时代,给了我们言说的巨大空间,同时也给了我们言说的巨大约束,如果你还是一个有点责任感的人,在这个可以言说和不可言说的世界里,言说真的是很有讲究的。儒家是语言中心主义者,夸大语言的社会功能,如"出言陈辞,身之得失,国之安危也"。道家主张"言无言""行不言之教",批评儒家的巧言令色。佛教主张"不可说","不可说"是佛语中的变文,又称不可言说,如《大般涅槃经》讲:"不生生不可说,生生亦不可说,生不生亦不可说,不生不生亦不可说,生亦不可说,不生亦不可说。"维特根斯坦主张"凡是能够言说的,都能说得清楚;对于不可言说之物,必须保持沉默"。可见,思想家们早已为言说之言说而纠结。

如果我们善于在这个可以言说和不可言说的世界里做出一些选择的话,还是会觉得有事可做,有事该做。

想说也可以说的就痛快说、说清楚。这一年写了不少时评文章,有的还被转载或公开发表,老实说,还是有小小的成就感。感觉说完了就痛快,不说就难受。我与谢圣国先生的"道德对话"也是一件有趣的事,基本上实现了"把有意义的事情做得有趣"的目标,对话还要继续。

工作需要也可以说的就坚持说、说明白。人是有职业要求和职业操守的,凡事不能全凭兴趣。这一年写了不少应景、应时的文章,这是职业和事业的要求,并且利用自己的专业优势,解读时政,宣传理论,也是学者的使命,总比被不懂的人误读、误传要好。

不想说也不能说的就坚决不说、不传播。我们都有言说的权利,当然也有不言说的义务;我们有议论的自由,也有对言论的责任;学术讨论有自由,但教学、宣传有纪律,由不得你我。

想说而又不能说的就隐曲着说、说含糊。觉得自己有道理,又不得不说,基本上就是拐弯抹角说。中国文人自古以来就有隐喻、借喻的写作传统,说白了、说直了,反而没有意思,清汤白水一般。这需要高超的写作技巧,需要好好学习。同时,这类东西也要探讨着说,不能把话说满了,说绝对了,要留有余地。

其实,我们也不必太在意自媒体呈现的言说世界,其虽然充满生机,充满个性，但也鱼龙混杂，良莠不齐，就是一幅活生生的"人性图"。面对生活与世界，每个人都需要表达，都需要言说，人对信息的选择基本就构成人本身。不是吗？你对朋友圈的选择，你对群的选择，你每天对各种信息的选择，就是你的生活，就是你自己，这就是自媒体的塑造力，这就是人们乐于在自媒体言说的理由。

同时，这些言说方式的选择，多少带有"圆滑"的色彩，但并不重要，重要的是你的"脑"与"心"。脑是用来思考的，没有思考，没有理性审察，没有批判精神，没有自己的见解，人云亦云，与动物无异，尤其是学人。所以，有没有一个时刻思考着的脑袋最关键，相比之下，言说就不显得特别重要了。同时，心是用来领悟的，我们要做明白人，心如明镜，虽然不能言说，但心要明，心里要清楚，内心要有判断是非曲直的标准，说不说并不要紧。从这个意义上讲，"我思故我在"胜于"语言是存在的家"。也许在这个可以言说和不可言说的世界里，多思、多悟比言说要好、要重要得多，但这又是一个需要言说的时代，基于痛苦思考与深刻感悟的言说，是我们努力的方向。

2018.4.24

"奋斗幸福观"的三重伦理意蕴

什么是幸福？幸福从哪里来？这是人类思考的永恒话题。奋斗与幸福的关系是重要的伦理问题之一，它不但涉及人生个体价值与意义、人的生活质量与幸福等根本性问题的解决，同时也事关社会发展、国家富强、民族复兴、人民幸福等前提性和动力性问题的探究。习近平总书记在十三届全国人大一次会议上指出："世界上没有坐享其成的好事，要幸福就要奋斗。""中国人民是具有伟大奋斗精神的人民……只要13亿多中国人民始终发扬这种伟大奋斗精神，我们就一定能够达到创造人民更加美好生活的宏伟目标！"习近平总书记在多个场合强调的"幸福都是奋斗出来的"，"奋斗本身就是一种幸福"，"新时代是奋斗者的时代"等重要思想，可以概括为新时代最科学的"奋斗幸福观"，这是马克思主义幸福观的新发展和新表达，也是习近平新时代中国特色社会主义思想的重要内容之一，从幸福的来源、幸福的真谛、幸福的最高标准上彰显了深刻的伦理意蕴。

奋斗是幸福的来源。幸福从哪里来？这是正确理解幸福的关键，也是体现幸福伦理属性的核心要素，但它有赖于对什么是幸福的理解，因为对幸福的理解不同，自然对幸福的来源理解也不同。古往今来，人们对什么是幸福的回答也许多种多样甚至千差万别，但其几个基本要素是固有的，或者说如果缺少了这几个基本规定性，就难以说是正确的幸福观。幸福就是人们在创造物质财富和精神财富的社会实践活动中，由于实现了某种目标而获得的内心满足，可见幸福包括三个要件：一是幸福要通过劳动创造，坐享其成、不劳而获不是幸福；二是幸福要实现某种目标，哪怕是不同程度的实现，如果失败了就难以产生幸福；三是幸福是主观的内心感受，如果心理体验能力差，哪怕成功了也会不幸福或幸福感不强烈，此所谓"生在福中不知福"，这也是幸福观难以统一的重要原因。

如果我们承认幸福的这三个要素是必不可少的，那么，其中第一条是核心，因为它告诉了我们幸福从哪里来，告诉了我们幸福的根源在哪里。马克思主义认为，无论作为个体性存在的人，还是作为群体性（类）存在的人，其现实活动是其根本性表征，人的实践活动是人创造一切价值的唯一来源，也是存在价值的自证性理由。"奋斗"是"实践""劳动""创造"等概念的中国式表达，除了反映人的普遍主体性和创造性、实践性外，更意味着特殊环境和条件下创造性活动的艰巨性和紧迫性，更能体现人的主观能动性和发奋进取性。所以，人越是在艰苦条件下完成了艰苦的任务，就感觉越幸福，奋斗越多，幸福感越强，这也是幸福不同于快乐的原因。幸福的事情当然是快乐的，但快乐不等于幸福，区别在于，快乐是某种需要或欲望满足时的愉悦感或快感，而幸福则是基于高层次需要的根本性、总体性需要满足时所产生的愉悦感；同时，人的所有需要或欲望的满足都能产生快乐，但不一定都能产生幸福，因为并不是人的所有需要或欲望都是合理的、健康的，有些欲望的满足所产生的快乐不但不能带来幸福，反而带来灾难，如吸毒的快乐给个人、家庭和社会带来的只能是不幸。

奋斗就是人的根本性和整体性需要，通过奋斗既能实现个人的目标，也能实现国家富强、社会和谐和民族复兴。不论是一个国家还是一个人，命运都掌握在自己手里，命运的好坏由自己去创造、去奋斗。获得成功与幸福是需要付出代价的，那就是奋斗，不奋斗，就会付出更高的代价，中国坎坷多难的近代史已经充分证明了这一点。"天下事以难而废者十之一，以惰而废者十之九。"难不可怕，怕就怕没有目标，丧失斗志。我们奋斗的目标已经明确，只要把目标细化为每一步的实际行动，坚定地走下去，不驰于空想、不骛于虚声，艰苦奋斗，我们就会迎来明天的幸福，任何不切实际的空谈和贪图享受的庸懒，只能误国误民，何来美好生活？

奋斗本身就是幸福。如果我们把奋斗作为幸福的重要来源，也许是把奋斗当成了获取幸福的手段或者措施，但如果我们视奋斗本身为幸福，那就实现了幸福论问题上手段和目的的伦理统一。关于幸福的目的和手段的关系存在两种伦理立场：一种是乐福统一的立场，认为快乐即幸福，快乐的获得是多途径的，为了快乐至上可以不择手段，这种统一论往往以牺牲幸福为最后归属；另一种是德福统一论，认为德性即幸福，把守德作为幸福的唯一来源，这种统一论往往以无幸福或弱幸福为最后归属。幸福的目的与手段如何统一，只能诉诸人的生存与发展的视角，只顾自身快乐的幸福和只念社会外在秩序的幸福都不是真正的幸福。要实现幸福的内在体验与外在规范的统一，奋斗是最好的途径。"奋斗本身就是一种幸福"从根本上解决了获得幸福的手段与目的相分离的问题，同时，也实现了奋斗与幸福空间的同一性和过程的同步性，奋斗就是幸福，幸福的真谛就是奋斗，从而避免了视奋斗为幸福手段的工具论误识，使幸福的目的更高尚，这是一种更高的伦理境界。

奋斗本身就是幸福，首先体现在追求和实现美好生活中。进入新时代，人民对美好生活的追求日益丰富，不仅对物质文化生活提出更高要求，而且在民主、法治、公平、正义、安全、环境等方面的要求日益增长。这赋予新时代的美好生活以新的内涵：它不等于欲望的即时满足，更不是资源的无限占有，而是不断促进人的全面发展、社会全面进步的生活，是发展成果更多更公平地惠及全体人民，逐步实现全体人民共同富裕，全体人民在共建共享中拥有更多获得感、幸福感、安全感的生活，是生态环境不断改善、人与自然和谐共生的生活。我们通过奋斗获得的这种美好生活，就是新时代人民所追求的幸福生活。

奋斗本身就是幸福，更是要求我们每一个人永不停歇地奋斗。只有奋斗的人生才是幸福的人生。如果学生不学习，青年无梦想，中年图安逸，那人生只有一片沉寂，生活也只像一潭死水；如果农民不种田，工人不生产，科技人员不创新，领导干部不为民，那社会就会停止运转；如果人人不思进取，贪图安逸，怕苦怕累，无精打采，我们的国家就会衰败。历史只会眷顾坚定者、奋进者、搏击者，而不会等待犹豫者、懈怠者、畏难者。人之为人不同于动物，正在于人有理想追求；生命的价值不在于长，而在于质量，艰难困苦，玉汝于成。在我们艰苦奋斗的过程中，灵魂得到净化，意志得以磨砺，内心得以强大。正如马克思所讲，"历史承认那些为共同目标劳动因而自己变得高尚的人是伟大人物；经验赞美那些为大多数人带来幸福的人是最幸福的人"，奋斗的人生就是幸福的人生，在奋斗中享受幸福，在幸福中不懈奋斗。

奋斗是为了人民幸福。幸福的道德不在于如何获得幸福，而在于如何分享幸福，特别是当个人幸福与他人之福、国家之福、民族之福发生矛盾时如何取舍。换而言之，个人幸福是否就是最大的幸福、至高无上的幸福？这是幸福问题上的最高伦理难题。中国儒家代表人物孔子倡导"仁爱"和"忠恕之道"，主张"己所不欲，勿施于人"，在人我关系的处理上期望通过"克己"而"达人"，自己不希望的事情也不要强加于别人，但这也无法处理好个人幸福与他人幸福的关系问题，因为道德上的自我要求不一定能实现普遍化的他人或社会的想法。虽然西方的功利主义伦理学主张"最大多数人的最大幸福"原则，但终因以个人幸福为基础而陷入利己主义泥坑。马克思主义伦理学坚持为人民谋幸福的幸福观，主张个人幸福与他人幸福的统一，而在个人幸福与他人幸福或社会幸福发生矛盾时，要牺牲个人幸福甚至生命，方为大仁大爱、大德大义，这就是一切以人民为中心的幸福伦理观。

中国共产党是为实现共产主义理想而奋斗的政党，是为人民谋幸福的政党。为了实现远大理想，中国共产党人走过了前人无法比拟的艰苦奋斗历程，艰苦奋斗的精神已经成为共产党人的红色基因。新中国成立以来，从"宁可少活二十年，拼命也要拿下大油田"的王进喜，到"暮雪朝霜，毋改英雄意气"、为兰考百姓脱贫拼尽一生的焦裕禄，从喊出"不救民于苦难，要共产党人来干啥"的谷文昌，到以"樵夫"自勉、"背着石头上山"、把为党和人民工作当作最大幸福的廖俊波，正是无数英雄模范、共产党员不懈的奋斗创造，久经磨难的中华民族才能够迎来从站起来、富起来到强起来的伟大飞跃。没有这种艰苦奋斗、不怕牺牲的忘我精神，不可能将中华民族的伟大复兴推进到今天的高度。当然，也有个别党员干部奋斗了几十年，为党和国家做了一些事，看到别人发财、快乐就心理不平衡，认为自己也有获得"幸福"的权利，甚至认为自己更有资格获得"幸福"，因此就忘记初心，把个人的快乐幸福凌驾于党和人民的事业之上，走入犯罪深渊。

习近平总书记指出："我们要坚持把人民对美好生活的向往作为我们的奋斗目标，始终为人民不懈奋斗、同人民一起奋斗。"这就是新时代幸福的伦理要求，这就是科学、高尚的幸福观。高尔基曾把一味追求个人幸福的道路称为"狭窄的道路",这是那些过着"适应卑鄙"生活而恬不知耻的"识时务者"的道路。马克思也认为,只有为人民谋幸福才是伟大的,"因为这是为大家作出的牺牲;那时我们所享受的就不是可怜的、有限的、自私的乐趣,我们的幸福将属于千百万人"[①]。我们共产党人就是要为人民不懈奋斗,以更大的力度、更实的措施推进经济、政治、文化、社会和生态文明建设,让社会主义市场经济的活力更加充分地展示出来,让社会主义民主的优越性更加充分地展示出来,让中华文明的影响力、凝聚力、感召力更加充分地展示出来,让实现全体人民共同富裕在广大人民现实生活中更加充分地展示出来,让绿水青山就是金山银山的理念在祖国大地上更加充分地展示出来。这些目标的实现,就是我们奋斗的结果,就是我们的最大幸福!

2018.4.18

(原发表于《中国教育报》2018年4月26日,
收入本书时略有修改)

[①] 《马克思恩格斯全集》第1卷,人民出版社,1995,第459页。

无须在乎排名　但要心中有数

时下，各种大学排行榜很多，国内的，国际的，官方的，民间的，排名进位者喜，排名退位者忧，特别是"双一流"结果公布之后，许多学校、许多学科如梦初醒，惊呼："我为什么没上？"根据全国第三轮、第四轮学科评估结果进行的大学综合实力排名，也让许多人质疑："浙大为什么第一？"面对诸多大学排名，大家的心态是复杂的，也是多样的：有人叫好，有人骂娘；有人着急，有人无所谓；有人赞赏客观，有人埋怨不公；有人认真反思，有人干脆不理。我不评判哪个排名是合理的，哪个排名是不合理的，问题的关键是我们对待大学排名要有正确的态度，这就是：无须在乎排名，但要心中有数。

大学排名在同一标准下，其实没有什么好说的。无论哪种大学排行榜出来，都是几家欢乐几家愁。乐者认为，这个排行榜好，客观公正，指标设置科学；愁者认为，这个排行榜不靠谱，是瞎扯。其实，只要我们静下心来想一想，也许指标设置及权重真的不合理、不科学，但在同一标准下，真的没有什么可说的。应该承认，每一个排行榜侧重的指标或指标的权重是不同的。如果在同一标准下，你的学校的名次靠后，就说明在这一方面真的有欠缺，需要认真对待。那为什么在另一个排行榜上又遥遥领先呢？那说明你这个学校的强项与评价指标是吻合的。所以，一个大学在不同的排行榜中排名不一，是正常的、科学的，正好说明每个大学各有所长。我们真的不要凭印象、按想象、用习惯性思维去评价大学和学科。"双一流"评审结果出来后，许多人质疑，为什么某某大学或某某学科没有进，它们是名牌大学或老牌学科了，其实你真的了解别的大学是怎样发展的吗？你真的了解别校的学科这些年是如何进步的吗？为什么浙大就不可能是第一？北大、清华就一定要永远第一吗？或许哪天复旦就是第一，

| 伦理与事理

一切皆有可能,唯有强大自己,否则无话可说。如果我们总是按老皇历看问题,总是躺在功劳簿上睡大觉,那就是"乌龟与兔子赛跑"的结局。自己不努力,看不到自身的特色与强项是什么,短板是什么,成天埋怨排名不合理,甚至叫嚣取消排名,也不过是"泼妇骂街"而已,不行还是不行,于事无补。

如果你的学科持续后退,以后排名后退就已成定局。我之所以认为这次根据第三轮、第四轮学科评估结果进行的大学综合实力排名比较靠谱,是因为我一直坚持认为学科建设是大学的核心。当然,大学的重要使命是"立德树人",问题是怎样"树人",它与家庭"树人"、社会"树人"的差别何在。大学"树人"要通过教学与科研来实现,而教学与科研又是科学建设之两面。所以大学的主要做法应是以育人为目标,以学科建设为龙头,以教学、科研为两翼。一个大学如果学科建设搞不好,估计"育人"也好不到哪里去,如果学科建设上不去,其排名是肯定要靠后的。那些"以教学为中心还是以科研为中心"的无益争论,也只有在层次较低的大学才会发生,因为教学与科研都是为了服务于科学建设和育人目标。我们特别要注意的是:学科建设是一个系统工程,是打"组合拳",是"全能比赛",而不是"单项比赛"。评价学科建设无非师资队伍、科学研究、人才培养、社会服务、学科声誉、国际交流等内容,如果只有一项较好,而其他项不行,学科建设评价打分也不会很高,这就是学科建设需要长远规划、精心组织、扎实推进的原因。一个大学丢掉了学科建设,就等于丢掉了根本。这次"双一流"大学的遴选,如果没有一个学科进入全国的前5%,基本就是 B 类。

不重视高水平师资队伍建设,注定没有核心竞争力。可喜的是,学科建设的关键是高水平师资队伍建设已经成为普遍共识,于是,新一轮大学的竞争,人才争夺成为焦点,甚至达到了白热化的程度,每个大学的人才招聘,都开出了无比诱人的条件,然而,尽管个别大学"挖人"成功,但并没有出现大规模、大面积的人才流动。除国家出台了一些保护中西部人才稳定的政策外,各学校也在想尽办法留住人才。同时,在学科评估和学位点申报中,也对师资队伍的稳定性进行了相关规定,如没有在单位任职三年,不得作为团队成员参加学位点申报,这也限制了为了学位点申报而临时"挖人"的情况发生。况且，我认为，人才从来都不是被"挖走"的，而是被"逼走"的、被"气走"的。我们只有平时重视人才、关心人才、尊重人才、用好人才，人才才不会流失。有人担心自己学校条件差、待遇低，留不住人，其实也不尽如此，大多数优秀人才还是有"士为知己者死"的知识分子情怀的，不会过分看重物质待遇。其实，留住优秀人才的关键是尊重人才。尊重人才不是一纸空话，要从细微处下功夫，要尊重人才的人格、想法和个性，千万不能在情感上伤害他们。人才一旦受到伤害，十头牛也拉不回，封官许愿、重金收买都无济于事。

在大数据、互联网时代，评价排名瞬息万变。我们说，不要太在乎大学排名，是给大学自我发展增加定力而不至于乱了阵脚；我们说，心中要有数，就是我们身处互联网、大数据时代，排名由不得你我，家底最重要。大学里老师们最不喜欢的事就是开会和填表，最喜欢的是加钱，这是常理。每当各种评估来临时，海量的表格让大家不堪重负。随着大数据的启用，评估也应该化繁为简。如这次"双一流"评选就没有要求填表申报，而是根据多个排行榜信息和相关数据划定统一标准而得出的。也就是说，我们不要反感排名，而是要乐于、善于利用大数据主动分析排名，做到"知己知彼"。我们在进行学科建设时，一定要有相关数据分析，找到自己的准确位置，要有比较分析，清楚自己的强项和弱项，这样工作才能有的放矢，才会卓有成效。与其被动接受排名，不如自己主动作为，增进排名，这样面对排名，才会有危机感和使命感，而不是一味地反感。

2018.3.21

没有师道尊严　哪来立德树人

今早读得"共青团中央"公众号的一篇《跪着的老师绝对教不出站直的学生》,感触良多,从教 35 年的我,心里隐隐作痛。不知为什么,最近一段时间以来,老师成为被"诋毁"、被"围剿"、被"打击"的对象,但凡出现师生矛盾、出现老师与家长的矛盾、出现老师与社会的矛盾,只要是学生利益没有被满足,不问三七二十一,不问青红皂白,几乎都是把板子打到老师头上,重则开除公职、夺走饭碗,轻则行政处分、降职降薪,如文中所述:"学生玩 MP4 与老师争执,老师被处理;学生上课玩手机,老师抢夺手机遭停职;湖南鲍老师,只因让学生写作业,却倒在血泊中;辽宁朱老师,只因没收学生扑克牌,惨死在讲台旁。对学生的管教,成了被处理的证据,对学生的管教,成了丧命的武器。"这对教师伦理提出了严峻的挑战。

学生无法无天,老师管教不得?

老师管教学生,反而处分老师?

老师为学生好,反而命丧黄泉?

学生顶撞校长,反而免校长职务?

老师管教学生,老师反而下跪?

这难道是我们所希望看到的教育?这难道是我们所要求的新型师生关系?这难道是我们一直倡导的"尊师重教"的结局?难道教育主管部门就可以不闻不问、任其发展?难道全社会不应该一起来光大中华民族师道尊严的优秀传统?

造成目前这种状况的原因是多方面的。

一是优秀的师道传统的丢失。中国自古以来就强调"天地君亲师",这是传统社会中伦理道德合法性的依据,由于其深入人心,对社会整合和稳定产生了重要影响；同时，我们更加明确了"天地者，生之本也；先祖者，类之本也；君师者，治之本也"，这是强调长幼尊卑之道，尊师是社会治理的根本。师，在中国传统文化中具有至尊的地位，甚至如亲生父母，有所谓"一日为师，终身为父"之说，还有"程门立雪""子贡结庐"等道德美谈。但是，这些古训，这些做人的基本道理，我们的家长在孩子上学前跟孩子讲过没有？我们的开学典礼上讲过没有？我们的各级各类学校为什么只有对师德的要求而没有对师权的尊重？我们的学校要不要制定尊师的具体规章制度？我们天天喊继承中华优秀传统文化，难道尊师的文化传统就可以不要？我记得有个大学的班主任跟我说，他带的班级新生入学学的第一个"文件"就是《弟子规》，并且要求学生背下来，学习如何当好学生，我们是否可以借鉴、学习一下？

二是对新型师生关系的误读。社会主义新型师生关系当然与传统的师徒关系有所区别，它强调尊师爱生、民主平等、教学相长等。如果把尊师爱生误认为就是无条件爱学生、宠学生、惯学生、骄学生，那就大错特错了。尊师爱生是互相尊重、互相爱护，并且尊师是前提，尽管在人格上是平等的，老师毕竟是长者、能者、贤者，长者为大、能者为师、贤者为尊，这应该是为人处世的常识，这点常识都没有，就做不好学生。民主平等也只是讲在教学过程中师生共同服从真理，在真理面前人人平等，所以才有"吾爱吾师，吾更爱真理"之说，而不是说，我们既然是平等的，就可以不听话、不守规矩，甚至可以凌驾于老师之上，打骂、侮辱老师。我们必须明确，教育者与被教育者本身就是一种主客关系，就是一种上下级关系，无论怎样平等，也不可"犯上"，否则，就是"大逆不道"。

三是家长对"育人"的缺位。我们现在对"教书育人"这个说法有太多的误解。其实，"教书育人"就是要求教师在教知识的同时还要教学生做人的道理，但并不意味着"育人"就完全是教师的责任。我们现在的教师是既教书，又育人，累得半死，反而费力不讨好。我一直主张"教育分责"，教书是教师的主责，而育人是家长的主责，中国从来都讲"养不教，父之过"，而非"师之过"。我不知道从什么时候起学校成了"无限责任公司"，非要把"育人"的责任完全扛下来，其实这是一个无法完成的任务，因为育人是永恒的、一辈子的事，而学校学习只是短暂的，在短暂的时光里要完成一个永无止境的使命，怎么可能？现在的大学成了全职、全能型"保姆"，既害了学生，也害了学校。我们的家长们要醒醒了，教孩子如何做人，是你不可推卸的责任，需要多花点心思和精力，与其花钱让孩子学"特长"，不如在孩子不听话时"给两巴掌"，因为只有这样你才会真省心，并且可能是一辈子省心。

四是解决师生矛盾的简单化。师生关系是一种特殊的人际关系，其特殊性在于它是一种基于平等而又表现为奉献与索取的关系，这也是师生关系容易产生矛盾的根源，它的平等性与不平等性交织在一起，容易各取立场。当学生要争平等时，就容易忽视他"是来向教师学习的"这个基本事实；当老师要教好学生而恨铁不成钢时，就容易忽视"师生平等"这个事实。我们现在的学校的管理理念是"一切以学生为中心"，就是"一切为了学生，为了学生的一切"，这就打破了这种"平等"关系，把学生权益抬到了至高无上的地位，学生权益成了衡量一切的最高标准，这样就难免把教师权益置于次要位置。以学生为中心的管理理念是没有错的，问题是一定要区分学生权益的正当性和非正当性，对学生的非法、不合规的权益，不但不能满足，而且要坚决反对，严厉处罚，毫不留情。学校如果因为怕学生闹事，怕家长闹事，怕影响所谓的"稳定"，而偏袒学生、打压教师，那么造成的后果就是师严丧失，育人无门，树倒人歪。

毫无疑问，"立德树人"是教育之本。"树人"首先要有好的树人者，教师当仁不让，但树人者还包括全体教育参与者，这就是所谓"全员育人"。同时，"立德"也不仅仅是"师德"，还包括其他教育参与者的德，甚至包括党德、政德，所以应该强调"全德"树人，大家都来分担点，而不是全把"育人""树人"的责任压在教师身上。教师伦理强调教师职、权、利的统一，而不是只要求教师恪守职业道德，当教师的基本权利都没有保障，教师的人格尊严一文不值，教师的生命都可能随时丧失时，就别指望还能"立德树人"了，虽然他们并不强大、并不强势，但毕竟不傻！

2018.3.23

"白眼"的背后

这几天被"白眼"和"红衣"刷屏,当朋友圈传递各种表情包时,本以为就是一个媒体笑话和女人间的闹剧而已,其实,仔细品味,其中折射出当今社会中的诸多乱象,有必要罗列一二,通过"笑料"让思考更深入一层,通过"笑柄"去触及一下不该麻木的地方。

第一,"白眼"背后是普遍化的"红眼"。"白眼"现象看似女人间在一个特定场合的闹剧,是"蓝衣"对"红衣"的鄙视、嘲弄,其实就是现实版的宫廷剧,反映了国人普遍化的相互轻视、相互妒忌的心态。许多人不理解,为什么目前国内电视剧市场以宫廷剧为主,并且很有市场,让很多人痴迷。这是因为现实生活也许就是一部宫廷戏,人们可以从过去的事联想到现在的事,可以从别人的事联想到自己的事,甚至还可以从现在的事联想到将来的事,所以总觉得电视有"启发性"。有人说:"白眼不是哪里都有的,只因宫斗不是哪里都有的,但只要有宫斗,就必然有白眼,白眼就是宫斗独一无二的标配表情包。"在市场化、竞争化的社会里,我们学会了抗争、拼命、计谋,也助长了妒忌和仇恨;我们庆幸着成功,收获着喜悦,但也丧失了对同类的尊重和包容,更不可能快乐着你的快乐、幸福着你的幸福。这种妒忌、仇视心态在一定程度上反映了人性的扭曲和道德底线的丢失,是社会失序和不安定的导火线。

第二,"白眼"背后是记者的身份危机。通过看一些网上资料得知,"白眼"蓝衣女是第一财经的记者梁相宜,按理说,政治不合格是不可能做记者的,政治不过硬是不可能出现在人民大会堂的"两会"上的,但就是这么一个只会翻"白眼"的人堂而皇之出现在那里,这势必会让人联想到"两会"记者的准入是如何把关的,势必会让人联想到记者这个群体里还有多少这种低素质的"白眼",我们如何放心让这些人代表人民心声去发问，我们如何相信这些人会不顾私利去对公共权力进行监督，我们会担心他们有没有能力和良知去行使"第三权力"。目前，记者队伍鱼龙混杂、良莠不齐，尽管低素质者甚至败类是极少数，但他们所造成的记者身份的合法性危机和形象危机是不可低估的。

第三，"白眼"背后是政治庄严的丧失。一年一度的"两会"是我们政治生活中的大事，特别是"两会"代表的神圣感是无与伦比的。就是我们这些"电视观众"也十分关注记者招待会，总希望能早些从领导们的嘴里听到一些让我们高兴的事情，是人民的期待、人民的重托让"两会"重要起来，让政治庄严起来。不过，就是那个被"白眼"的红衣女张慧君让我们庄严不起来，装腔作势不说，连背一个台词都背不好，如何进行政治发问、发声？听说她原是央视某台的执行台长，现任美国全美电视台执行台长，由"内媒"变为"外媒"，其主要职责理所应当是"讲好中国故事"，结果"故事"没有讲好，反而成为"事故"。一个连台词都背不好的人，能期望她讲好中国故事？讲好中国故事不是只讲好的中国故事，而是要把中国故事讲好，这需要真本事、真功夫。

第四，"白眼"背后是幸灾乐祸的调侃。这几天朋友圈里发得最多的是各种"白眼"表情包，有的甚至被做成了商品标签，讽刺、调侃、戏说"白眼"现象，刚开始有的人还没有看懂，问这问那，甚至还有人提议让蓝衣女和红衣女后面的男士承认放了个屁，以保全所有人的面子。自媒体时代，自找乐事，与人共享，无可厚非，但老实说，我开心不起来。其实"白眼"现象及其演绎是当代国民心态的一个缩影，表现出国民对政治生活的复杂心理。我们致力于建设良好的政治生态，但政治生态的根基在政治心态，或者说，政治生态只是政治心态的冰山一角，政治心态怎样，决定了政治生态的健康与否。如果我们按照福柯的想法，把政治当作"生命权力"来行使，也许我们就真的没有如此轻松，再也调侃不起来了。

2018.3.14

在这个喧嚣的年代，我们究竟如何学雷锋

反思时代问题，洞察时代精神，引领时代发展，是当代中国学人的理论自觉和精神追求。在2017年的雷锋精神论坛上，中国伦理学会会长万俊人教授提出了由"过度理想化"或"人为神圣化"导致"雷锋精神危机"的问题，值得我们再次深思。这一问题至少表明，如果学习雷锋的路径不对、方法不当，其效果会适得其反。

法国思想家埃德加·莫兰断言："我们人类不仅处于一个不确定的时代，而且处于一个十分危险的时期。" 18世纪以来的进步主义向全世界灌输了一种乐观信念，即历史永远是进步的，加之西方现代化的完成，似乎成功地说明了这一点。然而，当西方完成现代化而进入所谓"后现代"之后却发现，这种所谓的进步或成功其实是一种幻觉，出现了历史上从未有过的社会危机和精神危机，并且越现代，危机越严重。许多西方学者（如吉登斯、贝克、拉什等人）称之为"自反性现代化"，即现代化的期许与现代化的后果是冲突的、不相容的、矛盾的，现代化不过是一场表面的"喧嚣"运动而已，越现代其实越落后，文明的野蛮随处可见，即"有知识无眼界，有技术无境界，有权力无良知"（埃德加·莫兰语），人类文明史和精神生活史出现了难以想象的断裂。当然西方学者对现代化的反思与批判失之偏颇，但对我们认识现代化不无启发。

中国的现代化在时间上是后发型的，在驱动上是外发型的，本身存在某种先天性不足，如果我们不想重蹈西方覆辙，就必须保持清醒的头脑，既要坚持"四个自信"，也要"认清国情"。我们必须认识到，中国社会已经处在从传统到现代的过渡期，现代化还没有完成，后现代问题同时出现，传统、现代、后现代三者交织在一起，社会矛盾和问题交织叠加，致使中国进入高风险社会，一切的可能性和不可能性、确定性和不确定性同

时存在。尽管在改革开放四十年的历程中，由单一的社会转型进入社会的全面转型，我们创造了人类历史上经济腾飞和现代化的奇迹，但是到2050年要全面建成中国特色社会主义现代化强国，有"两道坎"是必须要迈的：一是文化现代化的坎，二是国民素质现代化的坎。这是无法用时间表和路线图来规划的，也是无法确定的。如果这两道坎迈不过去，我们的现代化可能就是失败的现代化，强国的目标就是一句空话。所以，党的十九大报告明确指出："必须坚持马克思主义，牢固树立共产主义远大理想和中国特色社会主义共同理想，培育和践行社会主义核心价值观，不断增强意识形态领域主导权和话语权，推动中华优秀传统文化创造性转化、创新性发展，继承革命文化，发展社会主义先进文化，不忘本来、吸收外来、面向未来，更好构筑中国精神、中国价值、中国力量，为人民提供精神指引。"雷锋精神就是这种精神指引的一个闪亮灯塔。

雷锋精神无疑是中国精神族谱中的华丽篇章，是中国核心价值体系中的重要组成部分，彰显着指引人们精神生活的巨大力量。问题在于，在这喧嚣的年代，如何有效地学雷锋，让雷锋精神发扬光大，也就是说在市场化、功利化、个人化、世俗化日益强化的今天，如何寻找学雷锋的有效路径。雷锋精神体现的是一种凡人精神，它教你如何做好一个普通人，它深深扎根在我们这些平凡人的生活里和信念中，因为只有普通人、平凡人才占绝大多数，才是这个民族、这个国家、这个社会最牢固的基座。只有怀"平常之心"、做"平凡之人"、造"平实之风"，"雷锋"才可再现，学雷锋才有价值，雷锋精神才可传承。

第一，学雷锋，必须怀"平常之心"。平常之心，就是常人之心，常人就是正常人，常人是社会性和生物性的统一体，是既有理性又有情感、既有理想信念又食人间烟火之人，既不是圣人，也不是动物。我们学雷锋首先要摆脱"圣人心态"和"功利心态"或"工具化心态"。所谓学雷锋的"圣人心态"，就是认为雷锋确实伟大，雷锋精神确实珍贵，但太久、太远、太高、太玄，就是学不来、做不到，只能敬而仰之、敬而远之、敬而悬之，从而导致听雷锋故事感动无比，学雷锋活动轰轰烈烈，而践行雷锋精神则冷冷清清，甚至出现所谓"雷锋三月来、四月走"的局面。所以，在一个英雄崇拜日益弱化的时代，怎样讲好雷锋故事，怎样宣传好雷锋精神，就成为一个需要讲究的事情。不可否认，我们在宣传英雄模范人物时存在一种陋习，那就是喜欢打造"高大全"的人物，将其供奉在圣坛上，让人们敬仰。其实，任何一个人都不可能是圣人和完人，英雄模范之所以是英雄模范，就在于他们在某一方面做出了非凡的业绩，这也是能感动人心之处，相反，如果是"高大全"的人物，反而让人觉得不可信，也不可学。雷锋最能感动我们的就是他的"螺丝钉精神"，这种精神就是不图名利、服从祖国需要、即便没有"润滑油"也要不停运转直到牺牲自我也无怨无悔的精神。所以，雷锋不同于黄继光、邱少云，更不是陈景润，每一个英雄模范的精神都是个性化的，也正是这种个性化决定了供学习模仿的可能性和必要性，如果是一个"全智全能的圣人"，根本就不可能学。所以，还原雷锋的本来面目，彰显雷锋精神的个性特征，把雷锋从圣坛上请回常人世界，让雷锋同我们每一个人都有可比性，让雷锋有可复制性，方为学雷锋的正道。

所谓学雷锋的"功利心态"，就是把学雷锋当手段，就是认为，雷锋精神是我们的宝贵精神财富，我们何不打出雷锋这张"名片"，造点儿势，搞出点儿"名堂"，搞点儿"政绩"？这种心态看似没有问题，其实问题最大，是真正学好雷锋的最大障碍。这些年，各级政府都在为自身的发展冥思苦想，"打文化牌"似乎成了一种共识，千方百计挖掘本地的文化遗产、文化名人，用这些"文化名片"，招商引资，规划旅游，从而增加GDP，带动经济发展。发展文化产业本无可非议，但我们要清楚的是，并非所有的文化都要产业化、都能产业化，精神文化是绝对不能产业化的，精神文化一旦商品化、产业化，就会庸俗化，就会出现精神性自反。湖南是文化大省和文化强省，也是全国文化产业发展的排头兵，形成了电视湘军、出版湘军、理论湘军等，我们引以为豪。但是我们不能忘记湖南是出思想家和精神领袖的地方，我们不能把这一传统丢了，要花大力气培植精神文化和思想文化。雷锋是湖南人民的骄傲，雷锋精神是这个商业化、功利化、浮躁化时代的稀缺资源，我们千万不能把雷锋当摇钱树，千万不能把雷锋精神给产业化了，千万不能把学雷锋当成达到某种目的的特殊手段，否则就是对雷锋的羞辱，是对雷锋精神的亵渎，是对学习雷锋活动的反动。守护好我们湖南人自己的精神财富，培育高雅文化和有影响力的思想，是我们每一个湖南人不可推卸的责任。

第二，学雷锋，就是做"平凡之人"。平凡之人，就是生活中的"小人物"，就是做平凡事的人，他们是社会大厦的基座，没有无数个"小人物"的支撑，再多的"顶梁柱"都会倒。雷锋本身就是一位平凡之人，他的工作岗位、他的职业最普通、最平凡不过，他没有轰轰烈烈的业绩，没有什么感天动地的事迹，正是这种平凡和质朴造就了他真实可靠的人生，也正是这种真实可靠，造就了雷锋精神的特质。他不像特定时间和特定空间里产生的英雄，他的事迹具有普遍的可模仿性和可复制性，人人可以学，人人可以做，并且很容易做到。做平凡人和做平常事是雷锋精神得以延续的根本原因。有些英雄模范所体现的精神虽然十分感人，但由于其时机、境遇和情境具有不可重复性，我们只能在精神层面加以敬仰而无法具体践行。雷锋不一样，他就是我们普通人中的一员，他能做到的事我们也能做到，他要做的事我们时时要做，并且是绝大多数人在做，从某种意义上说，雷锋精神就是凡人精神，就是普通人精神，就是百姓精神，就是大众精神，这就是雷锋精神的生命力所在。

但是，这么一个最朴实的道理，在这个喧嚣的时代似乎被人们忘记了。我们的媒体不再关注"小人物"、不再关注平凡人，它们的镜头里、视野里、心目中，只有达官显贵、才子佳人；他们成天盯着的是那些所谓的大老板、艺人、明星，那些普通的工人、农民、知识分子何曾让他们动心过、感动过；他们天天在选秀，倡导一夜成名，鼓励捷径成才，个个想成"星"，人人想"走红"。我们的教育也是这种"成名文化"的推手，有些高中的教室里挂的是"天王盖地虎，全考985"，某些大学毫不忌讳地说就是要培养"大官、大老板"。在一个竞争日益激烈的社会里，鼓励年轻人积极进取，成名成家，本无可非议，问题在于，当成名成家成了唯一的价值取向和价值标准时，社会上大多数平凡人、普通人就会受歧视，就会被边缘化，就会成为弱势群体，就会成为被遗忘的角落，而不甘于平凡的人，也会不择手段，千方百计挤入"上流社会"。而一旦社会的平凡人、普通人成了社会的弱者，那就只能说明我们的制度设计出了问题，我们的主流价值观出现了错位，我们的公共文化出现了偏差，如果不加以矫正，社会稳定的根基就会动摇。更令我们不安的是，多项研究成果表明，目前认同和践行优秀传统美德和社会主义核心价值观最好的是社会的底层民众，即平凡人和普通人，而那些社会强势群体，如官员、企业家、明星，往往是最差的，不但没有起到好的示范作用，反而成了败坏社会风气的"先锋"，正是平凡人和普通人在支撑我们这个国家和民族的精神大厦。

当人类步入现代社会那天起，炫耀的桂冠总是戴在成功者、强者的头上，从市场理性到"权力意志"无不渗透着对强者、成功者的合理性证明。罗尔斯之所以把社会正义原则设定在要有利于社会最不利者，就是看到了现代社会强者文化之病根。我们今天强调共享发展理念，强调共享改革成果，其根本就是要向社会弱势群体倾斜，向社会默默无闻奉献的平凡人、普通人倾斜。以做平凡人为荣，以做平凡事为乐，尊重平凡人，宣传平凡人，鼓励做平凡人，应该成为这个社会的价值共识，并形成一种社会风尚。没有平凡，哪来伟大？没有平凡人，哪来伟人？没有平凡事，哪来丰功伟绩？我们尊重平凡，并非平凡中可以见伟大，平凡就是平凡，平凡本身就是一种美德，一种可贵的人生境界。我们的执政宗旨是一切以人民为中心，就一定要具体化为以老百姓为中心、以人民大众为中心、以平凡人为中心，否则我们的政治承诺就有可能成为政治谎言。雷锋精神体现的就是一种平凡人的精神，在这个喧嚣的年代里，它对于那些利令智昏者就是一服难得的清醒剂，在这个因竞争而浑浊的世界里，它就是一道不息的清流。

第三，学雷锋，要营造"平实之风"。经世致用、谦虚内敛、求真务实是中国优秀传统文化的表征，更是湖湘文化的精髓，从屈原、贾谊到魏源、曾国藩，再到毛泽东和雷锋无不体现着经世致用的务实精神。务实就是遵循事理，实事求是，以干事为快乐，以成事为目标。务实有两种境界：一是高调务实，二是低调务实。前者为一分做一分说，有时为了成事可能会一分做两分说；后者是只做不说，或者一分做半分说，所以，低调务实就是平实。平实体现的不仅仅是一种实干的精神，更是一种谦虚美德；体现的不仅仅是平和的精神，更是一种成事的中国智慧。雷锋就是一个平实之人，雷锋精神就是平实精神。在我们这个喧嚣的年代，似乎会说的人多了，会做能做肯做的人少了；热衷于炒作的人多了，而埋头苦干的人少了；投机取巧的人多了，而脚踏实地的人少了；弄虚作假的人容易成功，而诚实守信的人老是吃亏；狂妄自大、自吹自擂的人容易引人注目，而谦虚、忍让则成了无能的代名词。我们这个时代太需要平实之人，太需要平实之世风了，这就是我们今天学雷锋的真正意义所在。要营造"平实之风"，目前亟须有效扼制弄虚作假之风和狂妄傲慢之心态。

目前国内弄虚作假之风猖獗是有目共睹的。假数字、假新闻、假广告、假文凭、假钞、假药、假唱，随处可见；金融诈骗、网络诈骗、销售诈骗，防不胜防。假，成了当今社会的"首恶"，如此一来，社会的诚信危机也就不期而至了。当然，随着社会信用体系的建立和法治的健全，社会诚信危机会有所克服，但诚信危机给国人带来的精神伤痛在短期内是难以治愈的，有专家预测，中国诚信体系的真正建立需要50年以上的时间。造成这种虚假、虚伪盛行的原因是多方面的，其与我们忽视平实之德和平实之人有莫大关联。如果我们对制假、造假、说假话的人，在法律上加大惩罚，在道德上多些谴责，在心理上多些零容忍，而对平实之人多些褒奖、多些利益，也许这种局面会有所改变。我们必须还世道以真实，还社会以真情，还人际以真心，只有这样，我们所处的世界才是一个平实的世界，只有平实才能产生温暖、安全和美好，虚假的繁荣其实就是罪恶。

还有一种现象也值得我们警惕，那就是目前部分国人日益膨胀的狂妄傲慢心态。伴随着中国成为世界第二大经济体，以及中国在世界舞台上的地位日显重要，想当世界老大、世界霸主的心理开始滋生，有人甚至错误地引导国人认为"我们已经全面超过了美国"。是的，要建设中国特色社会主义现代化强国，要实现中华民族的伟大复兴，需要足够的自信，并且我们的建设成就也足以让我们自信。但是自信不能自负，自信不能自傲，更不能狂妄，更何况，党的十九大报告明确我国的基本国情没有变，我国还处在社会主义初级阶段，我国还处在发展中国家的行列。所以，习近平总书记一再告诫全党，要有危机感，要保持戒骄戒躁、艰苦奋斗的作风。如果我们看不到自身的不足，看不到危机，盲目乐观甚至妄自尊大，只会误国误民。今年是改革开放40周年，需要认真总结和深刻反思，其中最成功的一条经验就是，埋头做事，低调行事，不管他事，韬光养晦，做强自己。这条原则要继续坚持，以平实的工作作风，干惊天动地的事业。知敬畏、懂谦卑、倡导中庸、追求和谐，是中华民族的传统美德，是平实之世风的具体体现，也是治国理政和为人处世的中国式智慧，我们必须将其发扬光大。

我们迈进了中国特色社会主义建设新时代。"新时代"不是一个时间性概念，而是一个全新的价值性概念。新时代真正体现的是一种理想追求、一种长远目标，是一种"应然"状态。新时代不是被建构的，而是对当代中国的发展姿态、历史方位、未来走向的提炼和概括，形成了丰富的价值系统和精神体系，其中就有雷锋精神的重要元素，我们有理由相信，雷锋精神在建设中国特色社会主义现代化强国过程中将大放光彩，雷锋精神永恒！

2018.3.4

在物理与伦理之间

我喜欢生活在中南部地区，因为这里四季分明，该冷的时候冷，该热的时候热，可以充分感受自然变化之节律，就像人有喜怒哀乐一样，有变化的生活才叫生活，有极致表现的生活才是精彩的生活。南方的酷热和寒冷叫你既害怕又渴望，特别是渴望下雪。当然，南方的冷比北方的冷要难受，因为它是阴潮的冷，就像浸在冷水里，从头到脚都冷，并且冷到骨子里去了。

这些年随着生活条件的改善，南方人装修房子时也开始考虑装供暖设备，有装中央空调的，有装暖气片的，也有装地暖的。我在装修房子时，为了确保供暖，在装中央空调的同时，还装了地暖。在要不要装地暖的问题上，我是犹豫过的，是设计方对地暖功能进行介绍时的一句话让我下了决心，这就是：暖气是往上升的，冷气是往下走的，装地暖会有被温暖包围的感觉，从脚到头地暖，特别适合老人和小孩。

我搞不懂为什么暖气往上升，一直觉得这是一个很有意思的原理，于是百度了一下，说是因为热胀冷缩，热空气体积大，相同气压下，热空气比较轻，所以往上走。这是客观事物的变化之理，无法改变，唯遵循而行，但如果将物理用于人伦，则为大误。我们不能把财富集中于上，而把贫穷堆积于下；我们不能对上奴颜婢膝，对下却横眉怒目；我们不能对上热气腾腾，对下则冷若冰霜；我们可以让上层迁徙，但不能让下层走人；我们可以让上层难受，但不能让下层受难……人伦至上之理，在于对下的亲善与呵护。

理本不在上下，而在界。张岱年先生在《天人五论》中，专门讨论过"理之界域问题"，他认为："凡理莫不表现于事物，然理之表现有其界域。"也就是说，一种"理"只适用于某一领域，并且这种"理"的适应是有"界"的。"凡表现某一理之诸事物之统合,可谓某理所在之界域;而表现某理之诸物,自其统合言之,可称为某界。"如表现生之理者,为生物界;表现心之理者,为心界;表现动物之理者,为动物界;表现植物之理者,为植物界。暖气往上升,表现的是物理,它不适用于人伦世界,否则就是越"界"。如果社会上层的人拥有更多的"温暖",而社会底层的人只能挨冻,则有违公平之伦理;如果社会上层的人能高高在上地享受"温暖"是因为"身轻",而社会底层的人沉于下而挨冻是因为"身负"太重,则更是有违正义之伦理。人伦世界讲究平等、正义,不但人生而平等,也追求后天的平等权;不但机会要均等,结果也不能太失衡。一个公平的社会就是权利与责任对等的社会,是冷暖共担的社会。也不知从什么时候起,暖气往上升的物理运用到了人身上,不平等、权贵本位也成了一种人伦之常理。中国传统文化中"天人合一"理念导致"天理"的至上性为这种"物理"直接渗透人伦做了证明,所以,伦理就成了来自天理——而天理是不可违的——途经物理和事理而形成的等级秩序。在中国传统文化中伦理就是物理,也就不足为奇了。其实,在西方也有直接用自然法则取代人伦法则的传统,也有将生物进化直接运用于伦理进化的主张,即使已经到了"后现代"的今天,在物质主义、科学主义与人文主义的对抗中,人文主义仍然处于弱势,这就不难理解整个人类文明为何总是"物是"而"人非"。要避免物理对伦理的直接"介入"和侵袭,一定要强化事理。事是人与物的对接,人以谋事、成事为目的,物以由人操控而变事,事在人、物之间,所以伦理因有事理而对物理进行选择,而物理因有事理而显人伦活性与活力。

  理还有"虚""实"之分。"凡理,如有事物表现之,即有表现之界域,则为实有;如未有事物表现之,即无表现之界域,则为非实有。理之为实有与否,在于有表现界域与否。"凡实有之理,就是实理;凡非实有之理,就是虚理。在"常识"中,物理是人们可以感知和触摸到的,是实实在在的存在,是不可怀疑的,所以是"实理";而伦理是感官不可触及的,是一种隐匿的存在,是一种心灵的存在,即便是文字性的制度存在,也是存于思想理念之中的,往往被认为是"虚理"。一般而言,不善于反思而专注于感知与感悟的人,看重物理,因为"存在就是被感知",物理

| 伦理与事理

是不可怀疑的，是"第一真理"；而喜欢反思且专注于理性思考的人，则看重人的"自我"，因为"我思故我在"，人伦省察之理才是不可怀疑的，感官往往具有欺骗性。感觉主义和理性主义各执一方，争论不止，不能为合。其实，如果从人的主体性出发，人伦之"虚理"并不虚，而是对"物理"的抽象与超越，是物理的人性回归。那么，如何在物理与伦理的虚实之间找到结合之契？也只有事理了。事本是虚实之存在，事之构想为虚，而事之行动为实，事理就是虚实之事，以虚化实，以实应虚，虚虚实实，方显事之万象与复杂，事理之重要可见一斑。

伦理变迁，方圆于世，唯以下层民生为要。伦理学是穷人之学问，亦为弱者之学问，更为下者之学问，故在事功与呈强之处，难以与经济学、政治学比肩。时下中国正走强国之路，切忌以物理之功将人伦之理取而代之，要以事理之精要为基，而事属人为，人伦之理为事理之魂，切莫以物理取代伦理，切莫将人事办成鬼事，方为人伦正道之理。

2018.1.9

作风建设为什么永远在路上

十八大以来，党的作风建设之力度可谓前所未有，其效果也史无前例，加上持续形成高压态势的反腐败斗争，充分表明了中国共产党加强自身建设的坚强决心凝聚了党心，获得了民心。由此说明，新一代领导人的开局和起点选择对了，因为"一个政党，一个政权，其前途命运取决于人心向背。人民群众反对什么、痛恨什么，我们就要坚决防范和纠正什么"，就应该从那里起步。

五年过后，我们发现，在党的作风建设问题上，还是提"作风建设永远在路上"。十九大后，中共中央政治局第一次会议就审议了《中共中央政治局贯彻落实中央八项规定的实施细则》。最近，习近平总书记就纠正形式主义、官僚主义问题做出重要指示，强调"纠正'四风'不能止步，作风建设永远在路上"，再次向全党释放强烈信号——坚定不移全面从严治党，驰而不息改进作风。

近日新华社记者采访中纪委负责同志，受访者也表示"四风"出现了新的"变种"，出现一些新动向新表现，其中比较突出的就是改头换面、潜入地下的隐形变异。比如：违规公款吃喝转入内部食堂、培训中心、农家乐等隐蔽场所；收送礼品、礼金避开敏感时间节点搞"错峰送礼"，还通过电子礼品卡、电子红包、快递等隐蔽方式进行；婚丧喜庆事宜化整为零分批操办、异地操办、变换身份操办，或只收礼金不办酒席。中纪委还提出了形式主义、官僚主义的十种新表现。

由此，人们难免会产生一个疑问：作风建设永远在路上，是不是意味着作风问题永远无法根治，作风建设永远看不到希望，我们正在下一局永远下不完的棋，走一步永远走不完的路？

我们应该形成的基本共识是：作风问题如同腐败问题一样是难以根除

| 伦理与事理

的，但可以控制，控制在不足以形成"癌症"；改进作风有希望，但现实远不如希望；"永远在路上"，但步子可以有快有慢；"永远在路上"的警示是为了尽可能"少走些弯路"；纠正"四风"、改进作风可以有轻重缓急，但没有间歇期、没有休止符！

从作风本身来看，作风就是在思想、生活和工作中较为稳定的"作派"与"风格"，一旦"成风"，就难以制止。"四风"是工作中的坏风气、坏习惯，其由于"风力"和"风律"而形成一种恒久的破坏力量。既然是"风"，就会"刮"起来，往往是从上至下刮，越刮越大，越刮越猛，越刮越久，刮得很欢，风成于上，俗化于下，突然停止，谈何容易；既然是"风"，就会"顺"起来，跟风走才安全，逆风走就危险，如果不随大流，就会成为"另类"，而官场中的"另类"是没有好下场的，所以歪风都是跟出来的；既然是"风"，就会有"气"出来，如果大家跟风，自然会成气候、成习惯，习惯就会成自然，自然而然，就会心安理得，当问题正常化，再反起来就会变得"不正常"，阻力就会增大；既然是"风"，就可"躲"起来，反"四风"也是一阵风，以风反风，这是常态，所以先"躲风"，等风头过了，再见风使舵不迟，你无法想象现在有多少人躲藏在反"四风"的旗帜下，一旦有机会就会暴露出来，作风建设能不持久吗？

从历史角度而言，中国的吏治传统，也是重视作风建设的，但效果不尽如人意。中国历代统治者为了巩固其统治，都非常重视吏治建设，制定过一系列法令和制度，试图克服官场病。比如，在治贪方面，汉代规定"吏受所监临，以饮食免，重"，"坐赃者，皆禁锢不得为吏"，三国时有《请赇》，两晋有《晋律》，隋唐有《开皇律》《贞观律》，宋代有《计赃法》，明代有"剥皮实草"，条例繁多，惩治严厉；在用人制度方面，春秋战国时期有"选贤任能"原则，汉代有"察举征辟"制度，魏晋南北朝有"九品中正制"，隋唐以后有科举考试制度；在监督监察制度方面，汉代有御史大夫，隋唐有御史台，宋代有谏院，明代有六部言官，清代有都察院。这些努力虽产生了一定的效果，但始终未能消除官场病的痼疾。

从现实性来看，十八大之后党内存在的作风不纯问题还未得到根本解决。尽管大家在思想上有了"紧迫感"，但还停留在"不适应感""不舒服感"，"真正不想"的思想基础仍不够牢靠；尽管领导深感任务"压头",但压力传导逐级递减,上热中温下冷、水流不到头的现象十分普遍;尽管大部分人有所惧怕,但不收敛不收手情况仍然存在,并且"上有政策下有对策"的智慧得到充分发挥,各种"四风"问题呈现隐形变异,形成新"经验";尽管形式主义和官僚主义问题有所减少,但用形式主义反对形式主义问题突出,高压下的"双面人"逐渐增多。这些都说明党的作风建设依然任重道远。

从官场的病态逻辑来看,官场有"四风"产生的根源,有作风难以纯正的基因。官场容易使人格发生分裂,乃至病态。这种病态人格又可分为阴阳两面。阳性官场人格的特征是权力偏执、言行分裂、思想压抑、嫉妒杀人,阴性官场人格的特征是忍耐为奴、轻信迷信、消极保守。这种病态人格表现在为官技巧上就是无毒不丈夫、察言观色、狡兔三窟、明哲保身、狐假虎威、以退为进等。如果不从官场体制开刀,"四风"是难以根除的。

从目前反"四风"的机制来看,还存在不健全、不科学的缺陷。从控制管理理论而言,一般需要两种机制:约束机制和激励机制。前者是为了控制人的劣根性,是被动控制;后者是为了提高人的积极性,是主动控制。目前,反"四风"我们主要是利用了约束机制,只知道哪些不应该做,哪些"红线"碰不得,只能是被动受约束。其实应该用好激励机制,让人知道哪些做到了、做好了,可以得到什么好处,一定要清楚,人的普遍性是"趋好利"的,反"四风"一定要基于"凡人假设"而非"圣人假设"。例如,强大的问责机制让人无处"躲藏",而没有开辟一个让人主动作为的"天地";纵向的层层问责让"为担当者担当"成为一句空话,使普遍不作为成为新"常态"。

"四风"问题由来已久、成因复杂,受到历史文化、传统观念、社会习俗等因素影响,并且具有顽固性、反复性,不是一朝一夕就能彻底解决的,也不可能一劳永逸,必须有警钟长鸣,久久为功,永远在路上的恒心和韧劲,才能打赢作风建设的攻坚战和持久战。

2017.12.30

心中有快乐　天天便是节

今天长沙天气出奇地好，出门洗车时听湖南交通频道新闻节目说，昨天晚上的平安夜较之往年少了一半的人流和车流，没有了往年的拥挤、热闹和嘈杂，同时据公安部门反映，昨天晚上的公共治安事件也比往年的平安夜少了一半。当然，我听不出这是"正面"报道还是"负面"报道，但是，联想到前几天朋友圈里转发的各种关于禁止一些人群过圣诞节的通知，我想这应该是正面报道了。

我没有过"洋节"的习惯，甚至随着年龄的增大，连中国节也没什么兴趣了，只想安安静静地待在家里、待在书房里，随意地翻翻书，写点什么，就当过节了，甚至比过节还开心。自由自在，随心所欲，心情舒畅，就是过节了。只可惜在商业化、交易化、圈子化、面子化、江湖化的社会里，这样属于自己的安静独处的日子也不多，这也从另一个侧面说明，这样的日子比过节还珍贵。

当然，这只是个人的节日，只是我老年心态的体现。节日本身还是指生活中一些特别值得纪念的日子，体现为一种民俗、一种习俗，还是需要参与的，人还是需要一起热闹、一起快乐的。所以，交流是过节的社会学意义，共乐是过节的文化学价值，开心是过节的道德学标准，其前提是自由选择，每个人有选择过节的自由，也有选择不过节的自由，我们没有权力要求别人不过什么节或过什么节，正如我们不能强制别人快乐或不快乐一样，节日嘛，就是找个借口或机会乐乐，干吗那么严肃呢？节日里乐一乐，尤其是年轻人，应该就是美好生活需要嘛，我们要充分满足、平衡满足嘛，为什么要限制一部分人过节呢？

至于为什么现在大家喜欢过"洋节"，其实主要是年轻人，他们也许没有考虑太多，没有去了解也觉得没有必要了解这些节日的背景，过了就过了，第二天照样工作学习，什么都忘了，如此单纯、阳光、快乐地过一个节也没有什么不好，过节就是为了快乐，如果赋予其一些沉重的东西，也许就失去了过节的快乐和意义。今年圣诞节就没有那么多人过，看不出有什么好与不好。开心就是过节，快乐才是根本，也没有必要发出"让洋节流出中国"的怒吼。其实"节日泛滥"的"罪魁祸首"是一些商人故意炒作、过度炒作，利用年轻人求新、求异、求洋气的心理，大发横财，如果非要限制点什么，先要限制这些唯利是图的商人，他们才是"另有所谋"的人，他们才是有悖过节真谛的人。

限制了"洋节"是否就一定会认真过"国节"，我看也未必。尽管中国传统节日有诸多人伦情感的东西，有诸多道德因素，万家团聚，乐享天伦，不失为一种美好，但也未必一定是快乐。如春节，对于中国人来说那是一种近乎宗教般神圣的节日，但其背后的代价是什么，大家都知道。在交通不便的年代，每年回家过年简直就是一场搏斗，难怪还是有人大代表建议取消春节，这应该不完全是"大逆不道"之举，真的，春节给"农民工"带来的困难是可想而知的。当然春节是不可能取消的，但过春节的形式、方式正在发生变化，节日的气氛也在逐渐淡化。

其实，在一个良序社会里，没有必要太在乎节日，即使要过节，所有的节日也都要以自由、方便、开心、快乐为前提。如果我们能够实现"经济更加发展、民主更加健全、科教更加进步、文化更加繁荣、社会更加和谐、人民生活更加殷实"，"使人民获得感、幸福感、安全感更加充实、更有保障、更可持续"，过不过节、过什么节、怎样过节，意义不是特别大。只要心中有阳光，天天便是节日，只有开心快乐，才是真正的好日子，才是最有意义的节日，我祈盼天天过好日子，祈盼天天过节！

2017.12.25

坚持以人民为本的社会治理

党的十九大报告明确提出,要"形成有效的社会治理、良好的社会秩序,使人民获得感、幸福感、安全感更加充实、更有保障、更可持续"。让人民获得感、幸福感、安全感更加充实、更有保障、更可持续成为我国社会治理的根本目标,是充分反映了现代国家治理和社会治理的本质与规律、深深植根于马克思主义社会理论、立足于中国特色社会主义新时代的要求而做出的科学论断,标志着我国社会建设在新目标的指引下迈入了新征程。

就社会治理的本质而言,谋求公共利益的最大化是最高价值追求。从管理走向治理,意味着社会生活的扁平化、网络化,就是要在国家权力与人民权利之间找到平衡,从而确保人民权利的实现。现代社会治理要求社会秩序的构建和社会制度的安排不再诉诸管理者的权威,而是社会成员广泛协商合作获得最大公约数的结果。之所以采取多元共治,就是希望所有社会成员都能在治理中发出自己的声音、表达自己的利益诉求,并且分担社会责任。社会治理期待顾及每位成员的利益,大家都能分享社会建设的硕果。人民是社会治理的基础,社会是由人民组成的,社会治理本质上需要人民的共同参与。这就意味着社会治理必然以人民的利益为旨归,维护和增长人民利益是社会治理的最高追求。获得感、幸福感、安全感是对人民利益的高度概括和集中表述,更加充实、更有保障、更可持续地满足人民获得感、幸福感和安全感是由社会治理的公共利益最大化本质所决定的。

就社会治理的主体而言,人民是社会治理的根本主体。我国的社会治理体制是党委领导、政府主导、公众参与、法治保障。如果说传统社会管理完全自上而下的权威形式对人民的主体性提出了挑战,那么多元参与的社会治理在最大限度上承认和巩固了人民的主体地位。党是社会治理的领导核心，社会治理必须在党的引领下进行。我们党代表了人民的根本利益，始终坚持以人民利益为中心，坚持人民利益高于一切。习近平总书记反复强调"人民对美好生活的向往就是我们的奋斗目标"。从我们党诞生之日起，"全心全意为人民服务"就成为党的根本宗旨，成为每位党员的行动指南。人民所向往的美好生活就是生活富足、身心健康、国安家宁，获得感、幸福感、安全感全面概括了人民美好生活的基本内容。获得感意味着人民可以得到充足的社会资源，为自由全面发展创造良好的物质基础。同时，获得感还意味着获得社会认同，得到社会的尊重。幸福感意味着人民身心愉悦，不但享有良好的生活状态，还对社会怀有积极的道德态度，情绪饱满。安全感则意味着人民应该生活在秩序井然的社会环境之中，面对社会风险能够得到社会的有效支持。社会治理无疑要满足主体诉求、遵循主体意愿。

就社会治理的主要手段而言，最有效的是法治，而法治的核心在于维护人民权利。法治的特征在于法有独立权威，任何社会主体都在法的制约范围之内。更重要的是，法治是善法之治，即法不依据部分社会群体的意志制定，而是要代表所有人民的意志，为人民权利提供保障。社会治理需要法治在各社会主体间划定责任、义务和权利的边界，让人民权利免于威胁和伤害。十九大报告强调："全面依法治国是国家治理的一场深刻革命，必须坚持厉行法治，推进科学立法、严格执法、公正司法、全民守法。"科学立法就是要围绕人民权利制定法律，在权利面前筑起坚强的堡垒，以促进人民权利成为法律的价值标准。我们已经步入了法治社会阶段，人民对社会资源的获取、分配，对公共事务的参与都需要按照合法的程序和形式进行。唯有依法治理，才能形成稳定的权利预期，增强人民对社会生活的信心。严格执法、公正司法就是要保证法律面前人人平等，让人民分享平等的社会权利话语。随着社会的发展，人们的权利意识不断增强，利益愿景也越来越丰富。社会治理通过法治建设让人们能够在公共领域合理有序地追求自己的利益。而且，依法治理确保每位社会成员在实现权利方面都能受到社会同等程度的对待。全民守法就是要帮助人们形成权利自觉，在关切自我利益的同时关注他人利益和社会利益的实现。在社会治理过程中，人们需要培育公共意识和公共精神，在社会成员之间形成和谐友善的人际关系，秉持公共责任感参与社会事务。形成守法意识，在不侵犯他人和社会权利的前提下促进自我利益的增长，从而实现合作共赢，是社会走向善治的重要前提。显然，作为社会治理主要手段的法治是紧密围绕人民权利所实施的，最终目的还是"使人民获得感、幸福感、安全感更加充实、更有保障、更可持续"。

就社会治理目标而言，社会治理旨在解决社会主要矛盾，实现社会和谐和人民福祉。党的十九大报告科学地将我国社会主要矛盾表述为"人民日益增长的美好生活需要和不平衡不充分的发展之间的矛盾"。党的十九大报告敏锐地发现了我国改革开放三十多年来社会主要矛盾的时代转化。经过中国共产党人的不懈努力，我国经济高速发展，创造了世界经济的奇迹，人民生活水平实现了质的飞跃，全面建成小康社会已经指日可待。但是，我国依然属于发展中国家，在经济发展的过程中也出现了资源分配不均衡以及地域差异、群体差异日渐显著等问题。以习近平同志为核心的党中央领导集体对此有深刻的洞见和深沉的关切，在十九大报告中准确把握了中国特色社会主义新阶段的主要社会矛盾。解决这一矛盾的主旨依然是让人民切实享有美好生活的权利。发展不充分不平衡会导致人民的需要难以得到有效满足，特别是那些生活在贫困和边远地区的人民在追求美好生活道路上将遇到更多的困难。我们党吹响了全面建成小康社会的号角，就表明了带领全体人民过上幸福生活的决心。从精准扶贫到五大发展理念的树立，再到"五位一体"发展布局，无一不表达出党中央对民生的关注，无一不指向"使人民获得感、幸福感、安全感更加充实、更有保障、更可持续"这一社会治理目标的实现，不但抓住了在新的社会历史时期解决社会主要矛盾的关键环节，而且彰显了"一切以人民为中心"的执政要求和精神力量。

2018.1.20

我们为什么这样忙

歌曲《花儿为什么这样红》，来自电影《冰山上的来客》，这首《我们为什么这样忙》如果要作为某个电影的插曲，这个电影就叫《人海中的忙客》。

现在所有人见面问候，都是："你最近在干啥？"答："唉！事太多，忙死了。"其实忙是忙，但没有忙死，如果真忙死了，就不忙了。

我们经常用"茫茫人海"来形容人多，是否可用"忙忙人海"形容人累？也许是因为"忙"才导致了"茫"，或者"茫"是"忙"的表征。

现在，不但大人忙，小孩也忙。大人忙工作、忙事业、忙应酬、忙家务、忙照顾老人、忙孩子学习……小孩忙作业、忙学外语、忙学钢琴、忙学跳舞、忙课外学习、忙上网玩游戏……

不但领导忙，老百姓也忙。领导忙学文件、忙开会、忙批示文件、忙接待、忙汇报、忙听汇报、忙检查别人、忙应付别人检查、忙找别人谈心、忙被谈心，还要忙些不想让任何人知道的私事……老百姓忙生计、忙上班、忙炒房、忙炒股、忙打牌、忙八卦、忙扯皮，还要忙各种"上面"下达的任务……

不但男人忙，女人也忙。男人忙上班、忙事业、忙喝酒、忙喝茶、忙打球、忙娱乐、忙出差……女人忙工作、忙事业、忙家务、忙小孩、忙美容、忙美体、忙购物、忙快递、忙旅游、忙聚会……即使真的没事，也会去找老公的事，猜测、怀疑，让自己忙起来，以此证明自己的存在及重要性。

不但有钱的人忙，没有钱的人也忙。有钱的人忙花钱，忙花钱之后挣更多的钱，挣更多钱之后，还要忙花更多更多的钱再去挣更多更多更多的钱，永无止境，永无宁日；没有钱的人为了挣人生第一桶金怎么忙就不用

伦理与事理

言说了，谁不是起早贪黑，没完没了？

好一幅"忙忙人海"图：人人行色匆匆、脚步匆匆、语速匆匆；走路打电话，开车看手机，吃饭发语音，睡觉刷微信；步行者小跑，开车者超速，挤车者挤插；电梯里、地铁内、公交上、大堂处，对话声、手机声震耳欲聋，感觉人人都在谈生意、谋业务；没有节假日，没有星期天，没有八小时以外，没有白天黑夜之隔，没有上班下班之分；工作忙吃饭，吃饭忙工作；男人忙女人的事，女人忙男人的事；有事干的忙着干好自己的事，没事干的忙着坏别人的事；发财的忙着想做官的事，做官的忙着想发财的事……

在职的人忙，退休的人也忙。在职的人忙职位、忙薪水、忙学位、忙职称、忙项目、忙论文、忙评奖、忙提拔；退休的人忙养生、忙健体、忙照看孙子、忙听各种推销课、忙娱乐活动，还有实在闲不住的忙顾问、忙各种荣誉头衔、忙发挥"余热"。

现在的人为什么这样忙？从事理学来分析，大体可以归纳为如下原因，不过有时是单一原因所致，有时是多种原因所致。

第一，人本有事。人不是为人而来，而是为事而来，或者说，人的存在理由是做事，有人就有事，所以叫人事，人事一体，人事互照，本身就是世态。人还要以事为业，所以有了事业，事业是事的超越，是人的尊严与荣耀之基，需要付出常人之生命，忙就是一种超常事业态，此所谓"高人谈事业，常人谈事情，小人谈事非"。况且做事要先做人，做人是做事的前提，而做人是处人际族群之为，是无止境之修为。做人讲伦理，做事讲事理，所以世间学问无非两种：伦理学和事理学。有人就有事，有事就会忙。

第二，大家想事。传统社会是少数人甚至一个人（首领、族长、皇帝）想事，其他人只干事，人与事之间道直路通，中间环节少，甚至可以人事合一；当今社会则人人平等，人人想事，并且想法很多。民主开放了事路，增加了想法，增设了程序，同时也增加了办事的成本与难度，忙不在于事本身，而在于事之外，事外之"事"主要是让众人都同意做这件事，而不是如何做。世界上最难的事是统一众人的意志和想法，最最难的事是统一十三亿多人的想法，知道了这一点，你就能理解我国为什么文件多和会多，我们忙就忙在对事的"描述"和"贯彻"上。

第三，难以成事。如果能人事同构，只要想事者心力强大，就可以做到"心想事成"，而现代社会基本上是人事分离，或者一事多人，从事的设计到具体操作，经由多层级、多单位、多个人，所以就出现了所谓的管理学。管理学无非是在事管人与人管事之间如何讲究，如何快成事、成好事，如何解决成事难、成事差的学问，是伦理学与事理学的连接，并不构成独立的知识体系，因为会做人、会成事就是管理高手。忙产生了管理，管理也加剧了忙。

第四，事会生事。简单的生活就是一事归一事、一码归一码，而现代社会是复杂性社会，大事生小事，小事变大事，一事生多事，多事生更多的事，事事相生，成几何系数增长，形成立体化网络，让你每天的感受是"哪来这么多事？"。如开汽车这事，有人统计过，涉及十几个产业和十几个管理部门，你无法想象其中会生出多少事。事生事，让你在做事的过程中出事，在处理事故的时候又生事，并且还会坏事变好事，好事变坏事，看你忙不忙，看你晕不晕。

第五，没事找事。人类是世界上最贪婪和最善于没事找事的动物。人类最初吃生食挺好，非要去发现火，吃熟的；日出而作、日落而息、自给自足挺好，非要搞机器大生产；有个座机电话就可以了，非要人人拿个手机；人人都有事做挺好，非要发明出机器人来，好了，什么事都由机器人来干，人干什么？人就不忙吗？会更忙，忙于怎样对付机器人，因为它会抢你的职业，会插足你的婚姻和家庭，对付机器人这事比对付人更复杂、更难，我们已经开始为此而恐慌了。人类的历史发展，说得好听点是进步和前进，说得不好听点是没事找事。只要人类打着创新的旗号去满足无法满足的欲望，去满足自己的好奇心，事总会无限多，忙，就是我们永恒的宿命。

2017. 11. 5

新目标开启教育新征程

党的十九大报告从中国特色社会主义进入了新时代这一重大论断出发，做出了从全面建成小康社会到基本实现社会主义现代化，再到全面建成社会主义现代化强国的战略安排。在对决胜全面建成小康社会做出部署的同时，明确了从2020年到本世纪中叶分两步走全面建成社会主义现代化强国的新目标。新目标开启新征程，充分彰显了中国共产党人为实现中华民族伟大复兴的中国梦而勇于开拓进取的强烈历史使命感和时代责任感。

新目标绘就新蓝图。思深方益远，谋定而后动。当前，我国正处于实现"两个一百年"奋斗目标的历史交汇期，党中央综合分析国际国内形势和我国发展条件，描绘了具体的宏伟蓝图：第一个阶段，从2020年到2035年，在全面建成小康社会的基础上，再奋斗15年，基本实现社会主义现代化；第二个阶段，从2035年到本世纪中叶，在基本实现现代化的基础上，再奋斗15年，把我国建成富强民主文明和谐美丽的社会主义现代化强国。"两步走""两个十五年"的战略安排，擘画出全面建成社会主义现代化强国的时间表、路线图。这种战略安排说明我们党对国家和人民高度负责，也预示着中华民族的前景必将无比美好。用两个"十五年"、分"两步走"建成社会主义现代化强国的发展蓝图，把长期、中期和短期的发展规划和宏伟目标紧密结合起来，使得方向目标与具体规划衔接紧密，既登高望远，又脚踏实地，不仅为中华民族的伟大复兴做出了顶层设计，也制定了具体方略，极大地振奋了人心、凝聚了力量，又能让人知晓路在何方、劲使何处。当宏伟目标和具体规划相统一的共识成为集体行动的逻辑时，即使因为形势和条件发生变化，需要调整策略和政策措施，也能避免因方向不明、目标不清产生的巨大风险。

新蓝图照亮强国梦。从2035年到本世纪中叶，在基本实现现代化的基础上，再奋斗15年，把我国建成富强民主文明和谐美丽的社会主义现代化强国。这是让中国人倍感自豪的新目标，不仅是对中华民族近代以来最伟大梦想的承续，更是在新历史条件下强国梦的新飞跃。党的十八大以来，党和国家事业发生了历史性变革，中国特色社会主义事业进入了新的发展阶段，这意味着近代以来久经磨难的中华民族迎来了从站起来、富起来到强起来的历史性飞跃，意味着社会主义在中国焕发出强大生机活力并不断开辟发展新境界，意味着中国特色社会主义拓展了发展中国家走向现代化的途径，为解决人类问题贡献了中国智慧、提供了中国方案。从站起来到富起来，再到强起来，谱写建设社会主义现代化强国历史新篇章的伟大使命，就责无旁贷地落到了当代中国共产党人的肩上。这就要求全党要牢牢坚持党的基本路线这个党和国家的生命线、人民的幸福线，领导和团结全国各族人民，以经济建设为中心，坚持四项基本原则，坚持改革开放，自力更生，艰苦创业，为把我国建设成为富强民主文明和谐美丽的社会主义现代化强国而不懈努力。

强国梦教育铺底色。强国先强民，强民先强教育。党的十九大报告特别强调建设教育强国是中华民族伟大复兴的基础工程，必须把教育事业放在优先位置，办好人们满意的教育。我国正处于全面建成小康社会的决胜阶段，教育的内外环境、供求关系、资源条件、评价标准都已发生了重要而深刻的变化，我国教育改革发展已进入中国特色社会主义新的历史阶段。面对新时代新征程，我们要清醒地认识到，与世界先进水平相比，与中央要求、社会需求和百姓期待更好的教育相比，与全面建成小康社会和实现"两个一百年"奋斗目标的要求相比，我国教育改革发展还存在一定差距。面对新使命新任务，我们的教育还不能完全适应人的全面发展和经济社会发展的需要，现代教育公共服务体系、现代教育治理体系、现代教育保障体系还不够健全，一些深层次体制机制障碍需要重点破解，一些人民群众关心的热点难点问题还需要加快解决。为此，必须扎根中国大地办教育，瞄准十九大为教育提出的新目标、新任务、新部署，全面深化教育领域综合改革，全面实施素质教育，全面落实立德树人根本任务，系统推进育人方式、办学模式、管理体制、保障机制改革，使各级各类教育更加符合教育规律、更加符合人才成长规律、更能促进人的全面发展。

我们要始终以习近平新时代中国特色社会主义思想为指导，坚持教育为人民服务、为中国共产党治国理政服务、为巩固和发展中国特色社会主义制度服务、为改革开放和社会主义现代化建设服务，全面贯彻党的教育方针，落实立德树人根本任务，为决胜全面建成小康社会，夺取新时代中国特色社会主义伟大胜利，实现中华民族伟大复兴的中国梦奠定坚实基础。

2017. 11. 4

如何理解美好生活需要

党的十九大报告提出了许多新概念、新说法、新理论,其中最引人注目的莫过于对社会主要矛盾变化的阐述,"中国特色社会主义进入新时代,我国社会主要矛盾已经转化为人民日益增长的美好生活需要和不平衡不充分的发展之间的矛盾",继而提出两个"必须认识到":"必须认识到,我国社会主要矛盾的变化是关系全局的历史性变化,对党和国家工作提出了许多新要求。……必须认识到,我国社会主要矛盾的变化,没有改变我们对我国社会主义所处历史阶段的判断,我国仍处于并将长期处于社会主义初级阶段的基本国情没有变,我国是世界最大发展中国家的国际地位没有变。"

第一,"美好生活需要"是一个源于主观性而又要客观表达的难以把握的理论命题。"美好生活需要"要科学把握好两个主观词:"美好"和"需要"。"美好"是一个价值判断,与主体需要密切相关,客观存在的美好对主体来说并不一定"美好";"需要"是一种心理现象,与"欲望""要求""渴望""愿望"等概念基本是等义的。虽然社会人或类的人有基本的共同需要,但相对于个体而言,需要有很大差异性。所以,当我们说"美好生活需要"时,一定是指"社会人"一般的共同需要,而非个体的个性化需要。

"美好生活需要"属于人的中高级需要。如果按照马斯洛的需求层次理论,依次由较低层次到较高层次,可以把人的需求分成生理需求、安全需求、社交需求、尊重需求和自我实现需求五类,那么,美好生活需要应该是安全需求层次以上的需要。因为"我国稳定解决了十几亿人的温饱问题,总体上实现小康,不久将全面建成小康社会,人民美好生活需要日益广泛,不仅对物质文化生活提出了更高要求,而且在民主、法治、公平、正义、安全、环境等方面的要求日益增长"。

"美好生活"不完全等同于"幸福生活"。美好生活是侧重于从社会整体面相来描绘的大多数人的生活存在状态，而幸福生活侧重于从个体感受来认识，或者说，美好生活是希望达到的某种状态，而幸福生活则是对当下生活的真实体验，美好的不一定就是幸福的，幸福的也不一定就是美好的。许多地方政府提出建设什么"幸福××"，建议改提建设"美好××"。

"美好生活需要"一定是国家法律框架以及各类法规、纪律、公共政策所许可的，凡突破党纪国法和政策界限的想法都不是美好生活需要，只不过是无法实现的"奢望"。

第二，美好生活需要有一个可成为共识的相对客观的标准。可以借鉴国外的"美好生活指数"来建立标准。"美好生活指数"是测量一个国家或地区居民幸福程度的一套指标体系。最早使用这一概念并量化成指标体系的是南亚国家不丹，还可参考经济合作与发展组织、美国哥伦比亚大学地球研究所等机构的方法。

社会主要矛盾的新变化，对党和国家工作提出了许多新要求，应把解决发展不平衡不充分问题以满足人民日益增长的美好生活需要作为执政重点，由此应提出"美好新政"及其主要参数：经济发达、社会公平、机会均等、风气良好、法律公正、福利优越、政府廉洁、公民德性、生活自由度、生存环境、身心健康、社区活力、文化繁荣、教育发达等。

美好生活需要的国家期待是建成富强民主文明和谐美丽的社会主义现代化强国，只有建成现代化强国，才能保证美好生活需要的实现。美好生活的社会感受是自由、平等、公正、法治，没有自由，没有公平感，所有的美好都不是真的美好。我们还要继续坚持以经济建设为中心，保持经济的健康持续增长，否则又会折回到原来的主要矛盾，只能是"阿Q"式的美好生活。

美好生活的达成需要培养优秀公民。因为美好生活是国家、社会、公民连接、互动、同感的结果，是共性与个性、整体与个别的有机统一，光有国家的倡导与努力不够，需要有高素质公民的参与、鼓动、体悟和表达。教育培养高素质的好公民成为美好生活达成的基础，没有爱国、敬业、知义、担责、诚信、爱美、友善、宽容等美德的公民，美好的生活也不是真的美好，还是"提起筷子吃肉，放下筷子骂娘"、好歹不知、美丑不分、"生在福中不知福"。因为生活美好不美好，由公民说了算。

第三，美好生活需要的满足是一个长期的艰难的历史过程。社会主要矛盾的变化建立在国情没有改变的基础上：我国仍处于并将长期处于社会主义初级阶段的基本国情没有变，我国是世界最大发展中国家的国际地位没有变。试想，在国情没有变的情况下要解决好新的社会主要矛盾，意味着什么？意味着老问题没有解决，新问题就来了，这就是所谓的"社会矛盾和问题交织叠加"。要通过解决发展不平衡不充分来满足美好生活需要是何等艰难，这绝不是轻轻松松、敲锣打鼓就能解决的事。

在美好生活需要与不平衡不充分的发展之间并不构成直接二元对立的矛盾，不同于落后的生产力水平与日益增长的物质文化需要之间的矛盾，因为发展本身只是手段，发展平衡了、充分了，要带来美好生活，还需要太多的中间环节，其中会呈现多种不确定性和复杂性，甚至会有社会伦理风险。

从需要满足的过程来看，低层次需要比较单一，对应满足的条件也单一，容易满足，而高层次需要，大都属于精神与自我实现的领域，内容复杂，且对应满足的条件也更复杂。同时从需要的内生规律看，低层次需要满足后可能催生高层次需要，也可能催生低层次需要，但高层次需要满足后，只会产生更高层次的需要。"美好"是无止境的，美好生活也是无止境的，而任何形式的平衡充分的发展都是相对的、有限度的，所以，这对矛盾的存在也可能是无止境的。

2017.11.2

怎样理解当代中国的发展不平衡不充分

党的十九大报告明确指出："中国特色社会主义进入新时代，我国社会主要矛盾已经转化为人民日益增长的美好生活需要和不平衡不充分的发展之间的矛盾。"这是一个全新的理论判断，也是立足当代中国发展实际的科学判断，表明中国进入了一个新的时代，这个时代的主要工作是解决好发展不平衡不充分的问题。现在问题的关键是我们应如何科学理解发展不平衡不充分的问题。我把自己的理解提纲挈领地归纳如下，供大家讨论。

第一，什么是发展不平衡？所谓发展不平衡就是社会内部各要素、各方面、各布局、各主体、各条线的发展不平衡，主要表现在以下方面。

一是社会政治、经济、文化、社会、生态发展不平衡，特别是文化发展、生态发展严重滞后于经济发展。

二是国家、社会、个人发展不平衡，个人权利意识增强，国家权力强化和固化，而作为国家权力与公民个人权利的调节器的社会力量相对较弱，小政府大社会的局面并没有形成。

三是区域发展不平衡，主要是西部、中部、北部地区发展相对较慢，优惠政策不明显，并且落实不到位，东部发达地区、沿海地区对内地支持力度不够。

四是物质科技发展与人的精神发展不平衡，特别是思想道德和人的精神信仰严重缺失，精神危机成为当代中国的最大危机。

五是社会发展与人的发展不平衡，社会整合与控制能力增强，但社会活力不足，个人的自由全面发展具体实施没有提上日程。

六是社会各阶层发展不平衡，社会阶层分化与固化同时存在，极少数权贵阶层占据绝大多数财富，造成社会较为严重的贫富不均，这将是未来中国发展的最大隐患。

七是代际发展不平衡，由于公共政策没有连续性，阶段性政策居多，造成代际严重不公平，造成严重的代际冲突和心理失衡，这是社会新矛盾的生长区。

第二，什么是发展不充分？所谓发展不充分就是该发展的没有发展好，就是发展不够，发育不良，发而不达，就是想发展而发展不了、发展不好，主要表现在以下方面。

一是社会发展动力不充分，整体合力不足，社会负能量还有一定影响，如何调动每一个人的工作积极性成为未来改革的重点。

二是人均收入和人均 GDP 不够，经济总量不能取代均量，均量在国际排名相对靠后，未来中国还是要坚持以发展经济为中心，经济不发展，一切都是空谈，一切都是问题。

三是社会创新能力不足，鼓励社会各方面创新的机制体制没有形成，求稳、求全成为社会的主导。

四是发展质量和效率较低，还停留在靠资源能源消耗的阶段，环境破坏严重，产业转型升级效果不明显。

五是发展的成果没有为社会所共享，社会向心力不足，对目前社会发展的评价不一，社会共享没有形成全民共识，更没有有效的制度安排。

六是中国发展与世界发展没有完全同步，任何一个国家的发展和国家任何时期的发展都离不开世界环境，中国发展如何引领世界，解决世界难题，成为中国能否充分发展的关键，没有开放，就没有充分发展。

第三，发展不平衡与不充分之间是什么关系？总体来讲发展不充分与发展不平衡之间是相互区别又相互影响、相互制约的关系，具体表现在以下方面。

一是发展不平衡，是基于发展的横断面的考虑，是面的失衡；发展不充分，是基于发展的纵向的考虑，是发展的深度不够、张力不够。

二是发展不充分是发展不平衡的根源，正是发展不充分导致了诸多的发展不平衡，也可以说，发展不平衡是发展不充分的表现。

三是发展不平衡严重影响了充分发展，发展面的顾此失彼，会导致发展不平衡，发展不平衡会导致发展乏力、有力无处使，所以发展就不充分。

四是解决发展不平衡的问题主要是解决好物的层面的问题，解决发展不充分的问题主要是解决好人的层面的问题，只有先解决好人的发展，才能解决好物的发展。

五是"创新、协调、绿色、开放、共享"五大发展新理念，是解决发展不平衡不充分的问题的指导思想。

2017. 10. 24

好大学贵在有特色，强在坚持特色

今天是母校中国人民大学八十华诞，也许是因为大家相互了解和理解，硕士班和博士班的同学都没有组织聚会，而是通过微信了解盛况，分享喜悦，交流感受，表达感恩。如果有人问我："你对母校最满意的是什么？"那我一定会毫不犹豫地回答："办学特色。"我不是跟"特色"风，真的，中国人民大学好在有特色，强在坚持特色。

中国人民大学（以下简称"人大"）的特色是什么？主要体现在两个方面：一是它是第一所由中国共产党自己创办的大学，有"红色基因"；二是它是一所人文社会科学最齐全的大学。习近平总书记发来的贺信就充分表达了这一点。习近平总书记说："中国人民大学是我们党创办的第一所新型正规大学。建校以来，中国人民大学始终坚持党的领导，坚持马克思主义指导地位，坚持为党和人民事业服务，形成了鲜明办学特色，在我国人文社会科学领域独树一帜，为我国革命、建设、改革事业培养输送了一批又一批优秀人才。"由此也形成了人大校徽的独特性，即以三个并列的篆书"人"字为基础图形，喻示"人民""人本""人文"，即人民的大学，以人为本的精神，以人文社会科学为特色。

人大的前身陕北公学与北洋大学堂、京师大学堂、南洋大学堂等构成了中国高等教育的源头。或者说，戊戌维新和五四运动送来了北京大学，七七事变和"文革"后拨乱反正送来了中国人民大学。如果我们清晰地梳理中国近现代高等教育发展的历程，能清楚地看到两大脉络：一是受列强坚船利炮和科技发展冲击而建立的北洋大学堂、京师大学堂、南洋大学堂等一批新式教育机构；二是中国共产党在革命战争年代创办的抗日军政大学、陕北公学、延安女子学院、鲁迅艺术学院等一批具有红色基因的新型大学。正是这两大源流，逐步汇聚发展形成了今天中国高等教育的体系与格局，人大成为新中国高等教育的学科母机、师资母机、教材母机、制度母机和理念母机。正因为人大是共产党自己创办的大学，所以充分体现了其"人民性"和"政治性"。

我1985年进人大读研，体会最深的是其对学生的政治素质培养十分重视，老师们从不避讳地说："我们就是要培养人民的理论家、共产党的学者。"我在班主任老师的教育培养下，1986年5月成为预备党员，1987年5月转正，成为一名正式党员。我经常想，如果当时不是在人大读研，也许就不会入党了，至少不会这么快。大家都清楚，1986年前后，是学术界、思想界最活跃的时期，各种思潮混杂，并且青年学生受自由主义思想影响至深，要求入党的并不多，而人大坚持做学生思想政治工作，鼓励优秀学生入党。正因为人大的这种政治氛围，人大还博得了"第二党校"的戏称，老实说，当时作为人大学生并没有多少自豪感，反而觉得"太正统"。但事实证明，这种育人理念是对的，有了好的政治素质，说话有分寸，办事讲规矩，做人守原则。目前在理论宣传部门、高等学校的文科学院，基本上是由人大学生当"掌门"，有了好的政治素质，人才就管用与好用，放得心，放得手。

我当时读研，之所以选择人大，主要是看中了它的文科整体实力和学科的齐备。应该说，人大是国内人文学科最齐的大学，并且人文学科都具有"母体"的作用。如我当时所在的伦理学学科，是新中国成立后伦理学的"大本营"，目前国内大部分伦理学教学与研究者，基本上出自人大。并且人大人文学科教学的最大特点是注重基础理论学习和基础研究，特别是要求学生读马恩列斯毛的经典著作，所以人大毕业的学生，一般马列功底都较好。在人大博士学习期间，注重的是大文科的学习，从公共课到基础课，都是学校的名教授开专题讲座，现在想起来，真是获益良多。同时，人大学位论文选题也偏爱和鼓励基础理论研究，所以人大毕业的学生另一个特点就是基础理论比较扎实。今天，如果说自己在教学和科研上还得心应手的话，完全得益于人大的这种好的学风和习惯。

我不但为母校的文科特色点赞，更为其坚持文科特色不动摇而感动。从大的背景而言，在物质主义、技术主义、市场文化占绝对主导的时代，人文精神式微，人文社会科学遭挤压，就变成了"常态"。从高等教育的境遇来看，在"就业率"作为唯一指挥棒的情况下，各大学纷纷以市场为导向，压缩就业率相对较低的文科，追求热门专业与学科。同时，各大学排行榜的评价指数，也以可量化的产出为主打，而文科往往在短期内难以见效，相比之下，理工科相对容易在国际刊物上发文，项目和奖项也相对较多，容易出成果，容易提升名次。我自己也做过大学管理者，在目前这种情势下，真的没有胆量和底气去大力发展文科。我真的十分佩服母校领导者们，一直坚持文科特色，处之泰然，心不乱、志不移、路不变，这么有定力，真的不容易。并且难能可贵的是，人文社会科学还发展得这么好，没有跟风去办"大综合"，即使办点理工科，也是为文科服务、为文科做支撑的理工科。

我不大同意"新中国高等教育发展史就是一部折腾史"的说法，但我无比欣赏面对同样的折腾而坚守自己发展方向、走特色发展之路的大学。我们天天喊中国大学要走"特色发展"之路，而目前真正有特色的大学又有几家？大都是随大流、跟顺风、大合唱、齐步走。大学特色需要历史的积淀，需要有全体师生基于共识的强大自信，需要有校领导"冷眼看世界"的勇气，更需要有"众人皆醉我独醒"的孤独感。

感恩母校！祝福母校！

2017. 10. 3

别忘了,"双一流"前面有"世界"二字

这些天,微信朋友圈里讨论最多的是关于"双一流"的事,各种观点、各种心态、各种情绪、各种面目……跃然网上,基本倾向是"乐者"少而"怨士"居多,没有上的骂"我为什么没有上",上了的骂"我的学科这么少",还有相互怨恨、相互丑化的,还有骂教育部的、骂学校领导的、骂学科带头人的,总之是怨声载道。当然也有兴高采烈的,但也大都是"偷着乐",很少有大肆宣传和庆祝的,相反表现得异常理性和冷静,不像当年评上"211"和"985",不是不想乐,而是怕刺激了别人,反遭忌恨。

对于"双一流",我一直是一个"远观者"和"旁听者"。因为国家要重视高等教育,必须要投入,要投入,就得有项目,这就是一个大项目,每个学校都高度重视,并称为"重大机遇",走访、调研、写材料、专家论证、征求意见,忙得不亦乐乎。有一天,我遇见一位高职院校的领导,我问他最近在忙什么,他说:"在忙双一流的事,很累。"我说:"你们也搞双一流?"他说:"搞呀,省里的。"我听后感到莫名其妙,无法理解。看来,大家都以为这是一次分钱的机会,都晕了,根本不知道或者忘了"双一流"前面有"世界"二字,我们是要建设世界一流大学。

其实,建设世界一流大学的梦想由来已久,特别是随着成为世界第二大经济体,中国在世界上的地位日益提高,没有世界一流大学相匹配,总是没有面子,也说不过去,于是就有了"211""985"这样大型的高等教育振兴工程。"211"工程,是想在20世纪建设100所高水平大学,主要侧重于学科建设(一流学科),而"985"主要侧重于学校整体实力建设(一流学校)。按我的理解,"双一流"工作早就开始了,是"211"和"985"的综合。

"双一流"建设必须要有世界眼光。既然是建设世界一流大学，就应该有世界眼光，全景扫描世界一流大学建设状况，深入分析、认真研究世界一流大学的发展趋势，找到我们的差距及其原因。只有认识到差距，才能找到发力点和落脚点，而不是整天想当然地填表、开会。

　　"双一流"建设一定要坚持世界标准。既然是建设世界一流大学，就应该按照世界通用的评价标准来做，最终要由世界上公认的几大大学排行榜来决定是不是达到了世界一流，而不是自以为是，自搞一套，自制一个"中国标准"，自己说自己达到了世界一流，这是毫无意义的，更不要搞什么省级"双一流"或地市"双一流"。

　　"双一流"建设需要有国际交流。事实上，目前如北大、清华等大学已经进入世界一流的行列，只是排名没有进入最前列而已。这些学校之所以能进入世界一流行列，其中重要的原因是它们的国际化程度较高，许多校领导都有在国外学习工作的经历，亲身感受过什么是世界一流大学。所以，要把进入"双一流"建设学校的主要领导送到世界一流大学去学习培训，也可以请一些世界一流大学的校长来中国"传经送宝"。没有切身体验，没有世界一流大学的概念和思路，钱再多也是白"砸"。

　　我也同大家一样，不知道"双一流"是怎样评出来的，不过，我想"双一流"实质上是"一个一流"，就是世界一流大学，因为一流学科就是一流大学的标志。如果我们先评出每个学校的世界一流学科数，再根据一流学科数定世界一流大学可能要简单得多，如有多少个世界一流学科以上的自然就是世界一流大学。也许是我过于认真，但我还是只能感叹："世界一流大学离我们还有多远？"

2017.9.28

尊重人才是培养领军人才的根本

每每遇到新一轮的大学竞争,伴随而来的就是人才大战,因为大家都清楚高水平师资是大学的核心竞争力,而人才的竞争主要是领军人才的竞争。领军人才之所以成为竞争性资源,就在于其稀缺性,在于培养不易,留住不易,引进更不易。令人奇怪的是,往往是学校一方面苦于"挖"不到人,另一方面自己的人才又纷纷流失。也许有人认为,只要有高薪、优越的科研条件、高的平台,甚至有"帽子"就可以拥有领军人才,其实错了,我恰恰同意"人才没有被挖走的,只有被逼走的","人才"已然不会对钱财太动心,相反更看重工作环境,特别是人文环境。领军人才的成长与培养需要诸多条件,最重要的是尊重,尊重其人格、学识、成果及自由创造。

我 1994 年来到中南大学(当时叫中南工业大学),开启了自己的事业征程。中南大学是一所以理工、医科见长的大学,之前,人文社会科学起步晚、实力弱,个别校领导想发展文科,但又不知道从何处下手,所以基本上对"文科人"采取"放纵"的态度,既不特别支持,也不反对,搞好了会表扬,没有搞好也不批评,感觉应付好上课就可以了。其实,当时这种自由宽松的环境,反而使一些"文科人"能潜心学术,做自己的东西,于是曾钊新、古祖雪、陈文化等一批教授,已经在学术界有了较大的学术影响,这种对学者学术自由的尊重,让中南"文科人"有了基本的学术自信,这期间我也完成了获得博士学位,获评教授、博士生导师等作为学术带头人的基础性工作。

2000 年 4 月,中南工业大学、湖南医科大学、长沙铁道学院合并组建成中南大学,学校进入了高速发展期,文科也步入有计划的发展阶段。2002 年,我受命任政治学与行政管理学院院长,我把主要精力放在学科建设上,招兵买马,四处奔走,终于拿下伦理学二级学科博士点,建立了中南大学人文社会科学第一个博士点,随之再利用强大的医科实力,与伦理学交叉,自主设立了全国第一个生命伦理学博士点。接下来,就是哲学博士后流动站、哲学一级学科博士点、省重点建设学科、MPA专业学位点、公共管理学与社会学一级学科硕士点等,感觉当时的工作很顺手,一年一个台阶。坦率来讲,当时学校经费不足,都是各学科自己想办法,不管学校有没有钱,校领导都是全力支持,放心、放手让你干,需要他们出面时都是亲自出面,亲自跑腿,当时的工作感觉就是"只有想不到,没有办不到"。随着学科建设上台阶,各类人才的引进和留住就相对容易得多了。中南大学地处内陆和中部,引进人才很难,我主要从内部培养优秀青年教师,从当时的博士教师7人,通过六年的努力,伴随学校的"博士化工程",博士教师占比达到67%,一批年轻教师先后快速成为教授、博士生导师、教育部新世纪人才、升华学者特聘教授等。这些并非用金钱"堆出来"的,也不是花钱买来的,而是尊重与放手所产生的强烈事业心与责任感的结果。

  在提升学科建设水平的同时,我个人也得到了快速成长,各种荣誉随之而来,如湖南省优秀社会科学专家、宝钢教育基金优秀教师、第四届教育部"高校青年教师奖"、国务院政府特殊津贴专家等,每项荣誉都渗透着尊重与信任。2009年我入选教育部"长江学者奖励计划"特聘教授,也是到目前为止中南大学唯一的一位文科长江学者。业内人都清楚,以理工科为背景的学校,要申报长江学者,首先遇到的困难就是出校难,然后就是与文科强校竞争。我2008年申报入围而未果,2009年许多专家不同意我再申报,是学校主要领导给我信心和机会,并亲自对我的申报材料提出修改意见。2008年我创办"中国农民工问题研究中心",也是主要领导陪我进京去拜访相关部门的领导。至今记忆犹新的是,当时的校长黄伯云,当我有事汇报时,总是晚上11点在办公室等我(他在实验室都要工作到11点),为我倒茶,替我解难,就算解决不了困难,也会说些鼓励的话。这些作为,事虽小,但胸怀大,把老师当朋友,干活再累也不觉苦,这大概也是"士为知己者死"。没有尊重与平等,没有放心与放手,哪来知己?哪来干活的"拼命三郎"?哪来领军人才?习近平总书记明确指出,全社会要进一步形成尊重知识、尊重人才的氛围，更好地为广大知识分子发挥作用、贡献力量、创造条件、开辟道路、扫清障碍。作为大学培养人才的地方，从学校领导到管理者再到每一个师生，都应从内心尊重人才，形成有利于培养领军人才的土壤。

2017.9.23

低欲望社会的可能性道德风险

前几天看到一篇文章《不想买房，不想结婚，不想加班，现在的90后95后到底怎么了？》，文章讲到了"低欲望社会"的问题，担心"胸无大志的时代已经到来"，担心"高级丧"的状态蔓延。对此，我也想从专业的角度闲聊几句。

因2015年日本经济评论家大前研一出版《低欲望社会》一书，"低欲望社会"成为学术界关注的新焦点和新热点，尤其是在日本和中国。其实，早在2009年，日本著名咨询师松田久一就出版了一本研究日本年轻人消费行为变化的书，叫《厌消费世代的研究》，腰封上的宣传语就在警示世人："买车难道不是笨蛋做的事吗？"大前研一认为，在经历了通货紧缩、市场不景气的"失落的二十年"之后，许多日本年轻人的心态发生了变化，不愿意结婚生子、不愿意贷款买房买车，不再胸怀大志，不想出人头地当人杰，更对物质没有强烈的欲望，远离时尚、远离名牌、远离买车、远离喝酒，甚至是远离恋爱……日本年轻人在远离看上去和"消费主义"有关的一切，所以日本进入了"低欲望社会"。

按照大前研一的描述，低欲望社会的主要特征是：第一，年轻人不愿意背负任何生活风险，如不愿背负几千万日元的房贷；第二，人口持续减少、人力资源不足，人口超高龄化，因为不愿结婚、不愿生育，生育能力低下；第三，丧失物欲和成功欲，过懒散的日子，很少有人想"出人头地"；第四，任何经济政策都无法提升消费者信心，干脆懒得消费。

目前，也有不少中国学者认为中国也进入了低欲望社会，并深表忧虑，对此，我不敢断然同意，因为到目前为止，我没有见到过这方面的实证研究（如果有，迫切希望能学习学习）。至于日本的今天是不是中国的明天，我也无法预测。我只是想根据大前研一在《低欲望社会》中的描述，简单分析一下"低欲望社会"可能导致的道德风险，因为低欲望并不是无欲望，同时，"低欲望"也许是另一种形态的"高欲望"，感觉"低欲望"真的有些可怕。低欲望对经济的打击是致命的，但是否会导致伦理道德秩序的颠覆，我也不敢断言，只做可能性描述。

低欲望可能导致无追求。追求是一种目标专一的自觉行为，是经过意志努力、克服困难，使观念变成现实、目的变成归宿的实现过程。个人有个人的追求，社会有社会的追求，可以说人的活动的特质就是追求，由不可能变成可能，由可能变为现实。从人的心理动因而言，欲望是产生追求的原始动因，欲望产生向往，没有欲望就没有行为驱动，高欲望就强驱动，低欲望就弱驱动，甚至基本上没有理想追求。同时，从人的需求层次来看，根据马斯洛的理论，人格的层次和人的价值的实现往往也是与人的需求层次成正相关的。如日本的年轻人对工作的热衷度不高，工作仅仅是维持收入的工具，只在意属于自己的私人时间，不关心社会、不关心政治，80年代之后出现的"御宅族"，就是喜欢宅在家里玩游戏、上网、看动漫和科幻小说的沉迷于自己的兴趣爱好的一代。社会责任、民族使命、卓越事业，都是"天外之物"。

低欲望可能丧失创造力。低欲望并不是无欲望，而是欲望的低下与低频。科学技术的发达与发展，会导致两种后果：一是学科技术的主宰者会在其中得到乐趣与实惠，二是科学技术成果的分享者变得越来越懒惰与具有依赖性。当代科学技术日新月异，人对技术的依赖越来越严重，人成为技术的奴隶。试想一下，如果一天没有手机或没有网络，人会变得不知所措。而当今时代的社会活力在于创新，科学技术发展也贵在创新，没有创新就没有发展。但是，低欲望的社会是以对现有条件满足并认为可以无限制享用为前提的，没有必要创新，也没有人想去创新，所以，低欲望社会就是无创造社会，其后果无法想象。"懒得去想""懒得去做""懒得去思考""一切自然来""懒得恋爱""懒得结婚""懒得生子"等，会造成普遍性"懒惰型社会"的形成。在一个懒惰型社会中，不可能有什么发明创造，更不可能产生思想家和理论家，文明有可能由此不再承续和发展。

低欲望可能导致道德冷漠。无欲则无情，低欲则寡情，这是生活中的常理。道德冷漠是由道德情感匮乏及道德判断上的无思考而导致的道德行为上的麻木不仁，往往表现为道德意识的无反应、道德要求的无体验，对他人痛苦的无动于衷，与低欲望密切相关。产生低欲望的原因有很多，其中重要的是以下两点：因无望、失望而低欲望，因容易满足而低欲望。从目前日本所产生的低欲望来看，应该主要是后者，而如果中国也有低欲望现象，则产生的原因可能是前者。当然，一般而言，无论是在日本还是在中国，80后、90后的家庭经济条件相对已经很优越了，不像他们的父辈那样贫穷，这些孩子（在中国，特别是城市的独生子女）基本上是在无忧无虑中成长起来的，不为衣食发愁，所以专注于自己的内心感受，专注于自己的兴趣爱好，不会去考虑家庭、家族、父母的期待，久而久之，失去责任感，没有感恩心，变得冷漠无情。同时，由于互联网时代消除了信息不对称，人性的丑陋、世界的残酷、价值的扭曲在这代人面前全部暴露无遗，对权力的厌恶、对世俗的妥协、对人性的无奈、对未来的绝望，使他们变得无欲而心安，一切都无所谓，一切都与己无关。

低欲望可能导致"低自我"。我们常说"无欲则刚"，这里的"欲"主要是指个人私欲，是说如果没有私欲，就可以坚持原则，腰板就硬。但是普遍的"低欲"未必会刚，未必能刚。因为没有基本欲望或欲望不健全的人，是一个"自我"不完备的人。从道德上讲，所谓"低自我"就是不能自由、自律的人，自我评价低、自制力低、能力低。自我不是一个封闭的统一体，它大致可以分为形上自我、心理自我和道德自我。形上自我是从哲学本体的角度探索自我在认识和价值中的恒定性及其效价。心理自我涉及自我的心理机制、自我认同、情绪体验等。道德自我是"自我"社会化的产物，是个体人格趋向社会人格的桥梁。道德自我是个体成熟的标志，也是衡量个体文明程度的指示器，主要构件是自我调控系统，而自我调控系统包含认知因素（如移情、角色体认、价值观等）、情绪体验（如内疚、羞愧、自尊等）、责任形态（如自律的内在责任等）等。恒定的自我调控系统是道德自我的核心，亦是一切道德行为的基础。无论哪种"自我"，都要以"常欲"为前提。在一个"低自我"的社会，要么"傻瓜"盛行，要么"疯子"当道。

本人并无"一代不如一代"的历史悲观论论调，相反对下一代充满信心。但我们不能回避的问题是，中国改革开放近四十年来，一直是以"高欲望"作为驱动和支撑的，目前"低欲望"现象或群体正在产生和形成，一旦真的形成"低欲望社会"，将会出现怎样的问题，应该如何预防，应该如何重新注入新的"兴奋剂"，使社会重新充满活力、充满生机、充满希望，真的值得认真思考和讨论。

2017. 9. 20

迎新季，大学校长到底说点啥好

每年大学开学季（其实也包括毕业季），都会在网络上晒出各大学校长的迎新致辞（本人也曾有幸讲过几年），并有竞赛之势，有的媒体还进行选优刊发，其实也是变相的评比。于是乎，每年校长致辞成了各大学办公室秘书的心病："今年写点什么好呢？"有点人文关怀和大学精神的校长自然有自己的想法和主题，而遇到没有的，自然就是校办的事了，到开学那一天，校长就照本宣科，如果没有准备好，还有念不流利或念错字的。不管怎样，学校宣传部门都会尽全力在各种媒体上推介自己校长的致辞。这很正常，因为大学校长的致辞是大学文化的集中体现，也是领导对学生的期望与要求，不但需要，而且必须，同时也不排除刻意的吹捧与奉承。

我们可以把全国各大学近十年的校长致辞收集起来，进行归纳研究，也许会发现些什么，可能基本的结论是：主题大同小异，有特色、有个性的不多，无非是宣传自己学校怎么怎么好，有什么优势，出了什么优秀校友，哪怕是不太好的学校，也会通过一些数字让你自豪，让你觉得进了这个大学就是进了世界上最好的大学，就是进了天堂，然后就是在读书、做人、成才等方面该如何做。写稿者会挖空心思想词语，特别是为了迎合学生，会用一些流行的网络词语（其实念稿者本人都不知道是什么意思），甚至还会刻意安排一些欢呼和呐喊，以营造气氛。

在自媒体时代，我们也会读到许多二级学院院长和老师的致辞，发现一般院长的致辞比校长的好，老师的致辞比院长的好，当然也有例外，因为这些致辞少了些条条框框和八股要求，比较有思想和个性，比较贴近学生实际，不再是"心灵鸡汤"，而是提醒、警示、自己的切身体会，能说服人，能感染人。当然，也有个别校长是脱稿即兴演讲的，这种校长往往容易成为学生心目中的"神"（男神或女神）。也许是大家开始感觉到了现在这种迎新仪式的乏味，开始想新招，如浙江师范大学的迎新就让每个学院的院长在开学典礼上讲几句话，中国人民大学哲学院的迎新则让每个参会的教授讲几句。但无论怎样改革，校长的讲话都是必不可少的，并且期望值越来越高。

那大学校长到底说点啥好呢？

首先要讲点实话。宣传学校是必要的，但要实事求是，要讲学校的优势和特色，也要讲学校的困难和不足，准确告诉学生学校在全国的位置。如果每个学生都感觉自己上了清华，接下来你的工作如何开展？不让学生对学校期望过高，不让学生有上当受骗的感觉，也许更能激励学生刻苦学习，更能激励学生爱校护校。

其次要讲点承诺（管用）的话。要求学生是对的，那你学校能为学生提供什么？这是学生最关心的，也是家长最期盼的。从供求关系来看，学生是消费者，是上帝，上帝来了，你只要求上帝如何如何，说得过去吗？你能为学生提供怎样的师资？你能为学生开出多少课程供选择？你教室有空调吗？你的食堂伙食怎么样？如果达不到学生的要求，你怎么办？

最后还要讲点"风凉话"。现在的年轻人已经不再爱喝"鸡汤"了，那些祝贺的话、励志的话、鼓舞的话已经听多了，如果校长还像他们爹妈一样唠叨，只能是增添烦恼，还不如"打击"一下他们，把未来描绘得艰难一些，让他们更清醒、更理性、更能明确努力的方向。

当然，如果我说的这几点也成了某种"套路"，同样也就没有什么意思了。其实，校长们自己每年坚持认真思考一下"说点啥好"，并能用心地、自由地、即兴地表达出来，就是好的致辞。

2017.9.14

父亲与领导岂可同日而语

现代社会是一个私人领域与公共领域界限很明确的社会，各领域自有其规范及话语，不能混淆，不能跨越。由于中国社会家国一体的传统历史悠久，基于血缘关系的宗法政治根深蒂固，私域与公域不分，私人的事当公事办，在公共场合办私事，甚至利用公权力办私事，都是常有的事。更有甚者，把私人领域的话语用到公共生活中，尤其是政治生活中，看似有人情味，符合国情，口语化，通俗化，是老百姓容易懂的道理，其实颠倒了公共领域的正常关系，混淆了本应该有的严格规范的视听。如经常把领导比喻成"父母"，叫"父母官"，好的领导是"再生父母"，感谢领导叫"孝敬"，连连声称"没有领导，就没有我的今天"。这种卑微行径令人恶心不说，这些称谓也让人感到"生活在古荒"。

前几天在微信上看到一篇文章，题为《像对待领导一样对待父亲》（好像是网络微小说）。说是一个儿子，晚上接到父亲的电话，说第二天送点白菜过来，儿子很不耐烦，说不要送，才两块钱一斤。妻子跑过来批评丈夫："看看你对待领导那劲头，你什么时候能拿出一半来对待父亲呀？"丈夫听后深受触动。第二天，儿子接待父亲就像接待领导一样：双手捧茶，打火点烟，亲自去菜场，亲自做菜，回去时坚决不让坐公交，上出租车时还像对待领导一样右手护住车门的上沿。父亲回去后，十分高兴，说儿子变成了另外一个人，觉得十分幸福，叫老伴儿打来了感谢电话，儿子反而更加内疚平日里没有像对待领导一样对待父亲。我读完后，对这个儿子没有半点好感，更没有对他的"觉悟"肃然起敬。相反，感觉怪怪的，为什么要把自己的父亲跟领导比？父亲和领导有可比性吗？能同日而语吗？不能。

第一，父子关系是血亲关系，是私人关系最亲近、最永恒、最具有不可替代性和不可颠倒性的关系,是至高至尊的,孝敬父亲是最大的人伦,要动用全部的爱、一生的爱。而领导只是你的工作上司,你们也仅仅是工作关系而已,你可以从工作规则、程序、礼仪等方面去对待领导,但不应该用对待父亲的感情去对待领导。如果上下级之间有了父子之情,这个关系显然就不正常了。

第二,父子关系是感恩关系,而上下级关系仅仅为服从关系。父母于我,恩重如山,终生为报,永不为满。这是中国人最基本的为人之道,也是处世之则。而上下级关系是领导和被领导的关系,是领导与服从的关系。作为下属或领导身边的工作人员,做好了本职工作就是最大的称职了,用不着低三下四。即使领导关心关照过你,好好工作,就是最好的回报,就是最好的感恩,也用不着动父子之情吧。

其实,为什么会在工作生活中出现这种情感失序或情感颠倒,究其原因还是传统的主仆文化所致。尽管中国传统文化中有浓厚的重民思想,但基本上把官民关系看作主仆关系,即官是主,民本仆。我们无法知道当代中国人中有多少真正认清了官民关系的真正性质,可能不少人还沉浸在官"为民做主""爱民如子"的渴望之中。在封建专制主义制度下,权力是皇帝的绝对私有物,"溥天之下,莫非王土;率土之滨,莫非王臣"。但对于"下民"来说,其生来就被剥夺了权利,只有无休止地尽义务。现实生活中权力的支配力使"草民"对"当官的"有一种神秘的敬畏之情,千方百计找靠山、钻门路,希望能"出人头地",这是一种典型的权力崇拜心态。但是当当官无门、仕途无望之时,便又走向另外一个极端,对社会事物无法干预,对自我权益又无法保护,干脆便以一句"那是当官者的事"而不予理睬,结果又患上期求清官做主的权力冷漠症。所以,皇权主义与主权文化是一脉相通的。其实皇权主义只是一种文化心态,一种对皇权崇拜、愚信、盼求的心态。人们觉得生活中不能没有一个皇帝,总希望有一个开明的好皇帝来统治和管理自己。在传统的皇权主义心态之下,人们不但希望由别人来管自己的事,而且盼望有一个"一言九鼎"的人来代表自己,有一个人说了算,人们不相信也不希望有大家说了算的事情。皇权主义的落实手段是等级制。从文化传统来看,等级制有分工契约型和主奴身份型。分工契约型的等级制是在人身依附的身份型社会结构解体、独立个人之间的契约型社会结构产生的条件下才有的，等级依然存在，但已不具有尊卑贵贱的含义，而只具有社会分工的性质和社会契约的形式。主仆身份型的等级制就是将人分为主和仆，并且这种区分是不可替换的，每个人所处的等级就是他的身份，它是前资本主义时期世界各民族共同具有的。文艺复兴尤其是近代资本主义大工业兴起之后，西方社会已开始由主仆身份型的等级制向分工契约型的等级制过渡。而在中国，由于始终停滞在前资本主义阶段，因而没有也不可能实现由主仆身份型等级制向分工契约型等级制的过渡，主仆身份型等级制一直是我们社会中唯一的等级制，主仆文化成为民族文化中的劣质品。

如今，我们要全面推进社会主义法治国家建设，法治建设的关键是民主政治建设，而民主政治建设在文化上首先就是破除奴性文化、父母官文化。真的，不宜再把血缘人伦称谓移植于现代政治生活中，政治生活中的"叫爹喊娘""称兄道弟"等现象，可以休也！

2017.8.22

诚实于自我，也不过是动物而已

最近热播的电视剧《我的前半生》中贺涵与老卓有几句经典对话。大意是这样的，当贺涵生出对子君的爱慕之情而又无法放下唐晶时，老卓问贺涵："你的感情诚实吗？"贺涵说："我绝对诚实于自我。"老卓说："诚实于自我，也不过是动物。"言下之意，你贺涵只考虑你感情的真实性还不够，必须考虑唐晶和子君的感受。我个人觉得，"诚实于自我"这句话是对生活常识的一种道德突破，也就是说，人是否只要忠实于自己的真实想法或感情就可以了？只要是"真心的"就可以心安理得了？就可以没有道德约束的必要了？

动物的生活方式就是率性而行，完全按照真实的生物本能而生活，它对自己是最"诚实"的。而人不一样，人要"顾及"别人的生活，诚实于自己是不够的，只有同时还诚实于他人，顾及别人的感受，才是人特有的生活方式。

情欲是人性的一个基本规定。人是有感情的动物。人若无情，是冷血动物；情欲泯灭，社会不成其为社会，人类不成其为人类。"人非草木，孰能无情？""无情未必真豪杰"等至理名言都揭示了情欲的正当性和必要性。但是，人有情欲并不意味着情欲都是健康的和合乎道德的。情欲的善恶分野在于，它是否有利于心灵的净化和纯洁，是否有利于人与人之间心灵的互慰与共鸣，是否有利于产生正面的、积极的行为效应。所以，有情也未必真豪杰，而要看情欲是否道德和适中。人的情欲，诸如爱、恨、嫉妒、骄傲、怨愤、谦恭、自负、恐惧等，并不仅仅是对社会情境和对象的特殊认识与情绪反映，或对它的解释。它们是社会学意义上的人的本性的基本要素。人活动的方式在很大程度上取决于他所体验并带入社会交往中的心境和情感。人类的这些情感特征是精神、文化、社会三者相交的中心。正是通过每个社会成员对所感受到的心境和情感经验的建构和认可，社会及其规律才直接进入现象学意义上的日常生活组织和体验之中。在日常生活中，对于联结他们活动的组织来说，人们所体验和建立起来的心境，可能与他们对权力、地位、名誉的要求一样根本。正如我们在情感性的社会交往中所见，由于社会是人的社会，所以社会向个人的转换发生于现象学意义上的人的内在意识流中。个人是通过他所体验到的情感而与社会联结起来的。因此，要研究个人与社会的依存关系，不能不研究个人的情欲，同样，要研究人的情欲的合理性，又不能不以社会整体利益作为参照系。有损于他人利益和社会利益的情欲皆为恶欲。人皆有情，但并不是人人皆可以成"豪杰"，相反，不少人沦为情欲的奴隶而使人的情欲降低到动物性水平。

生物的人，情欲占支配地位；社会的人，意志占支配地位；完全的人，理性占支配地位。情欲对于人来说是允许的而且是不可能完全弃绝的。但随着人类文明程度的提高，智慧的发达，情欲会自觉受制于理性的支配，净化为感情。情欲的驱动升华为合乎德性标准的善行就是意志。德性是意志的核心，意即合乎理性的行为。斯宾诺莎认为，有德性的人便是智人。智人是强而有力的，永远高于单纯为情欲所驱使的愚人。因此，人之所以为情欲所驱动而从恶，首要原因则在于忽视了理性对人的行为的支配权，失去了自制力。

感情如果只考虑自己的真实性，则有可能为恶，其原因在于情感本身的两极性。情感的两极性是指情感在体验和表现过程中，在性质、作用、状态、程度等方面所固有的对立性或差等性。情感具有肯定性和否定性的对立性质，如爱和恨、快乐和痛苦、满意和不满意等。情感的这种对立性质是由客观事物的对立性在人的意识中的价值反映所规定的。这种价值反映所诱发的情感可能会使人在对待同一事物时采取截然相反的道德态度。情感的两极性还可表现为增力的和减力的。积极的、增力的情绪状态可以提高人的活动能力，消极的、减力的情绪状态则会降低人的活动能力。情感的两极性还表现在程度上的不同。过分激动会表现为强烈的爆发式的体验，如激愤、狂喜、绝望，这往往超出了意志的控制，表现为丧失理智的举动。在这样的情感状态下，往往容易产生越轨行为。情感还有强弱的两极性，如从羡慕到嫉妒、从微愠到暴怒、从担心到胆怯等。情感的这种两极性实际上表明，人们在情欲的极度状态下都是有害的，是一种道德上、心理上的恶。因此亚里士多德曾主张道德德性应以中道为核心。

亚里士多德认为，道德上的中道不同于几何学上的直线上的中点，德性应当处理情感和行为，而情感和行为有过度与不及的可能，而过度与不及皆不对；只有在适当的时间和机会，对于适当的人和对象，持适当的态度去处理，才是中道，亦即最好的中道。这就是说，在道德领域中，人的情感的过度与不及都可能恶及他人，只有适度方是善。勇敢是恐惧和自持的中道，节制是放荡与麻木的中道，乐施是挥霍与吝啬的中道，荣誉是野心和无野心的中道，信实是虚夸和讥讽的中道，自豪是虚荣和卑贱的中道，如此等等，都说明任何情感的极度表现都是不道德的，唯其适中，才为善。

2017. 8. 18

建设中国特色社会主义
现代化强国的最强音

省部级主要领导干部"学习习近平总书记重要讲话精神,迎接党的十九大"专题研讨班7月26日至27日在京举行。中共中央总书记、国家主席、中央军委主席习近平在开班仪式上发表重要讲话。

习近平总书记的讲话科学分析了当前国际国内形势,实事求是地评价了十八大以来的伟大成就,揭示了党和国家事业发生的历史性变革,提出了新的历史条件下坚持和发展中国特色社会主义的一系列重大理论和实践问题,阐明了未来一个时期党和国家事业发展的大政方针和行动纲领,提出了一系列新的重要思想、重要观点、重大判断、重大举措,具有很强的思想性、战略性、前瞻性、指导性。习近平总书记发出了建设中国特色社会主义现代化强国的最强音,让人激动,给人信心,催人奋进。

习近平指出,党的十八大以来,在新中国成立特别是改革开放以来我国发展取得的重大成就基础上,党和国家事业发生了历史性变革,我国发展站到了新的历史起点上,中国特色社会主义进入了新的发展阶段。中国特色社会主义不断取得的重大成就,意味着近代以来久经磨难的中华民族实现了从站起来、富起来到强起来的历史性飞跃,意味着社会主义在中国焕发出强大生机活力并不断开辟发展新境界,意味着中国特色社会主义拓展了发展中国家走向现代化的途径,为解决人类问题贡献了中国智慧、提供了中国方案。从站起来到富起来,再到强起来,谱写建设中国特色社会主义现代化强国历史新篇章的伟大使命,就责无旁贷地落到了当代中国共产党人的肩上。

建设中国特色社会主义现代化强国,要精准全面判断世情国情党情。习近平总书记提出,我们强调重视形势分析,对形势做出科学判断,是为制定方针、描绘蓝图提供依据,也是为了使全党同志特别是各级领导干部增强忧患意识,做到居安思危、知危图安。分析国际国内形势,既要看到成绩和机遇,更要看到短板和不足、困难和挑战,看到形势发展变化给我们带来的风险,从最坏处着眼,做最充分的准备,朝好的方向努力,争取最好的结果。当今世界风云变幻,不确定性增加,复杂化加剧;国内社会繁荣安定,但社会矛盾也日益呈现新变化新特点;党内政治生活趋向正常化,但从严治党的任务还很重,清明、清正、清廉的政治生态建设任重道远。所以需要保持清醒的头脑,科学判断,确保决策科学。

建设中国特色社会主义现代化强国,要更加坚定"四个自信"。习近平总书记指出,中国特色社会主义是改革开放以来党的全部理论和实践的主题,全党必须高举中国特色社会主义伟大旗帜,牢固树立中国特色社会主义道路自信、理论自信、制度自信、文化自信,确保党和国家事业始终沿着正确方向胜利前进。"四个自信"是我们在建设中国特色社会主义的过程中所形成的智慧、胆识和定力,是中国经验的结晶,其中文化自信是基础。如果说中国"站起来"是靠"政治","富起来"是靠"经济",那么,真正"强起来"就靠"文化",进一步增强文化自信,提升文化竞争力,建设文化强国,是建设中国特色社会主义现代化强国的重要任务。

建设中国特色社会主义现代化强国,要重视理论建设和理论指导。时代是思想之母,实践是理论之源。十八大以来之所以取得如此大的成就,主要是因为有明确的理论指导,这体现了决策的全面性、前瞻性和科学性。以中国梦为主线,以"四个全面"为总布局,以"五位一体"建设为具体抓手,创造性地提出"五大发展"新理念,由此构成了一个指导中国特色社会主义建设的理论体系,突破了改革开放初期"摸着石头过河"的局限,为建设中国特色社会主义架起了理论之桥,方向更明确,目标更具体,路径更通达。理论建设贵在创新,创新才是发展之源,成事之基;理论指导贵在与实践相结合,以更宽广的视野、更长远的眼光来思考和把握国家未来发展面临的一系列重大战略问题。在理论上不断拓展新视野、做出新概括,才能在迅速变化的时代中赢得主动,在新的伟大斗争中赢得胜利。

建设中国特色社会主义现代化强国,要坚持以点带面的工作方法。习近平指出，抓住重点带动面上工作，是唯物辩证法的要求，也是我们党在革命、建设、改革进程中一贯倡导和坚持的方法。党的十九大即将召开，在习近平总书记的领导下，在抓好重点工作的同时，要注重"四个全面"推进的"全面性"，用改革创新精神来发展社会主义经济，为全面实现社会主义现代化的宏伟目标奠定坚实的经济基础，实现好"有更好的教育、更稳定的工作、更满意的收入、更可靠的社会保障、更高水平的医疗卫生服务、更舒适的居住条件、更优美的环境、更丰富的精神文化生活"这一美好愿景。

建设中国特色社会主义现代化强国，要加强执政党自身建设。历史和现实证明，中国特色社会主义建设事业的完成，必须毫不动摇地坚持和完善党的领导，毫不动摇地推进党的建设新的伟大工程，把党建设得更加坚强有力。因为只有进一步把党建设好，确保我们党永葆旺盛生命力和强大战斗力，我们党才能带领人民成功应对重大挑战、抵御重大风险、克服重大阻力、解决重大矛盾，不断从胜利走向新的胜利。党的建设的关键是从严治党，这不仅关系到党的前途命运，而且关系到国家和民族的前途命运，十八大以来，从严治党取得了可喜成果，由此得到了人民群众的高度评价和肯定，但也不能因此而沾沾自喜、盲目乐观，必须以更大的决心、更大的勇气、更大的气力抓紧抓好。

2017.7.28

"干部成长感恩谁"这个问题不用讨论

前些天,在电视里看到某地组织部门开展"干部成长感恩谁"的大讨论。当时就纳闷:这个问题还需要讨论?干部成长当然是感恩人民群众,也只能感恩人民群众。这是由中国共产党的性质决定的,也是由为人民服务的根本宗旨决定的。

对于这样一个政治伦理上的常识性问题,为何还要开展大讨论?这说明政治常识并未成为政治共识。造成此问题的原因,恐怕不是干部自身"迷糊",而是来自组织观念、干部任用机制、干群关系等。还隐约记得,某市新提拔了一批干部,因为人数较多,就进行集体谈话,市委书记发表讲话,通篇就是讲组织提拔了你们(新任干部),你们就应该知道如何感恩组织、感恩你们的领导,如何听组织的话,根本不讲这是人民的重托,你们应该好好感恩人民群众。给我的感觉是,"你们"被提拔,完全是组织的恩赐,感恩组织是天经地义的。这说明,我们的个别领导也不懂政治伦理常识,在"干部成长感恩谁"这个问题上认识失之偏颇,把人民群众的养育和信任当成领导或组织的恩赐。其实,组织部门只是代表人民群众选拔干部,选的是代表人民群众利益的干部,选的是能为人民群众干实事的干部,按标准和程序选拔干部是组织部门的工作职责,无须感谢和感恩。如果干部选拔成了赐恩和受恩的关系,被提拔干部就背上了沉重的道德"十字架",组织与个人的正常关系就会被彻底扭曲。因为组织往往也是由无数个体组成的,并且每一级的组织都有每一级的领导,组织的公共性往往会被个人性所遮蔽,组织与个人的关系容易转化为私人间关系,所以跑官要官、买官卖官成为可能。

干部的任用,我国一直实行选拔制。我一直觉得,"选拔"这个词特别有意思,它和"选举"完全不同。"拔"是上对下的用力,在"多"中拔"少"，谁能最终被"拔"出，完全取决于上面的"拔"者，所以，被"拔"者感恩"拔"者，就成了一种"应当"；只要对上负责，对"拔"者负责，或者先对上负责，就成了一种"普遍"规则。这就是中国的"选拔文化"。当年，开展党的先进性教育活动，一个县委书记到一个村里检查工作，看看先进性教育有没有成效，就问村支书："领导交代一件事，同时群众也有一件事，你先办谁的事？"那位村支书毫不犹豫地回答："我肯定先办领导的事。"县委书记问："为什么？"村支书回答："如果我不先办领导的事，我为人民服务的机会就没有了。"虽是笑话，却是选拔文化的真实写照。"选举"则不同，"举"是下面的人把你托上来，是下面往上用力，是众多人看好你，把你举上来，理所当然，你要对"举"你的人负责，你要感恩"举"你的人，这是"选举文化"。两种文化，一字之差，反映的则是不同的政治伦理理念与进路。从现代政治发展来看，也许少些选拔，多些选举，会显得更加现代一些、明智一些。

干部成长感恩谁，其实涉及的核心问题还是官民关系问题。《贞观政要》里讲："君，舟也；民，水也。水所以载舟，亦所以覆舟。"这是讲人民的力量大，所以治理国家必须要坚持"民本"，要"恤民""安民""富民"。当然"民本"不等于"民主"，前者是以统治者利益作为出发点的，"重民"只是手段，而后者强调人民自己当家做主，不需要别人来做主。我们习惯于把干群关系比喻为鱼水关系，那应当是干部是鱼，人民群众是水，《贞观政要》里又讲："鱼失水则死，水失鱼犹为水也。"也就是讲，干部如果脱离了群众，就是死路一条；而群众如果没有了干部，它还是群众，照样活着。这个比"民本论"就更深一层了，领导干部唯一的出路就是站在人民群众一边，就是习近平总书记一再强调的"人民立场"。从这个意义上讲，不但被提拔的干部只能感恩人民，就是提拔干部的干部也只能感恩人民。

2017.7.17

领导干部的道德定力如何养成

习近平总书记于2017年2月13日在省部级主要领导干部学习贯彻十八届六中全会精神专题研讨班上强调指出："对领导干部特别是高级干部来说，加强自律关键是在私底下、无人时、细微处能否做到慎独慎微，始终心存敬畏、手握戒尺，增强政治定力、纪律定力、道德定力、抵腐定力，始终不放纵、不越轨、不逾矩。"道德定力是一种道德上坚定不移的行为能力，也是确保慎独慎微、廉洁自律的核心要素。那么，领导如何才能养成道德定力呢？

第一，要牢固树立道德信仰。信仰是关于人们最高价值的信念，是人们对某事物的真诚相信、极度推崇、深刻仰慕，并使之转化为自己的行为指南和行为定式。信仰作为人对社会存在的掌握方式，其形式是多种多样的，如政治信仰、宗教信仰、科学信仰等。当人们专注于对道德世界的把握时会产生道德信仰。道德根源于人类社会生活的需要，但它在自身的发展过程中，往往是以信念、信仰的方式得以生存和传承的，没有信仰的支撑，就没有道德的现实存在。因为道德的基本特性是自律，没有硬性的强制，是出于自由自愿的。当我们把道德信仰作为道德定力的前提性条件时，其主要有三重含义。一是要相信世界上有善这一价值指向，它同真和美一样是人类永恒的价值追求。尽管善在不同的历史条件下表现出不同的规定性，但无论善的观念如何变化，它总是和特定的道德相联系的，总是将人们引向善的生活，诚如亚里士多德所言："人类的善，就应该是心灵合于德行的活动；假如德行不止一种，那么，人类的善就应该是最合于最好和最完美的德行的活动。"道德信仰在这一层面上要求我们党的领导干部要相信人类社会充满美好和善良，相信世上还是好人多，相信正义总会战胜邪恶，不会因为个别的、暂时的丑恶现象而迷失双眼、丧失信心，甚至善恶颠倒、是非不分。二是要坚信并遵循社会主义道德规范体系要求，坚持全心全意为人民服务，坚持集体主义道德原则，自觉遵守职业道德、社会公德、家庭美德和个人品德，坚持反对个人主义、享乐主义和拜金主义。三是一定要坚信善有善报、好人一生平安，对道德充满敬畏之心。我们可以不信因果报应，但一定要知道与人为善的道理；我们可以不信善恶循环，但一定要相信"多行不义必自毙"。如果我们内心有德，对道德法则心存敬畏，怕遭报应，就会谨言慎行，如履薄冰，绝不会肆无忌惮地以权谋私、贪污腐化，不但不会作恶多端，还会主动扬善抑恶。《中国共产党党员领导干部廉洁从政若干准则》之所以突出"廉洁"之德，就是要使全党坚信：只有廉洁，执政才有生命力，这就是我们的道德信仰，这就是道德定力之基。

第二，要磨砺好道德意志。道德生活从来不是"风平浪静"的，不仅有恶的因素在骚动，而且有善的不等值冲撞，不仅有对过去行为的反省，而且有对未来的道德设计，不仅有一时的道德冲动，而且有始终不懈的道德坚守，这些都需要意志的参与。道德意志就是人们按照一定的道德原则和要求进行道德抉择和行动时调节行为、克服困难的能力，是在履行道德义务过程中所表现出来的决心和毅力，可以说，没有道德意志就没有道德行为，就没有道德生活。然而。道德意志并非人所先天具有的，它需要在道德实践活动中长期磨砺而成。从心理学上讲，人的意志品质存在多方面的差异性，主要体现在意志的连贯性与多变性的差异、意志的果断性与优柔性的差异、意志的自制性与放任性的差异、意志的坚忍性与动摇性的差异。意志磨砺的过程就是通过强化上述差异中的积极因素而抑制其中消极因素的过程，其中最为关键的是自制力的养成。自制力就是自我控制、自我约束、自我调节的能力，主要表现在理性对人的情欲的控制过程。人都有七情六欲，但不能放纵情欲，必须时刻心中有责、心中有尺、心中有戒；人都有亲戚朋友，但绝不能徇情枉法，要坚持公正用权、谨慎用权、依法用权，坚持交往有原则、有界限、有规矩。这就是政治理性的强大作用。如果没有这种政治理性作为"定海神针"，我们就会在情欲中迷乱，在情海中丧生。自制力还表现在道德选择中的自觉能力。在社会生活中我们面临诸多的道德选择，如忠与孝、人情与原则、个人利益与党的利益等，作为党的干部，在进行道德选择时，必须坚持人民利益至上，除此之外，别无选择。这是一种高度的政治定力，也是政治道德定力。也许面对选择时会有犹豫、会有纠结、会有内心的挣扎，但只要有了自制力，许多感性的欲望、潜意识的东西，都会通过道德理性的"冷却"而成为道德生活的积极思考，而不至于成为祸及党和人民的"横流之灾"。自制力的作用更体现在没有任何监督的情况下，人独处时也能"从心所欲不逾矩"，这就是"慎独""慎微"的功夫和境界。

第三，要提高道德能力。光有道德信仰和道德意志还构不成完整的道德定力，还必须有一定的道德能力。道德能力实际上就是道德的行为能力。社会生活中不乏"善心"人的存在，但为何道德状况不尽如人意？其中原因之一就是道德的践行能力相对偏低，人们无法按照自己的真实内心去实现"善良意志"，想帮助别人，但自身难保，没有能力，于是乎，我们养成了"讲道德"的习惯，而"行道德"不行。中国传统道德生活历来强调知行合一，知行合一的落脚点还是在"行"，所以中国传统道德总是同日常生活紧密结合，形成民俗、礼仪、家风等生活化形式，在"行"中体悟"知"，在"知"中促进"行"。要提高道德能力，一是要养足"道德资本"，二是要掌握行事的科学方法。道德资本就是行善的本领。正确的道德认识、丰富的道德情感、坚强的道德意志都是必备的道德资本，但对于道德行为能力来讲还必须有"辅助性"的"资本"，如健全的心智、健康的体能、一定的物质条件，这些都是道德行为发生的"载体"。"君子之交淡如水"，但总还是要有"水"。我们对待百姓，不能光是"嘴上功夫"，必须要有实实在在的行动，要让百姓得到实惠，这就是行为能力。有些干部热衷于做规划、讲大话、放空炮，从来不抓落实，从来不见实效，久而久之，失信于民，造成政治合法性资源流失，损害了党和政府的形象。我们共产党人不但要有为人民服务之心，更要有为人民服务的真本领、硬本领。提高道德能力还讲究科学的工作方法，工作方法是实现工作目标的关键，毛泽东同志曾经在《关心群众生活，注意工作方法》一文中把工作方法比作过河之桥、渡河之舟。习近平总书记也强调干工作"要有坚持不懈的韧劲，一件接着一件办，不要贪多嚼不烂，不要狗熊掰棒子，眼大肚子小。要发扬钉钉子精神，不能虎头蛇尾。我们要一诺千金，说到就要做到"。科学的工作方法是让"善意"通向"善果"的桥梁，方法不对，则会使"善意"变为"恶果"。科学的工作方法，就是有效的工作方法，就是道德行为能力。科学的工作方法不是天生就会的，它需要从长期、艰苦的工作实践中摸索，从他人的工作经验教训中汲取，从先哲贤人的政治智慧中获得。有了过硬的本领和科学的方法，就具备了行为的能力，就能实现好执政为民的道德目标，就能真正体现好道德定力。

第四，要培养道德气节。崇尚气节是中华民族优秀道德传统的重要内容，也是培养道德定力的必要元素。气节在传统文化中又叫名节、节操、德操、操守、志节等，它是指一个人为人处世的原则性和道德上、政治上的坚定性。孔子从道德准则出发，提出"志士仁人，无求生以害仁，有杀身以成仁"的"志士仁人"之节；孟子提出"富贵不能淫，贫贱不能移，威武不能屈"的"大丈夫"之节；荀子则提出"楚王后车千乘，非智也；君子啜菽饮水，非愚也"的"君子"之节。近代思想家继承地发展了先秦思想家的气节观，黄宗羲提出了"豪杰之士"的人格思想；顾炎武提出了"天下兴亡，匹夫有责"的号召；王夫之则进一步提出"行仁义"的"守节"。中国共产党人不仅是优秀传统道德的继承者，更是气节美德的践行者。陈毅面对敌人的重重包围写下了气壮山河的绝命诗——《梅岭三章》；夏明翰的"砍头不要紧，只要主义真。杀了夏明翰，还有后来人"的昂首高歌就是无数共产党人崇高气节的表征。一个人如果能够坚守自己为人处世的原则，对自己的道德信仰、政治信念和道德理想身体力行、坚持不懈、百折不回，即使处于逆境之中、危难之际、生死攸关之时，都能信守不渝、毫不动摇、绝不退缩，死不变节，就是有气节的表现。气节代表了一种人格上的独立，是人的主体性的根本体现，就是宋代思想家周敦颐以莲花为喻的高洁人品；气节也是一种直面现实的乐观进取精神，就是孔子倡导的"发愤忘食，乐以忘忧，不知老之将至"的进取的人生态度；气节是有志之士的志向、抱负和操守的结晶，其外显为人的刚毅、坚强、激奋、火热，内隐则为冷静与理性，其力量是无以匹敌和震撼人心的。在新的历史条件下，我们要经受"四大考验"、克服"四种危险"，必须继续保持中国共产党人的高尚气节。我们不能在金钱面前迷失了方向，不能在美色面前丧失了自我，不能在权力面前丢掉了人格，不能在财富面前忘记了初心。相反，我们应该讲修养、讲道德、讲诚信、讲廉耻，养成共产党人的高风亮节。

  道德定力的养成不是孤立的，它和政治定力、纪律定力、抵腐定力是一个有机整体。政治定力是前提，纪律定力是保证，道德定力是核心，抵腐定力是落实，四者构成中国共产党人为人、为官的基本定力，丧失这个定力的支撑，不但个人会走向人民的反面，成为历史的罪人，我们党的事业也会出现整体性崩塌。

2017.7.10

人民百姓才是正能量的真正来源

各位看官一看就明白，我使用了一个特别的词——"人民百姓"，以区别于哲学意义上的"人"、政治学意义上的"人民"、法学意义上的"公民"、"政党学"意义上的"群众"，实际上就是普通百姓，就是底层民众，就是芸芸众生。我不喜欢"老百姓"这个词，好像百姓永远只能是百姓，老是百姓，没有可能不成为百姓，这是在鼓吹"阶层固化"。

"正能量"是时下最时尚也最重要的词语。关于什么是正能量，我特意在百度上查了一下（请原谅我的不严谨），"正能量"本是物理学名词，出自英国物理学家狄拉克的量子电动力学理论：伴随着与一个变量有关的自由度的负能量，总是被伴随着另一个纵向自由度的正能量所补偿，所以负能量在实际上从不表现出来。"正能量"的流行源于英国心理学家理查德·怀斯曼的专著《正能量》，其中将人体比作一个能量场，通过激发内在潜能，可以使人表现出一个新的自我，从而更加自信、更加充满活力。我斗胆做如下归纳：第一，正能量存在于某个系统之中，或存在于某个"场"，不是一种孤立的存在；第二，正能量是为了克服负能量而发生的，或者说是因为有正能量的存在负能量才表现不出来，即正能量为克服负能量而存在；第三，正能量是一种巨大的潜能，一旦激发出来，其力量无法估计。

时下，我们使用的"正能量"一词，指的是一种健康乐观、积极向上的动力和情感。当下，中国人将所有积极的、健康的、催人奋进的、给人力量的、充满希望的人和事，都称为"正能量"，它已经上升为一个充满象征意义的符号，表达着我们的渴望、我们的期待，更是宣传媒体的某种"标签"，也是对当下中国人话语内容与方式的特殊要求。

今年这个夏天，对于我们湖南人来说，很是不开心、不快乐，因为遇到了特大洪灾，百年不遇，水位都超历史"警戒"了，我不是水文专家，搞不清具体是什么"线"。不过每年来洪水时，好像电视里都在讲"超历史"，今年应该是真超了，因为在我微信朋友圈里时时传来各种文字、图像、声音，以及各种议论。

我们进入了自媒体时代，人人都是记者，人人都是摄影师，人人都是新闻发言人。正因为这样，信息混杂，难辨真假，所以有学者称，我们进入了"后真相"时代，也即由于对各类信息的认同或传播，会形成一种别样的共同体，每个人成为多种复杂关系的叠加。这就对主流媒体形成了巨大压力，于是乎，主流媒体就打出"正能量"宣传牌。这是对的，一个社会如果没有主流媒体的正能量，负能量就容易显现甚至泛滥。问题是，"正能量"到哪里找？哪里才是正能量的发生地？谁才是正能量的真正来源？这才是问题的根本，这才决定了你在传播正能量时，别人会不会认为你是正能量。

这几天，看了几篇关于湖南抗洪的官媒文章，文字功底了得，令人佩服，从气势到标题，从文字到照片都无比精美。不知是什么原因，有的文章一开头就自我标明是传播"正能量"，感觉唯他是正，别人都是"歪崽子"。接着从标题到内容，全是领导开会、领导讲话、领导上堤、领导慰问，感觉他所说的正能量全是来自领导的先知知觉、来自领导的魄力、来自领导的爱心、来自领导的足印。领导干部在关键时刻走在前面、亲临现场、亲自指挥，这是职责所在，甚至是良知使然，当然要肯定，要宣传，要表扬。但比起那些站在水中、吃在堤上、睡在沙堆上、倒在地上的解放军、武警战士、普通民众、志愿者，谁才是真正的正能量呢？这不是什么价值优先性选择问题，而是作为新闻人的人民立场问题，是眼睛盯哪里的问题，是有无职业良心的问题。

其实，无论是官媒人，还是自媒人，在大灾大难面前，都要传递正能量，传播人间大爱和真爱，正能量就在人民中间。

让我们认真学习学习习近平总书记的讲话精神。习近平总书记在建党95周年的讲话中100多次提到"人民"，你们可以不提"人民"？习近平总书记说得好呀："人民是历史的创造者，是真正的英雄。""坚持不忘初心、继续前进，就要坚信党的根基在人民、党的力量在人民，一切依靠人民，充分发挥广大人民群众积极性、主动性、创造性，不断把为人民造福事业推向前进。"习近平总书记明确了"党的力量在人民"，那么，党的领导的力量在人民，领导的力量在人民，一切正能量都在人民，不证自明呀，还要多说吗？

2017.7.7

着力培养城市生态公民

在中国的城镇化和城市建设进程中,城市成了"带病的巨人",开展城市生态修复、城市修补就是要给这个巨人"治病"。最近,住房和城乡建设部出台了《关于加强生态修复城市修补工作的指导意见》,旨在尽快治好"城市病"。但是,在治病过程中,我们也有可能"病急乱投医",没有正确的方法和途径,不但治不好病,反而会加重"病情"。着力培养城市生态公民不失为一个"治本"的良方。

中国的生态文明建设主要是由国家和政府推动的,但事实上,日常生活主体才是生态文明日常生活化当之无愧的、真正意义上的实施主体。生态文明日常生活化的实施效果如何以及最终能否实现,不仅取决于国家战略、政府政策的制定、实施是否贴近民生、反映民意,而且取决于每个公民是否具备基本的生态素养。因此,就实施主体而言,实现生态文明的日常生活化亟须培育具有实践理性的城市生态公民。所谓具有实践理性的城市生态公民是指具有生态人格且自觉致力于生态文明建设实践的现代公民,在城市"双修"中,主要是指城市管理者和城市居民。

具有实践理性的城市生态公民起码包含三个方面的要求:其一,已经养成了生态人格(具有生态意识、生态责任等);其二,具有环境人权意识、生态主义意识且取得现代公民资格;其三,具有实践理性,亦即能够把已经养成的生态人格,所具有的环境人权意识、生态主义意识自觉地运用到具体的生态文明建设实践之中。

具有实践理性的城市生态公民的培育须从两个方面努力。一方面,国家、政府要施行渗入式、制度化的教育。具有实践理性的城市生态公民的养成需要国家和政府从全局着眼,以制度化的方式把"生态环境—道德伦理—公民权利"教育渗透到国民教育的方方面面,并落实到家庭教育、学校教育和社会教育中，从娃娃抓起，从幼儿园开始，从日常生活中的点滴实践做起。对此，国家、政府以及社会要为城市生态公民的培育创造环境：加大人财物等方面的投入，鼓励成立相关教育培训机构并予以政策支持，进行全方位、多样化的宣传，将城市生态公民的培育作为各级政府的基本职责并纳入绩效考评体系中。总之，我们应打开思路、放开手脚，运用一切行之有效的制度措施和政策手段来培育具有实践理性的城市生态公民，将"生态环境—道德伦理—公民权利"教育固化为国民教育的基本内容，把城市生态公民的培育确立为国民教育的基本目标，并将其作为推进生态文明建设的重要抓手。另一方面，公民个体要加强"生态环境—道德伦理—公民权利"的自我教育。国家、政府所施行的渗入式、制度化教育最终要依靠公民个体的自我教育来落实。因此，公民个体在"生态环境—道德伦理—公民权利"方面的自我教育是培育城市生态公民的关键。公民个体在日常生活中不仅要树立生态环境的自我教育意识，积极主动地加强理论知识学习，而且要通过具体的日常生活实践提高生态修养，塑造生态人格，树立环境人权意识、生态主义意识，培育实践理性，并自觉地付诸生态文明建设实践之中。概而言之，一个人之所以能被称为有实践理性的城市生态公民，不仅仅是因为他通过接受"生态环境—道德伦理—公民权利"教育或自我教育，具备了生态人格、公民意识等基本素养，更是因为他能把上述已有的"储备"通过理性的方式运用到具体的城市生活日常行为之中。

2017.7.4

道德冷漠，为何让我们如此不安

前些天，我所有的微信群都在转发一个女子被车撞并遭二次碾压而身亡的视频。当时我也只是在几个群里议论了几句，今天重新翻朋友圈，再看视频，不由得有全身发冷的感觉，有某种东西堵在胸口，不吐不快。这倒不完全是因为那无辜生命的终结，而是无数路人的普遍化道德冷漠深深地刺痛了我的心，让我无比恐惧。

也许"老人倒地无人扶""小悦悦事件"等真的只是个别现象，但就是这些"个别"也足够震撼我们的心灵，叫人震惊，令人愤慨，引人深思！更何况由这些现象所引发的道德生活的普遍恶化，是无法用"个别性""偶然性"来粉饰的，它代表了一种态势——一种可怕的态势。一个社会出几个贪官污吏、几个杀人抢劫犯也许并不可怕，因为将他们绳之以法即可，可怕的是公民道德感的普遍丧失和人心变坏。

自晚清以来，中国知识界一直以"救国救心"作为时代的主旋律。百年后的今天，亡国的危险也许已成为过去，但"救心"的使命远未完成，更显任重而道远。我们有过"狠斗私字一闪念""灵魂深处闹革命"的道德运动，也有过无数次的道德知识教化，然而，一部分人早把道德当成一种精神欺骗或精神负担抛之脑后。如今，市场经济的实施、多元文化的介入、主体意识的唤醒，造成了所谓的"道德滑坡"。我们在"两手都要硬"的社会意识形态策略的"紧急掣动"下，进行着社会主义道德建设，力图阻止社会道德水准的下滑，其规模之大、声势之猛是历史上罕见的，然而其效果却不尽如人意，相反，道德冷漠现象愈演愈烈。这不得不让我们深刻反思：我们不能再满足于过去那种政治化、行政化的道德说教方式了，而必须着眼于人类精神结构的铸造，让道德入脑入心，以实现道德建设的心理化、情感化。面对今天的道德现实，人们在心底呼唤着正义、呼唤着良知，从心灵深处期盼着道德向自由情感的回归！

　　道德冷漠不是一般的情感冷漠，主要是个体道德情感的匮乏，加之道德判断上的不思考或行为上的麻木，个体虽有一定的道德知识和观念，但对现实情境中的道德要求毫无体验和反映，对现实社会的道德要求以及他人的痛苦无动于衷，其核心是不思考、随大流、盲目从众。呼唤普遍化的道德感，践行做人最基本的道德，成为民心的一种向度，否则会造成普遍的汉娜·阿伦特所说的"平庸之恶"。汉娜·阿伦特认为罪恶分为两种，第一种是极权主义统治者本身的"极端之恶"，第二种是被统治者或参与者的"平庸之恶"，其中第二种比第一种有过之而无不及。"平庸之恶"的最大特点就是不思考、无判断、盲目从众。道德上如果没有独立思考同样会造成普遍化的恶，道德冷漠就是如此。

　　我们不能断定那些路人都是坏人，我们要思考的是这种普遍冷漠是怎样形成的，也许当时只要有一个人打破这种"冷局"，情况就会发生根本性的改变，可惜就是没有。也许道德问题拷问的是个人良知，个人有何去何从的抉择权，但是如何将个人的道德良知有效地整合成一种"道德场"、一种有效的道德审判机制，这恐怕就是社会制度层面的问题了，无论是"社会溃败"理论，还是"互害性社会"的形成，都说明了这一点。

　　此时，我想起了詹姆斯·威尔逊的一句话："人类的道德感，并非一盏光线强烈的指路明灯，毋宁说——它是一束微弱的烛光，但是将它贴近胸口并执于掌心，却能够驱走黑暗并慰藉我们的心灵。"希望有一种力量，能将我们每个人的道德良知贴近胸口并执于掌心！

2017.6.17

毕业典礼送"拒腐礼",值得称道

据媒体报道,在湖南城市学院2017届毕业生毕业典礼上,举行了"拒腐蚀、永不沾"拒腐防变签名活动,作为学校送给毕业生的"毕业礼物"。据了解,这是湖南城市学院举办的第十届廉洁文化活动月的一项重要活动,由该院马克思主义学院发起,作为深入推进学校廉洁文化建设的创新之举,该院特意选择在应届毕业生离校前夕开展这项活动,是为了给即将步入社会的年轻大学生送上"拒绝腐败、洁身自好"的美好祝福和"厚礼"。此举虽然平简,但意义重大,值得称道!

党的十八大以来,中央坚持中国特色反腐倡廉道路,坚持标本兼治、综合治理、惩防并举、注重预防方针,全面推进惩治和预防腐败体系建设,提出了"干部清正、政府清廉、政治清明"这一廉洁政治建设新目标,彰显出我们党坚定不移反腐倡廉的鲜明立场。

从"廉政建设"到"廉洁建设",虽一字之差,却表明了反腐倡廉工作格局的科学放大,释放出反腐倡廉新思路的重要信号。如果说"廉政建设"偏重党员干部的廉政问题,侧重政治内部生态建设,那么"廉洁建设"则是对全社会每个公民的整体要求,侧重整个社会的政治生态的建设。十八大以来,党中央采取高压反腐态势。腐败现象的发生既有内在因素,比如制度缺陷、执政者个人品质的腐化堕落,也有外部因素,比如商业文明滋生的拜金主义,官本位思想以及经济政治化的倾向——商业贿赂是其集中表现,公民法治意识的低下,甚至还有诸多封建的官场文化等。要营造健康的政治生态,就必须提倡廉洁的社会风尚,为公权力提供充满正气的外部环境,使腐败没有滋生的土壤。

每一位社会成员都要弘扬贵仁重义、勤俭节约的传统美德,科学规划自己的人生,踏实工作,平实生活;每个人都要有基本的法律信仰,相信公事能公办，私事有规矩；我们要弘扬"我是公民，我做主"的现代公民意识，不唯上，不怕官，不攀贵；我们要常怀恻隐之心、羞恶之心、辞让之心、是非之心，培养公共意识、公共精神，恪守公民道德、遵从公共规则，消除对权力的盲目崇拜，杜绝以任何方式干扰、侵害公共权力。

反腐倡廉没有"看客"，没有"局外人"，人人都是参与者，人人都是责任人。没有人行贿就没有人受贿，没有人抬轿就没有人坐轿，没有人请吃就没有人吃请，这是最简单不过的道理。如果说"廉政建设"锁定在政府、政党、党员、干部、国家公职人员身上，那么"廉洁建设"就是要倡导廉洁做人、廉洁从业、廉洁持家。这样才是真正的党风廉政建设全覆盖。

大学毕业生在走向社会的前夕，接受党风廉政教育，既是"预防针"，也是"强心针"。大学不但要为社会输送优秀的专业人才，更要输送优秀的廉洁人才；不但要鼓励学生做报效国家的建设者，更要鼓励学生做拒腐防变的好公民。

大学，当你的学生成了腐败分子时，千万别说与你无关，与你的教育无关。

2017.6.6

中国式高考：我的感悟

如果说知识可以改变命运，那么进入获取知识的大门，则是改变命运的前提，在中国，这一前提就是高考这座"独木桥"。

我生长在农村，祖祖辈辈是农民，父母虽然文化水平不高，但也有些见识，让我和姐姐、弟弟都读完了高中。1977年第一次在没有任何准备的情况下参加高考，虽然结果以失败告终，但真的是站在平等的起跑线上公平地竞赛了一次，虽败犹荣。1977年恢复高考的意义远不止高考本身，而是给压抑太久的中国人提供了爆发激情、显示才华的机会，给每个人尤其是社会最底层的我们提供了公平竞争的机会，要知道机会的均等才是社会公平正义的前提，那些反对所谓"应试教育"的人成天在喊考试多了，而我认为我们考试的机会太少了，如果每年多几次高考该有多好！走进考场的那一刹那，我才真正感觉到自己是自己的主人，终于可以自己主宰自己的命运了，第一次深切感觉到《国际歌》是不骗人的好歌，邓小平是我的大恩人。

1978年找了有限的复习资料在家一边"出工"（干农活）一边复习，最后以301分上线（录取线为300分），直到国庆节也不见通知书来，人生第一次真正体会到什么是无望的痛苦。于是每天沉迷于从"知青"那里借来的普希金、蒋光慈等忧郁诗人的作品，自己也开始写作起来，只可惜当时的手写本诗集《心声》已经丢失，这是自己不服命运而又无能为力时的痛苦心声。为了摆脱这种消沉的状态，我产生了当兵的念头，于是去报名当兵。当我体检过后进入政审环节时，母亲以"好男不当兵"的古训坚决阻止。如果没有母亲的反对，我也许成了战斗英雄，上了军校，是军中"大员"了；当然也有可能在中越战场上"光荣"了，谁能说清其中的机缘？

知我者莫过于父母，见我成天打不起精神，1979年春节后，父亲要我辞去生产队会计职务，找一个学校全心全意复读。因父亲身体不太好，我是家里主要的男劳力，每天可以挣10分工，所以担心因自己复读给家里增加负担。最后还是父亲下定决心，让我选择了一个区中学，复习了四个月，最终以358分被当时的全国重点大学——湘潭大学录取。个中艰辛是无法描述的，只知道当时学校要求报到时自带照片，我在照相馆拍的照片看上去大概有50多岁。其实，那时最高兴的是我的父亲，当他在公社广播里听到我被湘潭大学录取时，他在农机厂里双眼饱含泪水而又四处相告的情形至今仍历历在目，他是为他的正确选择而高兴，为从小成为孤儿、备受欺凌的他自己终于可以有扬眉吐气的这一天而高兴。要知道，那时乡下出个大学生，还是重点大学的大学生，在方圆几十里都是大喜事。

我选择哲学专业，并终身以此为业，也是命运的机缘。我在2000年出版的《中国官德》一书"后记"中有过这样的记述："这本书是为我父亲写的。令我一辈子难以忘却的是，21年前，当我拿到大学录取通知书时父亲慈祥的脸上挂满的泪珠。他老人家因家境贫寒，生下来就被父母送给了别人，12岁成为无依无靠的孤儿，他靠着一种特有的生活信念成家立业，把我们姐弟三人拉扯成人。54岁那年老人家带着一生的苦难和对子女的期望离开了我们。在考大学填报志愿时，父亲要我读哲学专业。他当然不知道柏拉图说过治理国家要靠哲学王，而只是一位历尽磨难、受尽欺凌的父亲对儿子光耀门第的苦心期盼，因为在父亲的朴素认识中，哲学就是政治。我常常为不能实现父亲的心愿而不安，也许会成为终身遗憾。"众所周知，哲学是贵族事业，穷人的孩子本应去学习所谓的"热门专业"、实用专业，尽快为家里增加财富，让父母过上好日子，而我却学了这么个"没有用"的专业。

我跟天底下所有出身低微的弱者一样相信命运，并且不是一般相信，而是笃信，不过我信命不认命，总希望有改命的方法或途径，这就是"运"。运与命不同，命是必然性的，是先天的，很难改变，你的家族、你的出身、你的DNA，甚至就决定了你的"命"。但"命"是运动的，并且会有某种"势"，这种命"势"就是"运"。"运"是偶然性的，是后天的，就是"命"的呈现，就是机会，就是机遇，如果抓住了就可以通过抗

> 伦理与事理

争来改变"命",用哲学话语讲,就是偶然性对必然性的作用,无数的偶然性联结起来就成了某种必然。把握"命运"的最好办法就是勤奋,就是吃苦,就是耐劳,就是坚持,就是做"有准备的人"。通过艰苦奋斗而成功的人也许是"命"不好而"运气"好的人。信命而不认命,运气就会来,以"运"抗"命"吧,这就是我们的生存方式。

中国开放高考已经四十年了,考生们已经不用再经受百里挑一、万里挑一的艰辛,只要努力,基本都能上个学校,但高考这座"独木桥"依然如故。也许社会注定要给每个人一些残酷的考验,也许人的一生真的受某种"命运"的制约,但是,我们是否可以多些机会,多些选择呢?如果让每个人能自由行走在社会的多层"立交桥"上而不"添堵",各自通过自身努力来实现自己的人生目标,岂不是更欢畅?

2017.6.6

完善信用体系　构建信用社会

人无信不立，业无信不兴，国无信则衰。诚信自古以来就是我国社会的基本道德要求，"信"与"仁、义、礼、智"并称为儒家"五常"。孟子把诚信列为"天爵"，视作最高尚的品德。诚信既是人们进行社会交往的人格基础，也是人们寻求内心安宁的道德修为。

现代社会，诚信的规范意义得到了进一步加强和更明晰的呈现。以诚信为价值内核的契约关系，广泛存在于社会生活的各个领域。无论市场交易还是社会合作，遵守契约都是道德前提。社会主义市场经济的核心机制在于商品交换，而任何商品交换的达成均有赖于契约的订立与执行。随着社会主义市场经济的发展，建立在债权债务关系上的信用经济已取代实物和现金交换，在经济生活中占据中心地位。改革开放以来，我国信用经济规模不断扩大、结构日趋复杂，正在成为驱动社会主义市场经济发展的支柱力量，诚信也成为社会成员相互合作、共同行动的价值纽带。

我们党高度重视社会诚信建设。党的十八大报告提出"加强政务诚信、商务诚信、社会诚信和司法公信建设"，将其作为"深入开展道德领域突出问题专项教育和治理"的重要内容。十八届三中全会《中共中央关于全面深化改革若干重大问题的决定》强调："建立健全社会征信体系，褒扬诚信，惩戒失信。"国务院印发的《社会信用体系建设规划纲要（2014—2020）》，提出了信用体系建设的整体思路和基本原则。提出这些要求和举措，主要是考虑到当前社会各界对诚信的需求日益强烈，而社会诚信又面临诸多挑战。出现这种局面的主要原因是：其一，高速发展的商业文明既提高了人们的物质生活水平，也衍生出消费主义、拜金主义、个人主义观念；其二，社会转型在整合社会资源、促进社会发展的同时，也拉大了社会群体间的差异，引发了新的社会矛盾；其三，社会意识多样化让人们有了更多的价值选择，也导致道德相对主义的滋生与蔓延。因此，建立完备的社会信用体系，是应对诚信挑战、构建信用社会的根本途径。

营造社会信用文化环境。诚信道德的培育，是社会信用从外在约束走向内在自律的过程。培育诚信道德需要大力营造社会信用文化环境，通过环境的熏陶和潜移默化的影响，引导社会成员形成笃诚守信的观念。应积极培育和践行社会主义诚信价值观。社会主义核心价值观是社会主义先进文化的内核，在社会生活中发挥着价值引领作用。培育和践行社会主义核心价值观是一项战略任务，应将社会信用文化建设与核心价值观建设紧密结合，依托国家文化战略平台，使诚信价值观深入人心，激发人们的信用意识。应深入挖掘我国传统信用文化资源。我国传统文化中蕴含丰富的信用文化资源。如果说西方基于商业文明的信用观念带有浓厚的功利色彩，那么，我国的信用文化则表现出对功利的超越性。我国传统文化所言的诚信，不但强调个体对他人道德义务的坚守，而且注重对自身秉性的坚持。"诚者自成"告诉人们，诚实守信不是单纯地追求某种互利的结果，而是自我人格自内而外的发散。发扬光大我国传统信用文化，在经济全球化的当下，对于人们抵御外界诱惑、恪守信用道德准则具有积极意义。应把信用文化融入职业道德、社会角色道德建设中。诚信观念的形成非一朝一夕之功，需要长期的培养与激励。只有将信用文化通过职业规范、社会角色规范转化为人们日常生活的行为要求，才能使诚信价值观持续得到接纳与认同，最终内化为人们的道德意识。

搭建社会信用信息平台。社会信用缺失现象，本质上是由信息不对称引起的。建立信用信息平台，缩小社会主体间的信息差距，是维护社会信用的有效手段。当今社会已进入大数据时代，这不但带来社会生产生活方式的改变，而且带来人们思维模式的改变。以前，数据通常以局部数据的形态出现，体现采样分析的结果；现在，数据以整体数据的形态呈现，可对数据对象进行完整描述。传统思维模式注重因果分析，旨在找出数据变动背后的必然联系；大数据则使人们开始建立关联性思维模式，着重把握变动现象之间的相关性。显然，大数据时代的信息技术使建立社会信用数据库成为可能。新的思维模式则让人们能更快地发现数据变动的趋势，及时预测未来的信用风险。应充分发挥现代信息资源优势，建立社会信用数据库和信用数据查询网络，实现信用信息的公开、透明、共享，破除信息交流的障碍，让人们能够便捷地掌握交往对象的信用信息，更好地防范信用风险。

完善社会信用治理系统。新型社会治理提倡多元参与、协同共治，社会信用治理也应充分发挥政府、企业、社会组织等的治理功能，建立多维度、网络化的信用治理体系。应围绕社会信用进行相关立法，为社会规范提供原则和合法性依据。只有经过立法程序，人们才能确知社会主体在遵守社会信用方面所承担的责任义务和享有的权利，才能把握社会信用规范的基本框架。应建立科学的社会信用评估体系，明确不同主体担负的信用责任及其在社会信用体系中的地位、作用。针对政府、企事业单位、社会组织、公民等不同主体，设计科学合理的信用评估指标。即便是同类社会主体，由于他们从事行业、扮演社会角色的差异，其信用内容也存在较大差别。因此，社会信用评估指标的设置应依据不同的标准，以客观、准确地反映评估对象的信用状况。同时，应使各主体的信用评估体系之间具备相容性和适配性，以保证社会信用评估体系的整体协调。还可以将评估结果与社会生活相联系，使信用结果成为信用主体获取社会资源、享受社会福利的主要依据。应由政府主导成立社会征信机构，对公民个体、企业、社会组织等定期进行信用信息收集，监督社会信用运行状况，将社会信用评估作为提供社会服务、社会保障、社会救助和做出公共决策的关键指标。社会主义市场经济的快速发展，促使市场分工更为细化、行业规模不断扩大，行业协会在市场治理中的地位更为突出。应将信用治理纳入行业治理，赋予行业协会监管会员信用的权力与职能。信用治理的市场化运作，能准确反映各经济主体的信用状况，并使之成为经济主体市场能力的决定性因素。在推进国家治理体系和治理能力现代化的背景下，社会治理水平的提高有赖于社会组织的发展，社会组织的影响力将大大增强。社会组织参与是社会信用治理不可或缺的环节。政府、企业和社会组织共同参与，将整合三者在社会治理中的资源，形成优势互补局面，从而全面降低社会信用成本，让社会信用成为获取社会利益的准入资格。

健全社会信用惩戒机制。维护社会信用，除了正面激励外，还需要对失信行为予以惩戒。社会信用屡遭破坏的一个重要原因在于违约成本过低，在某些情况下甚至出现维权成本高于违约成本的不合理现象。提高违约成本、强化违约惩罚，是巩固社会信用堤坝的重要一环。应加强法治建设，严厉打击造假、诈骗等违法犯罪行为，通过完善法治清除信用问题的法律盲点；设置便利的信用维权端口，为信用维权提供多渠道社会支持和救助，降低维权成本；对于失信者，依托信息平台公布其失信记录，不仅对其施加社会舆论和道德压力，而且限制其经济社会能力。当然，相关信息的披露必须遵循法律规定，不能损害个人合法权益。应依托社会信用治理系统提高失信者在相应社会领域的准入门槛，对其行为进行限制。比如，在一定年限内剥夺存在商业欺诈、商业造假行为企业的从业资格，降低存在不良信用记录社会成员的商业贷款和社会救助额度，等等。

2015.8.11

（原发表于《人民日报》2015年9月11日，
理论版，收入本书时略有修改）

莫让"教授治学"成为大学行政化的助推器

现代意义上的"大学"（university）简单的解释就是教师与学者的共同体（community of teachers and scholars），这就是我们所说的"学术共同体"的由来。大学是一个学术共同体，这就是大学的原本定位。大学以追求真理、创新思想与技术、传播知识为己任，批判性地把握人类社会发展中的永恒价值，以育人为核心，以教学和科研为基本职能，从而达到服务社会和传承文化的目标。"大学自治，学术自由，教授治校"是构成现代大学制度的三大支柱，缺一不可。

鉴于我国社会主义大学教育制度的特殊性，大学管理体制设定为"党委领导，校长负责，教授治学，民主管理，依法治校"。由"教授治校"变为"教授治学"，不失为一种智慧性考虑，在具体的实施过程中，如果不科学理解，就会产生根本性误解，甚至成为大学行政化的助推器。

教授治学不是教授只能管理学术事务，而是可以管理学校一切事务。从这个意义上讲，"教授治学"就是"教授治校"。教授是大学校园中教育与科研的主力，是学校的灵魂，他们在学校教研工作中起主导和决定性作用，是关键性因素。通过教授治学，紧紧依靠教授集体治理大学，可以调动教授的积极性和创造性，实现尊师重教和学术自由，激发教师和学生的创造力，提高知识传承和创新的效率。教授治学强调教授集体作用的有序发挥，通过教授会议等约定组织，制定学校基本规章制度，规划学科发展重点，决定重大人事财务事项。教授治学强调教授专家学者在学校组织结构中的主导地位，可以保证教师队伍履行教书育人的基本责任，满足学生愿望，承担社会责任；教授治学要求充分发挥学术力量的作用，倡导"学术自由、兼容并包"，尊重学术规范，鼓励百家争鸣，活跃思想文化；坚持教授治学，支持大学自主发展，灵活应对社会多方面的需求，扩大办学自主权，必须倡导政府机构（董事会等）简政放权，管办分离；在教授治学过程中要实行民主管理、集体领导、权力分散制衡，杜绝强势独断，鼓励教授个体通过集体发挥领导作用。教授治学的根据就在于教授在学术上的优越性，如果学术共同体衰落，学术伦理丧失，必然会使大学由最缺乏学术品格和学术责任的人所主宰。

目前，误解"教授治学"导致的实施后果是"教授治学"成了大学行政化泛滥的助推器。

一是思想上的"误识"。认为"教授治学"就是通过学术委员会、教授委员会等组织来处理学校的学术事务，无权过问学校行政事务，特别是在人事、基建、学校规划、学校预决算、重大项目采购等方面，教授们从来无权参与，因为教授们只是"书呆子"。

二是标准上的"误判"。认为教授不懂行政，实际上把学术事务纳入了行政事务之中，学术委员会、教授委员会做出的决定还要上校长办公会或党委会，有时还会出现完全否定学术委员会决议的情况，部分否定是常态（除学位委员会的决定外），以显行政权高于学术权，学术事务的最终（最高）评判权还在行政权。

三是机制上的"误生"。一般情况下，教授委员会、学术委员会、学位委员会的产生是由主管部门提名，最后由校长办公会或党委会决定产生，鲜有民主推荐产生的，这样所谓的"教授治学"也就流于形式了。

四是制约上的"误导"。健康的大学应是学术权制约行政权，因为大学的本质是学术共同体，而如果狭隘理解"教授治学"，就形成了"行政管教授，教授管学术，最终还是行政管学术"的局面。所以，只有真正实施了大学校长教授提名制，大学才会有真正的学术权力。

所以，还是提"教授治校"好，或者明确"教授治学"就是"教授治校"，通过"治学"来全面"治校"，否则"教授治学"会成为大学行政化泛滥的借口。

2017.6.1

新型智库要学会"站式服务"

可以毫不夸张地说,在社会大变革时期,尤其是在要通过依法决策、民主决策、科学决策来实现国家治理体系现代化的关键时刻,已经发出了呼唤智库彰显能量的最强音,历史赋予智库的责任更加重大、任务更加艰巨。中国特色新型智库不但体现在新的性质和功能定位上,也应讲究服务方式的创新。

新型智库作为党和政府决策的重要智力支撑,其本质是"服务"。服务有多种形式,我们熟知的服务行业有所谓"跪式服务""坐式服务""站式报务",智库服务是否也可以由此比照?智库的"跪式服务"基本上是一种"讨饭"式的哀求,期望能从政府部门讨得项目,有时为养活自己,不得不低三下四,百般奉承,如果讨好不成,有时还会不择手段,这是一种低级的没有"库格"的服务方式,不足取。智库的"坐式服务"是不主动乞讨,坐等"天上掉下个林妹妹",等人找上门来,并且往往因自身"库存"不够,"产品"单一或陈旧而无法服务。目前的智库服务方式基本上是这两种。

而新型智库要学会"站式服务"。所谓"站式服务",就是不卑不亢,落落大方,既主动作为,又不失尊严与"库格",自信而不自负,自谦而不自卑。这种"站式服务"有三个要义。

一是库中有"智品"。智库中的"货"其实就是智慧,就是思想,如果无"智",就没有理由称"智库",仅为"杂物间"而已。何为"智"?就是与众不同的思想、想法、思路、谋略。"智"从何来?从理性思考中来,从批判思维中来,从对事物的终极追问中来,就是从哲学中来,而不是从"文件"中来。一个没有哲学思维的民族不可能走在世界的前列,同理,没有哲学精神、哲学学科、哲学人才支撑的"智库",每天就是闻

"文件"味，基本上就是"仓库"，也只能进行"跪式服务"，因为只有哲学才是"爱智之学"。目前的智库存在过分专业化的特点，大多没有基础学科为依托，提供的产品基本上是短视、短路、短命的产品，毫无"智"味。真正可以称为"智库"的研究机构应该是综合性的。

二是库中有"站着的人"。"站着的人"就是用自己脑袋思考事物的人，就是习惯站立思考的人，就是眼睛朝前的人，就是"宁愿站着死，也不跪着生"的人，就是独立思考、不人云亦云的人，就是不唯上、不唯书的人。我们不主张所谓的"价值中立"的智库建设，但也应当鼓励社会智库、真正的"第三方"智库的发展。同时要把那些优秀的有独立思考能力的学者吸引到智库中来。所以中央出台的《关于加强中国特色新型智库建设的意见》强调，要坚持科学精神，鼓励大胆探索，提倡不同学术观点、不同政策建议的切磋争鸣、平等讨论。

三是库中"供大于求"。新型智库就应该像个"大超市"，有许多产品供人选择，供政府来购买，不是挖空心思去打听政府信息，去揣测领导意图，而是应该比政府看得更高、站得更远，可以预测社会发展的趋势，形成"高、精、尖"产品，可以随时供政府选择。这就需要有一批真正高瞻远瞩的学人，有一批真正的"智者"，想人之未想，谋人之未谋。如果官员都想到了，所谓的"咨询"，不是对"智库"的嘲讽吗？这也难怪目前政府对智库的选用也只是一种程序或装扮而已，因为打心底就瞧不起这些所谓的"智库"成果。

智库建设贵在自信、自强、自立，习惯于"跪式服务""坐式服务"的"智库"，可以休也！

2017.5.29

大学领导贵在有"书生气"

近日连读了两篇关于"书生气"的文章,一篇是秦朔的《没有书生气,会有更文明的中国?》,另一篇是吴飞的《"书生气"的缺失,让精致的利己主义得以泛滥》,其中,吴飞把书生气概括为"真实真诚、不媚权贵、独立的思想",深有感触,实在忍不住想附和几句。

联想到有一次好友相聚,席间说起一朋友在某大学当了12年副校长为什么没有当上正职,当场有人评价说:"他有书生气,只适合做学问,当不了正职。"我一直纳闷,为什么大学领导不能有书生气?难道书生气是毛病?是缺点?

不知从什么时候起,"书生气"成了一个贬义词,大概就是认死理,不会变通,不会拉关系,不会吹牛拍马,不通人情世故,太个性化的意思,甚至是"书呆子""学究""迂腐""情商低"等的同义词。大学领导如果书生气太足,还会被标签化为"政治上不成熟"。

在市场化的社会中,人们难免会将市场逻辑作为一切行为的出发点,以市场效用作为评价标准,交易、露骨的自私、粗俗、追名逐利,都在所难免。但大学毕竟是大学,它不能成为市场的奴隶,它要坚守学术自由、大学自治、教授治校、明德至善的宗旨,它要引领社会的发展,而不是被社会所污染,它要用自身的洁气、正气、傲气去荡涤社会的浊气、歪气、俗气。而要实现这一目标,始终离不开"书生气""学究气","书生气"就是大学的底气、骨气和正气,当下应着力养成。

其实,大学领导的"书生气"能否养成首先取决于大学的主要领导者有没有"书生气"。大学领导者首先应该是书生出身,换言之,大学领导必须具备较高的学历和职称,是学术科班出身,是在大学的学术氛围中历练出来的,并且在不同的学术领域有一定的影响力,是某个学科领域的带头人。这些年,对大学领导的准入条件,有的地方提出了博士和教授的要求，有的地方甚至出台了地方官员不得进入大学任职的规定，这种思路无疑是正确的。问题在于，高学位和高职称就能确保大学领导者有学术味、书生气？我看未必，因为有些大学领导者是利用行政权获得学术资源的，有的甚至职称也是请人"帮忙打造"的。这些人虽然有教授、博士的标签，但实质上没有书生味，因为他们基本上贴上标签之后再无学术成果，有的甚至几年不发表一篇论文，可谓不学无术。这种人当了校领导是无法服人的，因为在大学，只有学术水平高的人才会被尊重，对行政权力只是表面上服从，或者是短暂性服从。

曾经有一种观点主张大学领导职业化，这是针对个别校领导只干"私活"，没有把主要精力放在管理上而提出的要求。其实，一个不从事教学科研工作的校领导也未必会把全部精力放在管理上，相反，其如果挤时间从事教学科研工作，不但会起示范效应，而且更能了解教学科研中的实际困难，更好地为师生服务。还有哗众取宠者扬言自己"不申请项目，不带学生，不申报奖项"，即不从事教学科研工作，做纯粹的"职业革命家"。这种所谓的"职业革命家"，其实久而久之就成了不学无术的"官油子"，满身的官僚气息，满嘴的官场腔调。

我们是按照政治家和教育家的双重标准来要求大学主要领导的，这是由中国特色社会主义高等教育的特性决定的，出发点是好的。只可惜，中国几千所大学的校长、书记中成为教育家的没有几个，更鲜有人成为真正的政治家，倒是培养了不少政客。罗尔斯对此做过严格区分，政治家关心下一代，政客只关心选票。

试想，一个大学领导者不以学术为上，不以学术为志趣，不以有学问的人为尊，不鼓励学生坚持走学术正道，大学又怎么可能不充满"行政味"？大学的去行政化，其实应该从去"行政味"开始，要形成一切以学术为中心的大学文化。

多些书生气，少些官场气；多些书生腔，少些官腔；多些书生思维，少些官僚思维；多些书生傲骨，少些官僚媚骨。这是大学领导者之正道，否则，不但会遭师生鄙视，也会让社会上的官员小瞧。

2017.5.25

共商、共建、共享：构建人类命运共同体的价值理念

"一带一路"国际合作高峰论坛已圆满闭幕。论坛的成功举行，使国际社会更加广泛地了解了中国的外交理念和诉求，在经济全球化的新阶段必将产生深远影响。会议达成基本共识，在"一带一路"建设国际合作框架内，各方秉持共商、共建、共享原则，携手应对世界经济面临的挑战，开创发展新机遇，谋求发展新动力，拓展发展新空间，实现优势互补、互利共赢，不断朝着人类命运共同体方向迈进。

人类命运共同体，是基于对21世纪世界发展中各种新要素的思考，本着回答"人类向何处去"这一哲学和历史命题的重要担当，从改革和完善国际秩序的角度，针对世界格局和全球治理的发展变迁提出的美好愿景。构建人类命运共同体，需要有明确的价值理念，那就是"共商、共建、共享"。

共商是构建人类命运共同体的认识前提。在一个文化多元、价值多元的时代，任何思想共识都必须通过对话、沟通、协商的方式来实现，任何试图用单边的、独断的、孤立的方式来解决人类共同面临问题的尝试都不可能实现。相反，只有各国跳出自身利益的囿限，从人类整体利益出发，在事关人类生存发展的重大问题上，舍小图大，立足长远，凝聚共识，才不至于因认识偏差或背向而使人类失去良好发展机遇，因认识不一而刻意阻挠人类共同发展的步伐。因此，相互尊重，求同存异，是人类命运共同体构建的基础。

共建是构建人类命运共同体的行动逻辑。空谈不仅误国，也会误世界。事实胜于雄辩，行动是最好的宣言书，构建人类命运共同体关键在于做。路是走出来的，事业是干出来的。美好的蓝图变成现实，需要扎扎实

实的行动。习近平总书记倡导的"一带一路"建设，从基础设施建设到实体经济合作，从贸易和投资到金融合作，都有详细的行动方案。大雁之所以能够穿越风雨、行稳致远，关键在于其结伴成行，相互借力。共建不是各行其是，而是携手并肩；共建不是借力打力，而是取长补短；共建不是利益分割，而是互利共赢。在一个"全球经济增长基础不够牢固，贸易和投资低迷，经济全球化遇到波折，发展不平衡加剧"的时代，任何一个国家想"跳单人舞"，想"独奏"，想当"独行者"，都是一厢情愿。

共享是构建人类命运共同体的价值目标。自人类社会形成以来，共享观念就存在于人类文明的历史长河之中。恰如亚里士多德所言，"人生而是政治动物"。人与动物的本质区别在于，人是社会性的存在，在社会化的生活中缔结与其他成员的联系，通过共同合作实现利益诉求。早在原始社会，人类就凭借天然的血缘关系构建生活共同体，凝聚家族成员的力量分工合作，对抗来自自然和其他氏族的威胁。共享则是这种生活共同体不可或缺的基石。人们之所以能够产生与他者协作的内在需求，就是因为生活共同体比单打独斗更能满足自己的利益期待。共享则是维系共同体的重要机制。所以在生产力低下的氏族社会中，平均分配成为群体分配的主要方式。任何不公正的分享都有可能导致共同体的瓦解，让个体失去群体的保护和支持。随着人类文明的进步，社会合作的方式也日趋复杂，共享观念不但没有因为社会构成方式的变化而削弱，反而不断得以强化。社会历史发展到今天，共享比以往任何一个时期都重要。

2017.5.16

官德建设的法治之维

官德是一种政治美德，作为一种价值存在进入社会实践领域并与更具价值统摄性的法治紧密联系在一起。传统官德建设模式基本局限于美德的自成，即注重自我修炼，表现为政治美德价值的自我内涵与内循，当官德不仅仅是个人品德，而是作为一种公共性政治美德呈现于现代社会时，便与法治结缘，官德建设的法治化成为一种必然。

官德在法治化时代的独特价值

法治化时代绝不是一种时间性描述，而是意味着社会结构、治理理念、制度安排的革命性变革，意味着国家治理的现代化、公共化、规范化、程序化，而官德作为一种高度社会化的角色道德在法治化时代日益彰显其独特价值。

第一，官德在现代社会是一种主体性道德，具体表现为官德的主导性、示范性和高层次性，这意味着官员是社会道德活动中的中坚力量和"领头羊"。道德的主体是现实的人，而人又是处在社会历史活动中的实践着的人。在道德生活中，道德活动的主体是多层次的，根据其不同层面可以分为个体主体和群体主体。个体主体，即在一定社会关系中从事道德实践活动的个人，它是社会道德活动主体的基本单元。群体主体，即为共同的利益和目标而协同从事道德实践活动的人的各种共同体，这种共同体小到家庭、班组、各种社会团体，大到民族、政党和国家。个体主体和群体主体在道德活动中所处的地位也不尽相同。个体主体一般处于个别或部分的地位，而群体主体则是处于一般或整体的地位。同时，就个体主体而言，越是对社会起作用大的人，其道德要求就越高。就群体主体而言，它是由若干个体主体所组成的，因在社会生活中的作用不同，其主体性也不同，道德要求也不同。无论从个体主体还是群体主体而言，官员都是一个社会的道德主体。

"政治路线确定之后，干部就是决定的因素。"正因为官员的这种决定作用，社会和人民才赋予他们以道德上的极高期望，官德在社会生活中尤其是道德建设中起着举足轻重的作用。处于社会领导地位、担负不同领域和不同社会层面领导职务的领导干部的道德取向直接显示着社会的道德导向。官德建设取得的成效，具有社会道德建设其他内容均不可能具有的强烈示范效应。

第二，官德在本质上是一种政治道德，而政治道德始终处于社会道德的核心地位，这就决定了官德建设的公共性、制度性和法治化。在中国传统道德中，政治和道德是融为一体的，表现出明显的伦理政治化和政治伦理化的特征。伦理政治化就是通过把伦理所产生的一切社会功能和文化功能与政治联系起来，扩大和加强伦理的政治功能，来保证封建政治制度能够在一系列伦理原则的规范和调节下有序地运行；政治伦理化则是把封建统治的政治目的、政治权力、政治秩序等归结于伦理观念，进而从伦理的角度证明封建政治制度的合理性。难怪一些思想家把德治、政德看作国家兴亡的重大问题。《尚书》中早就提出了"德惟治，否德乱"的主张，即为政以德则治，不以德则乱。孔子也强调："为政以德，譬如北辰，居其所而众星共之。"汉代大思想家董仲舒再三说："以德为国者，甘于饴蜜，固于胶漆。"这种思想传统一直延续到近代。孙中山先生就明确指出："有了很好的道德，国家才能长治久安。"但道德对国家政治的重要作用，要靠人去实践，政德要靠为政者去实践，因此，官德是关系国家兴亡的大问题。

官德在现代社会日益凸显出公共性特征，这是由政治生活公共性的本质决定的。在德裔美籍哲学家阿伦特看来，公共性意味着公开性、复数性和共同性，公共领域就是政治领域，法律是保证公共领域内公共事务得以有效而稳定展开的前提条件。而作为政治生活主体的官员，其政治美德建构与实施无疑是与法治分不开的。正如习近平总书记所言："领导干部既应该做全面依法治国的重要组织者、推动者，也应该做道德建设的积极倡导者、示范者。"

官德建设的法治之维

官德的基本要求是明纪立规

正因为官德不是一般性的职业道德或角色道德，而是事关公共生活的政治美德，所以单凭个体修为是不够的，也不能仅仅靠心性依存，因为它不像其他道德规范那样是"软约束"，而是"硬约束"，需要通过纪律和法律的形式明确规定，并强制要求遵守。

官德是意图伦理和责任伦理的统一。任何一种政治生活都有其内在的道德精神，这就是处于政治共同体的人们对何为善、何为恶的基本价值共识，特别是掌握公共权力的人必须要有起码的道德标准和操守。马克斯·韦伯在他的《作为职业的政治》的著名演讲中提出了意图伦理和责任伦理的区分问题，此问题实质表明：政治伦理就是承认对作为事业的政治的约束，将政治作为职业的政治家应当完全献身于事业，不得因为与事业无关的影响和诱惑而偏离事业；而责任伦理就是一种行为后果的伦理，就是制度伦理，它要求人们必须为自己的行为做出交代和担当，否定一切都是以善的意图虚饰的恶的行为。党的十八大以来，我们党开启了责任政治的伟大实践，从"对党忠诚、个人干净、敢于担当"的政治道德理念到《中国共产党问责条例》的出台，责任意识和担当意识成为整个政治生态的主轴和灵魂。从责任意识的树立，到责任的敢于担当，再到对失责的追究，一系列规章制度的出台并实施，无不彰显了官德建设制度化、法治化的力量。

官德是美德伦理与规则伦理的统一。美德伦理与规则伦理是伦理学研究范式的相对区分，是两种不同的理论形态。美德伦理关注个体自身的道德生活与完善，而规则伦理则强调对他人和社会的义务与责任，二者虽各有侧重，但不可决然分开。美德作为人类潜在的本质性、目的性存在是自我实现的不可或缺的价值目标，是人类道德生活的基础。当然，美德虽然是社会合作的前提条件，但它不是社会合作的必要条件，它不指向社会生活的根本，而只求心性的纯正。规则伦理是社会制度构建的伦理基础，是现代社会生活有序进行的可能性条件，也是社会规范生活的刚性要求，更是我们料理复杂的现代社会生活的基本方式。官德具有双重属性——个体性和公共性，究其本质还是公共性，因为官德的承载者虽然是个体，但其价值指归是公共性的，官德的价值灵魂是对公共利益的维护，这就需要超越个体德性而建立起普遍化的伦理规则并付诸实现，法治就是最好的方式。

官德是政治纪律和执政法规的统一。官德从规范性而言，有个人内在法则、职业纪律和政治法规等多层次呈现。内在法则是个人的内在信仰和道德律令，是"应当如何"的内在呼唤，职业纪律则是行动模式和行为方式的规则性要求，政治法规是政治行为的最高标准，就此而论官德就是集道德精神、纪律要求、法律条款于一体的规则综合体，尤其以纪律和法规为主。党的十八大以来，伴随着全面从严治党战略的实施，相继出台了大量的党纪法规，如《中国共产党廉洁自律准则》《中国共产党纪律处分条例》《中国共产党党内监督条例》《关于新形势下党内政治生活的若干准则》等。习近平总书记指出，"道德践行也离不开法律约束"，"以法治承载道德理念，道德才有可靠制度支撑"。这些无不体现了规范官员政治行为的制度化、法治化要求以及把纪律放在前面的政治智慧。

官德问题的治理需要法治手段

当代中国在道德领域出现了较多问题，尤其是官德问题突出，严重损害了党和政府的形象。官德领域出现的问题主要有两个方面：一是官员本身的腐败问题，二是官德治理问题。腐败之所以频发，原因之一是官德建设乏力，或者说官德治理存在问题，如没有构建起完备的官德规范体系，没有科学完备的考核体系，没有具体的政策法规，最根本的是还没有完全走上法治化的轨道。

官德问题的治理离不开法治。长期以来官德建设遵循的是重自律轻他律的思路，虽有作用，但效果不明显，虽在坚持，但难以维系，只有走与制度化相结合的路子才是正道。官德建设的制度支持方式尽管有多种，如对涉及利益矛盾调解的官德要求以制度的形式明确，或者以制度的合理性谋求道德的社会认同来提高守德的自觉性，但关键还是要走道德立法的途径，这也是各国加强官德建设的成功经验。如在新加坡，对不文明行为或破坏文明的行为轻则罚款重则起诉。为确保各级政府的公务员能廉洁从政，新加坡制定了《防止贪污法》《公务员法》等配套重要法律文件，严密的立法与严格的执法使新加坡的官德建设具有了根本性的保证。他山之石，可以攻玉，走官德建设的法治化之路是我们的理性选择。在我国，官德建设应该走上法治化的道路。一是要尽快出台一系列法律法规，目前虽然出台了一些文件，但并没有真正统摄好、整合好，没有出台官德建设的专门法律法规，建议尽快制定出台"中国共产党道德法案""中国公务员道德法案"等，形成完备的官德法治体系；二是建议成立专门的道德审察委员会，隶属于国家监察委，统一负责对党员干部的道德考评、道德事故处理、道德奖惩等事务，解决目前多头管理而无专门机构的问题；三是建议鼓励社会组织、新闻机构、民众对官员道德进行监督，因为官德建设无论是制度他律的途径还是自律的方式都离不开监督。

习近平总书记指出："要运用法治手段解决道德领域突出问题。法律是底线的道德，也是道德的保障。要加强相关立法工作，明确对失德行为的惩戒措施。要依法加强对群众反映强烈的失德行为的整治。对突出的诚信缺失问题，既要抓紧建立覆盖全社会的征信系统，又要完善守法诚信褒奖机制和违法失信惩戒机制，使人不敢失信、不能失信。对见利忘义、制假售假的违法行为，要加大执法力度，让败德违法者受到惩治、付出代价。"这充分表明了党中央对治理道德问题的坚强决心和法治化思路。中国正处在社会转型期，社会的不确定性因素加大，社会治理风险增加，要使广大官员始终保持对党的事业的忠诚，始终保持清正廉洁，必须着力解决官德建设中"有法可依"和"执法必严"的问题，从而确保"干部清正、政府清廉、政治清明"的良好政治生态。

2017.1.23

（原发表于《光明日报》2017年2月27日，第15版，
收入本书时略有修改）

共生：共享的存在论基础

当共享成为引领时代新的发展理论的时候，特别是当卢德之博士提出要以共享文明构建人类命运共同体的独特构想之后，我们有必要沉下心来好好思考共享的可能性问题。对于人类的基本生存状态而言，没有共生就不可能有共享，共生是共享的存在论基础。

人的存在是以其"生命"为基本载体的，所以生存哲学的根本是"生"的哲学。而人的"生"是一个蕴含了物理、生理、心理、法理、伦理等多层面问题的综合性概念，因而有物质的"生"和精神的"生"，有个体的"生"和群体的"生"，有合法的"生"和违法的"生"，有崇高的"生"和卑下的"生"，等等。但人"生"的基本质态是什么？人又是怎样来获得"生"的意义的？"共生"是解决这一问题的途径之一。尤其是当人类肆意与自然相对抗而自食其苦果，个体又肆意与同类相残而自毁时，共生共存就成为现代人的理性选择和道德期待，也必然成为现代人生存方式的基本质态。

共生是宇宙中的一种普遍现象。如当某植物单独生长时，会枯萎、死亡，但当它同另一种植物共同生长时，却生机勃勃。动物学家发现，越是动物云集的地方，动物的生命力越旺盛。科学史的大量事实也表明，多数科学家在孤独一人时往往会停滞而无生气，而在群集时就相互发生一种类似共生的作用。"共生"问题是一个早已存在但到今天才凸显出来的全球性问题。特别是，围绕着地球环境破坏问题，人们早就开始谈论"人与自然的共生"；冷战后深刻的民族纷争，正使"异民族的共生"成为切实的问题；当异文化的交往导致文化互损时，"异文化的共生"就成为共同呼声；残酷的社会竞争又使人们从紧张感和无奈感中深思熟虑"人际共生"的价值。

共生：共享的存在论基础

"共生"这一用语已经成为现代的一种流行语，但其准确含义有待进一步精确，特别是在生存哲学意义上。我们讲的"共生共存"与生物学意义上的"共生"有本质上的差异。自从达尔文的生物进化论被确立之后，在其后的思想史中，从19世纪后半叶到20世纪，不论是在生物界，还是在人类社会，甚至在人与自然的关系中，"生存斗争"是基调，人类活动方式几乎是一种"征服方式"，整个世界只有斗争才能生存。生物界有时也讲"共生"，那只不过被理解为"被封闭的共存共荣的系统"罢了。这完全是一种生态学上的"共生"，即"共栖"（symbiosis）状态，它是一种基于利害关系一致的密切协作关系，其他不同物种的生存方式不可能参与其中。而我们所说的"共生"，"是向异质者开放的社会结合方式。它不是限于内部和睦的共存共荣，而是相互承认不同生活方式的人们之自由活动和参与的机会，积极地建立起相互关系的一种社会结合"。与此同时，现代意义上的"共生"也不同于过去的"和平共处"。"和平共处"是一种消极的"共生方式"，它是建立在想征服对方而又无力征服对方条件下的无奈妥协，是一种权宜之计，一方只要有机会和能力，定会征服另一方。现代的共生是一种"积极共生"，不把吃掉对方作为目标，而是一种本质意义上的共存。在科技上，计算机网络大大地加速了世界的一体化，每个人都是"地球村"的一个公民。经济上，世界上找不到一个单一所有制的国家。政治上，两大阵营的对峙业已结束，冷战成为过去。意识形态的分歧不再成为不同制度国家之间的主要障碍，各种形态的文化间的比较、借鉴、渗透空前活跃，个人生活方式的自由选择和对异己的宽容远甚过去。这些都内含了共生的必然要求。"共生"是现代社会不可或缺的基本理念。"之所以这样说，是因为人在本性上是社会的、共同的存在，这句话意味着人完全不能过个别的、分散的、孤立的生活，不能没有自己所属的某种共同体或集团。但人通常不能不同时营造这样的社会生活，即与另外的种种层次和意义上不同的共同体和集团保持着某种关系。"人的社会性存在本质，决定了人必须在群体中生存和发展。共生对人类来说有特殊的意义，即人们在保持适度竞争的同时又不失彼此相助。但共生的积极意义并非无条件的，而是要受到相关因素的制约。日本学者山口定把这种制约概括为五个方面："第一，在我们现今的竞争社会中，必须是对生存方式本身的自我变革之决心的表白。因为在竞争关系中，站在优势一方者虽然也说'共生'，但若没有相当的自我牺牲的觉悟的话，就不会得到弱者的信赖。第二，不是强求遵从现成的共同体价值观，或是片面强调'和谐'与'协调'而把社会关系导向同质化的方向。而必须是在承认种种异质者的'共存'的基础上，旨在树立新的结合关系的哲学。第三，它不是相互依靠，而必须是以与'独立'保持紧张关系为内容的。第四，是根据'平等'与'公正'的原理而被内在地抑制的。第五，必须受到'透明的公开的决策过程的制度保障'的支撑。"

可见，人际共生对个体而言是一种外在的必然性要求。个体无论是为了群体利益还是为了自身利益，都需要保持友善与同情。尽管霍布斯断言"人对人就像狼一样"，但他也是为了人的共生，即为了互不吃掉对方，就必须制定一些大家都遵守的规则，他只不过是把丑话说在前头而已。人的共生状态，会使人对同类产生亲近感和友爱，在必要时还会产生自我牺牲的崇高感。

当然，人类的共生状态是同人类的自我意识分不开的，即共生是人自我需要的产物，是自求的结果。人的存在本质并不是单个人所固有的抽象物，而是一切社会关系的总和。社会的大舞台，乃是角色自我赖以生存、发展、创造、表现的"基地"。这就是说，所有个体的"自我"，都是以其社会性作为本质特征的，自我表现就其内容而言，也只不过是移入个人头脑中的社会观念。我们只有认识到自我的社会性，才能真正认清自我的价值，才能使自我表现获得"共生效应"。人的共生意识的形成是社会化的结果，社会化又是人际共存的重要前提。所谓社会化，就是通过个人与社会生活的不断调适，使个人从"自然人"发展到"社会人"，是人对社会主动的适应过程。一个人降生伊始，基本上是一个"自然人"，对社会性一无所知，谈不上共存共生的道德自觉。人必须通过特定的社会文化的教化，通过后天的学习和实践活动，才能有共生意识。

时下对"普遍伦理"的呼唤，也证明了人类对共生的理性自觉和道德需求。1993年8月28日至9月4日，为纪念"世界宗教大会"召集一百周年，来自世界上大小宗教的6000余名代表在芝加哥召开了"世界宗教大会"。由于深感没有公认的全球伦理，就没有公正的世界秩序，代表们在大会上讨论、通过并签署了经过反复修改的《全球伦理宣言》，作为世界上各种宗教共同认可的最低限度的伦理原则。自此，建立普遍伦理的呼声超出了宗教学的范围，涉及伦理学、政治学、哲学、经济学等多个领域。随着经济、技术的全球化发展，以及环境问题、人口问题、核威胁等全球化问题的出现，不少组织和个人开始寻求建立"普遍伦理"的种种努力。这种努力不是主观臆断，而是有其客观性基础的。全球化的趋势，使世界市场的形成以及在此基础上形成的全球经济一体化逐渐成为现实，全人类的共同生活领域也在延伸和扩大，诸多国际性或跨国性政治组织、经济组织和文化组织的建立及其日趋活跃的事实就是最有力的证明。正是基于人类这种"共同的生活"领域的扩大，今天的人类比以往任何时候都更加意识到他们实际上是彼此依赖、相依为命、共生共存的，这种共生感的提升，会构成对人类"共同利益"的普遍维护和对整体生存的责任意识。这种"普遍伦理""指的是对一些有约束性的价值观、一些不可取消的标准和人格态度的一种基本共识。没有这样一种在伦理上的基本共识，社会或迟或早都会受到混乱或独裁的威胁，而个人或迟或早也会感到绝望"。共同的生活源于共同的利益需求，共同的利益需求会形成共同的生活意识和生活方式，这是全球一体化趋势下无法割断的生活逻辑。

2005. 5. 21

（原文发表于《光明日报》2005年6月9日，
收入本书时略有修改）

廉洁是一种永不衰竭的道德

廉洁是中国古代伦理学史上的一个重要范畴，集中表现了道德的政治化特征。宋代吕祖谦在《官箴》中说，当官之法，唯有三事，曰清、曰慎、曰勤。这样来概括为官之道，无疑是颇有道理的，而清廉又是官德之首。因为只有清正廉洁，为官才有威信，人民才会信服。在人的所有劣根性中，贪婪是最主要的，也许正是因为贪的基本性和普遍性，才显示出廉洁的道德价值及其难度。在道德生活中，道德行为的完成难度同其道德价值是成正比的。清正廉洁是官德建设中的重点和难点。可以说，廉洁是国运所系，党运所系，民运所系。

廉洁具有公正、公道、正义、朴素、勤俭等内涵，在社会政治中具有重要的价值。自从国家与社会分离，公共权力产生之后，廉洁就成为官员们的座右铭。虽然在历史的长河中，廉洁始终与腐败相较量，腐败不断地侵袭、玷污廉洁，但廉洁以其顽强的生命力存在着、发展着，出淤泥而不染，显示着自身的纯洁和高尚。古今中外，众多廉洁者得到了人们的尊重，这代表了一种积极向上的巨大道德力量，代表了一种希望，代表了一种无言的正气与正义。

廉洁的力量，首先表现在廉洁本身的浩然正气、无所畏惧上。

大凡廉洁奉公者，由于不以权谋私、营私舞弊，没有辫子给人家抓，也没有把柄掌握在别人手上，在执行公务特别是执法过程中，不必瞻前顾后，不必去照顾、平衡各种关系，所以就敢于硬碰硬。这就是廉洁者的最大特点，也是其力量的真正源泉。中国历史上的魏征、包拯、海瑞等人，之所以能秉公执法，就在于自身廉洁。北宋大臣包拯，是中国历史上有名的清官。他秉公执法、刚正不阿、铁面无私、扶正祛邪的事迹，千百年来在民间广为流传。人们尊称他为"包青天"，把他视为正义的化身、真理的象征、廉吏的典范。他在担任谏官期间，举劾不避权势，犯颜不畏逆鳞，多次弹劾皇亲国戚，受到世人崇仰。中国共产党人之所以无往而不胜，就在于廉洁自律，深得民心，正如朱德所言，生活俭朴，与群众同甘共苦，成为每个革命者所追求的美德。正因为如此，我党以及我党领导下的广大人民，能够在敌人重重包围和进攻的严峻情况下，克服各种困难，最终战胜敌人。

廉洁的力量，表现在廉洁者的人格感召力上。

官员的威信源于何处？不是资历、权力、气势，而是人格力量。人格力量有一个自我建构、潜能蕴蓄的过程。从文化人类学的观点来看，人与动物的不同之处在于，动物以"完成品"的面貌来到这个世界，而人却还是"半成品"。自然只使人走完了一半路程，另外一半尚待人自己去完成，因此，自己创造和自我发育，成为人的活动的主旨。人既是社会性存在，又是个体性存在。这种双重存在决定了人在看到自己作为个体性存在的独立性时，不会忘记自己作为"类的存在物"所具有的类的特性。我们所说的人格就不局限于一个人区别于他人，并通过他与环境和社会群体的关系表现出来的每个人所特有的心理与生理性状的有机结合，还指人类区别于动物的自由、自觉的类本质的实现程度。官员是人类社会活动的组织者和监督者，对社会发展有重要影响。在中国传统伦理道德范畴中，对人际交往、立身处世、人格教化等道德内涵和道德行为的规范界定以及对理想人格的希冀与描绘，多以君子、圣贤、大人、官吏等为标杆，充分说明身居高位者的道德面貌、人格力量对社会进步和历史发展有重要影响与表率作用。上有克让之风，则下有不争之俗；朝有矜节之士，则野无贪冒之人。从20世纪60年代的焦裕禄，到90年代的孔繁森，他们以其高尚的道德情操、伟大的人格力量和崇高的精神境界，鼓舞和感召了一代又一代党员干部，树立了共产党人的光辉形象。

廉洁的力量，还表现在对腐败行为的威慑力上。

廉洁者犹如一座座高高矗立的丰碑，他们的高大形象足以使腐败者自惭形秽。一般来说，腐败者喜欢腐败者，最害怕廉洁者。在腐败者面前，钱权交易、权色交易、权权交易都畅通无阻，而在廉洁者面前，这一切都行不通。廉洁者主持公道，按原则办事，软硬不吃，令腐败者头痛不已，束手无策。廉洁者有了这种无形的力量，对腐败者的处置就可以义无反顾、大刀阔斧、一抓到底、决不手软。而腐败者截然相反，吃了人家的嘴软，拿了人家的手短，要了人家的心慌，所以就理不直、气不壮，软绵绵，没有任何力量。腐败者的软弱无力进一步衬托出廉洁者的无穷魅力和巨大力量。腐败是一种瘟疫，无抵抗力的人很容易沾上，如果廉洁者太少，腐败就会泛滥成灾。因此，加大对廉洁自律者的正面宣传，树立社会正气，是党风廉政建设的重要途径。

廉洁的力量，更表现为一种道德自制力。

在历代官吏所遵守的廉洁中，有三种不同的道德境界："有见理明而不妄取者，有尚名节而不苟取者，有畏法律、保禄位而不敢取者。"在这里，自觉的自为廉洁比社会强制的廉洁高出一筹。只有自觉的廉洁才有真正的力量，没有自律做保证，廉洁就有可能转化为贪污。嵇康在《释私论》中说："故变通之机，或有矜以至让，贪以致廉，愚以成智，忍以济仁；然矜吝之时，不可谓无廉。"《昼帘绪论·尽己》中具体表述了官吏从廉变贪的转化过程。这种转化的原因，作者认为是"物势交迫"。有的官吏变贪是因为讲究口腹之欲，从而贪图口体豢养；有的追求生活豪华，饰厨传以娱宾；有的交结贪婪之吏，厚苞苴以通好；有的为子女婚事而囊帛匿金。因此，行为主体在廉洁之德上只有自为自律，才能真正体现廉洁的力量，唯有道德自律，才能使外在的社会规范内化为主体的自觉意志和行动。只有道德自律这一主体意识，才能使官员在思想深处筑起一道坚固的防线，抗拒形形色色的物质、金钱的诱惑，自觉抵制享乐主义、拜金主义和个人主义，在任何情况下都能不为名利所驱动，无畏无私，乐于奉献。廉洁之德不是一种伪装，而是一种深刻的自律精神，只有心甘情愿廉洁，才能真正成为廉洁者。

2017.1.12

（原发表于《学习时报》2017年2月8日，

收入本书时略有修改）

青年与道德

我国著名伦理学家曾钊新创造性地提出过"时年道德"概念及理论。曾先生认为，人不但有横向的道德生活，如在公共场所、工作场所、家庭生活、团体生活等不同空间产生的道德生活，而且有纵向的道德生活，如由人生的儿童阶段、青年阶段、中年阶段、老年阶段等不同时期所形成的儿童道德、青年道德、中年道德、老年道德生活，由此构成链条式道德生活，这就是时年道德。曾先生认为，不同年龄的道德要求是不同的，儿童道德以"戒娇和向上"为核心，青年道德以"戒奢和立志"为核心，中年道德以"戒妒和拼搏"为核心，老年道德以"戒得和传帮"为核心。曾先生的概括和提炼无疑是精辟和智慧的，用"不应该"和"应该"双向规范，指出不同年龄的行为"底线"与"上线"。

青年人当"戒奢和立志"，但立何种志？如何戒奢？想"接着讲"几句。"志"有多种维度：有无之维、大小之维、远近之维、道德之维。胸无大志当然是庸俗之辈，志向低下自然是枉费人生，鼠目寸光终将碌碌无为。但也并非"有志""大志""远志"一定就是符合道德的，就是崇高的，只有有志于天下、国家、民族大业者，有志于社会、他人之福者，才是青年之志，才是道德之志，才是崇高之志。客观言之，当今青年并非无志，或者说，无志者鲜见。但如果唯志于"我"，一切以自我为中心，一切以自己的"想法"为中心，一切以自己的好恶为中心，一切以自己的得失为中心，甚至为了实现个人的"志向"而不惜损害社会与他人的利益，把亲人当工具，把朋友当"砖瓦"，这样的"志向"越多，这样的"有志青年"越多，"互害性"社会就越会加剧形成，终将你死我活。当代青年的人生底色，不缺志向，不缺知识，不缺能力，唯缺对亲人的顾恋、对家族的责任、对他人的关心、对社会的感恩、对国家的责任。没有道德浸染的志向只是砍向他人的屠刀，没有道德底色的人生终将是"白板"一块。在此，我无意否定个人奋斗、个性化生活，但人的生活本质终究是"群"，离开了社会的"百货场"，你连"顾客"都不是，你还有为你自己那个可怜的"小我"所把持的理由？

奢为志之敌。市场经济催生出人的多重欲望，而人的多重欲望又催生出多种市场，如人的奢望催生出奢侈品市场，所以我常说"市场经济就是欲望经济"。在道德文化的视野里，奢侈往往与腐化联系在一起，奢侈便易腐化，腐化便易堕落，加之由俭入奢易，由奢入俭难，"奢者多欲，多欲则贪慕富贵"，于是就有了为享受虚荣的种种歪门邪道，结果是"枉道速祸"，枉费青春，葬送前程，谈何鸿鹄之志？其实白居易早就提醒过我们："奢者狼藉俭者安，一凶一吉在眼前。"奢和俭就是两条不同的人生道路，就是两种不同的人生命运。当然，有好的家庭条件，不反对享受生活，问题是如何对待现有条件。有的家庭条件差的孩子认为父母无能，甚至埋怨憎恨父母；有的把父母所供看成理所当然，不心疼父母，有钱就花，没钱借着花，年纪轻轻就负债累累；有的"官二代""富二代"沉迷于花天酒地、斗鸡走狗的纨绔生活，不努力、不奋斗，把父辈的血汗当作自己炫耀的资本和坐享其成的理由，这就是中国所谓"富不过二代"的根源。

立志、守志须戒奢，戒奢须节制。节制是对欲望的一种理性的自我约束。节制承认欲望的存在，并认为人应该实现可以实现的那部分欲望，但对沉浸于为所欲为的纵欲加以约束。欲望可以使人受各种诱惑的摆布，节制却让我们在这种摆布中保持人性的自主和尊严。在欲望的冲动和勃发中寻求人性的理智和节制，这无疑是痛苦的，但唯因其痛苦才能使人避免陷入纵欲的泥潭之中。如果说禁欲是对人性的摧残，纵欲是对人性的剥夺，那么唯有节欲才是优美的人性的显现。然而，节制常常被人误解为对欲望的剥夺，他们认为节制就是人性的不自由，就是禁欲主义。其实，节制只是对放纵的欲望的限制，并非灭绝人的欲望。节制不是摒弃欲望，而是在理性指导下合理地追求欲望的满足。人的基本欲望是相同的，但有的人表现出对外物的极端狂热和贪婪，有的人则表现出对外界的正当占有，由此分别出德性的差异。因此，"德性的工具是节制和适度，不是实力"（蒙台涅语）。要使人的欲望不成为罪恶之激素，须有理性的控制，须有社会道德的制约。

  青年意味着未来,青年意味着希望,青年意味着活力。期待当代青年以道德强底色,以知识强本色,以个性强特色,不负时代,不负亲人,不负家族,不负社会,不负国家,也不负自己。

2017.5.4

《人民的名义》：政绩也要讲道德

　　电视剧《人民的名义》中的李达康书记是一个耀眼的人物，也是一个备受争议的人物，一个视 GDP 和政治羽毛为生命的人。如何看待他的政绩观？政绩是官德的主要构件，但政绩的获得本身还有一个道德问题，即只有符合道德要求的政绩，才能构成官德的实际内容，这就是要动机为公、手段正当、后果利民。

　　第一，动机为公。所谓动机为公就是谋求政绩的出发点必须是为了国家和人民的利益，而不能作为自己往上爬的资本，或跑官要官的价码。现实生活中，一些干部到任之后就大捞政绩，即"做几件事情让上面看看"，并以此作为升迁的条件，其出发点并不是为人民谋福利，而是为个人沽名钓誉捞资本。如果其目的达不到，就不再有政绩，甚至破坏过去的政绩。康德特别强调，一个行为之所以被称为善的，能够有道德上的价值，唯一的根据，就是它是从善良意志出发的，一切不是从善良意志出发的行为，不论其效果如何，都不能被认为是善的。康德特别憎恶并反对从利己主义出发把个人幸福作为判断善恶标准的伦理学说。他认为，从利己的动机出发，从个人的贪欲出发，无助于培养人们高尚的道德情操，不能形成一个人的道德行为，如果承认利己动机的合理性，只能把人们引向邪恶，亵渎道德的尊严。康德的善良意志不是一种非理性的道德冲动，而是出自对责任的理性认识并且付诸意志努力。当然，我们无意回到动机论的老路上去，但康德确实看到了道德评价与一般社会性评价的区别。一个人白天做了一件好事，晚上写到日记本上，第二天交给党支部书记，人们肯定会说这种行为很无聊，根本就无道德意义可言，因为这个人做好事的动机是为了被表扬，是利己的。一个官员干了几件事就到处宣扬，甚至动用宣传工具吹捧自己，不断向上面请功，其动机的纯洁性是值得怀疑的。这里，问题的困难性也许并不在于判断一个行为是否道德要不要看动机，而是怎样去判断一个人的行为动机是道德的。人们心里想什么，思想觉悟是否高是无法直观看到的，只能依据平时的言谈、思想汇报、日记等。这就导致谁的口号喊得响，谁的豪言壮语多，谁的思想就最"红"。维特根斯坦认为，一个人心里想什么，证明不了什么，而必须看他实际上在追求什么，看他选择做什么，动机和效果不能互相证明。实际上维特根斯坦走了与康德相反的路，否认动机对行为后果的先定性也是欠妥的，但他确实指出了判断行为善恶的简便之路。那么如何来判别官员的勤政行为是出自为公还是为私呢？恐怕只能依据其效果去判断其动机。这既符合人认识事物的一般程序，也是对人的认识能力负责。如果他是出自为公，就不会计较个人得失，甚至在遭到误解、得不到提拔的情况下，也会一如既往地为民做实事。如果是出自为私，就会明显地表现出出风头、争名誉的行为倾向，当有了政绩得不到提拔时就会心灰意懒，甚至腐化堕落。因此对官员的考验不能看一事一时，而要经常而全面地看。

第二，手段正当。所谓手段正当就是在谋求政绩的过程中要采用正当的、合法的手段来达到为国为民的崇高目的。由于政治生活的特殊性，在具体的政治行为中，手段和目的是基本统一的，但也常常发生分离甚至相悖的现象，即为了达到崇高目的而采取不正当的手段。马基雅弗利甚至认为，为了目的可以不择手段，官场上历来就是"成者为王，败者为寇"，只有目的才能证明手段的合理性。在政治生活中，目的和手段经常处于一种"紧张"的状态。有时过于注意手段的道德完整性不容易达到所希望的政治目的，而在一定程度上忽视道德的完整性有时反而容易实现政治目标。马基雅弗利清楚地认识到了这一点，因而提出君主为了维护其权力，实现其政治目的可以不必拘泥于道德的完整性。在马基雅弗利看来，在普遍的利己主义条件下，维护社会的稳定和国家的统一是政治的无须证明的先验目的，因而为了实现这一目的而采取一切尽可能的手段来维护统治者的权力也毋庸置疑是正确的、正当的、高尚的。我们也承认政治行为中目的对于手段的优先性，但是，不能用目的的合理性来证明其手段也是合理、正当的。因为：其一，在大多数情况下我们无法证明某个政治目的具有必然的合理性和现实的可行性；其二，我们无法保证政治行为中的行为都是理性的，能够始终使目的与手段统一，使手段服务于目的，二者可能出现相悖离的现象。我们是否可以因政治目的的优先性而不顾其手段的道德与否呢？回答是否定的。其一，目的和手段是一个有机的整体，没有离开目的的纯手段，也没有离开手段的纯目的，其中之一违反了道德都有损这一行为整体的道德价值。其二，即使在目的和手段发生分离的情况下，目的再崇高，也不能为手段的不正当性进行道德辩护，相反，正因为手段不正当，其目的崇高性也应当打折扣。其三，从手段的不正当性可以去质疑目的正当性，尤其是在消除了阶级利益狭隘性的条件下，用不正当手段去达到所谓的崇高的目的，只能造成政治灾难。在我国当代政治生活中，官员们争相抓政绩，有的搞开发区，有的搞外资引进，有的抓名牌产品，有的抓基础设施建设等，确实是利国利民的好事。问题在于也出现了用腐败手段捞政绩的行为，如为了搞到贷款用行贿的手段，为了使本地产品评上名牌用不正当竞争手段，为了本地利益不顾全局搞地方保护主义，有的甚至为了使自己在位期间有政绩而不惜损害长远利益。当今社会的短期行为盛行，不能不说与官员们抓所谓政绩有关。由于目前体制不完善，不少官员犯难：要么无所事事，当昏官；要么用不正当手段捞一点政绩，甚至为了捞政绩而做出违法乱纪的行为。在此，我们强调抓政绩手段的正当性无疑是具有现实针对性和长远警示性的。

第三，后果利民。所谓后果利民就是指官员的政绩是为了造福国家和人民，而不是给子孙后代带来灾难，或仅仅是官员向更高一级爬的"敲门砖"，或仅仅是为个人脸上"贴金"。德国伟大的思想家马克斯·韦伯就曾经在他的名为《作为职业的政治》的著名演讲中提出政治领域中意图伦理（ethic of conviction）和责任伦理（ethic of responsibility）之划分。意图伦理是指关怀人类的最终目的的伦理，责任伦理是指关怀行为之最终结果的伦理。意图伦理主张，一个行为的伦理价值在于行动者的心情、意向、信念的价值，它使行动者有理由拒绝对后果负责，而将责任推诿于上帝或上帝所容许的邪恶。责任伦理认为，一个行为的伦理价值只能在于行为的后果，它要求行动者义无反顾地对后果承担责任，并以后果的善补偿或抵消为达成此后果所使用手段的不善或可能产生的副作用。韦伯认为，政治家应当遵循的是责任伦理而不是意图伦理，因为后者以道德上的优越性作为政治行为的出发点，以道德来衡量政治的每一个阶段和每一次行为，结果往往不是造成政治上的激进主义，就是导致政治上的浪漫主义幼稚病，从而导致政治目标的失败。只有从责任伦理出发，既考虑到意图的合理性，又考虑政治行为可以预见的后果并对其负责任，采取渐近主义的态度和灵活的政治策略，才能在现实政治中取得真正的成就。韦伯把动机和效果对立起来是不妥的，但他强调以行为后果来定责任的思想是合理的。当代中国官员，如果是真心实意想为人民办好事，解决人民群众的困难，就不会只做表面文章。如果那些"政绩"不能造福千秋，反而导致社会灾难，又谈何官德？在搞开发区的热潮中，一些地方官员不顾本地技术实力和资金实力，盲目上马，结果造成大片粮田荒废，水土流失严重，如此等等，都是不顾后果的不负责的行为，不但不是官德的要求，相反是置人民利益于不顾的缺德行为；不但要受道德谴责，而且要受到法律的制裁。

2017.5.3

《人民的名义》唤醒久违的热情

部分身患严重"政治狂躁症"的中国人,在市场经济大潮、大浪之下,其"政治狂躁症"一度冷却,"政治冷漠症"泛生,以至于由对"政治挂帅"的全面否定,到把政治当成"左"的代名词。直到党的十八大由从严治国、反腐倡廉的国策所内生的政治逻辑出发,强调党员干部一定要讲政治,并把"讲政治"列为政治美德之首,党员干部甚至民众对政治又有了新的理解和敬畏。近期《人民的名义》电视剧热播,其收视率创历史新高,甚至连编导都没有想到的是,收视和热捧人群中居然有一大批"80后""90后"的年轻人,尽管当初用心设计了"郑胜利""张宝宝"这种人物和戏路,就是为了吸引年轻人,但万万没有想到的是,年轻人对这一设计并不感兴趣,反而对"开会"戏表现出极大的热情。如果说,这部剧有什么意义的话,最大的意义莫过于以现实主义的手法真实地反映了当代中国的政治生活,并重新唤起了国人久违的政治热情。

古希腊哲学家亚里士多德认为,就我们个人来说以及就社会全体来说,主要的目的就在于谋取优良的生活。这种优良生活的本质就是共同体生活,而人天生有乐于社会共同生活的自然性情,从这个意义上说,人是一个政治动物,任何人都不可能与政治无关,相反,人的最好生活就是政治生活。亚里士多德认为,政治作为公共事务本身具有最高的价值性,因为真正人性的高贵唯有在公共生活中才能得到发挥。"真正的幸福就在政治中,但是要正确理解它",所以真正有价值的生活是共同体生活,就是政治生活。亚里士多德还认为,政治以下的领域满足的则是私欲,无法摆脱必然性的束缚,所以从事经济活动的人是"非人",比如奴隶,因为他们无法发挥卓越美德。亚里士多德不但为政治及政治生活正名,而且提出只有政治生活才是优良的生活,相反,对经济生活表现出一定程度的蔑视。

为什么政治生活是最优良的生活、最好的生活和最值得过的生活？主要是因为政治生活的本质是公共性的、民主的、至善的，幸福就是至善。幸福并不能依赖外部的荣誉、健康、财富、运气等，而只能是来自内部的善，这就是德性的现实活动。可以说，一个不关心政治的社会一定是一个高度自私的社会，也是一个道德水平极端低下的社会。官员们天天考虑的是自己的升迁，孩子们考虑的是自己的成绩，中学考虑的是自己的升学率，大学以就业率作为办学的指挥棒，企业家成天只顾自己发财，老师们考虑的是自己的职称、项目、论文、评奖等，何曾"心忧天下"？只关心自我的人就是亚里士多德说的"非人"，不关心政治的生活不就是非人的生活吗？我们埋怨道德滑坡，痛恨世风日下，何曾想过要通过恢复政治热情来克服道德冷漠？

我们正处于由单一的经济转型转向社会全面转型的关键时刻，政治、经济、文化、社会、生态的"五位一体"建设正稳步推进，其中政治建设是最最关键的，这里不但有对政治及政治生活的重新认识问题，也有中国传统私人政治向现代公共政治的转换问题。当我们从狭隘的自我圈子走出去，走向广场、走进咖啡厅、走进俱乐部等公共空间的时候，当我们谈到中国的民主建设，谈到人类命运共同体构建的时候，当我们思考中国的反腐倡廉的时候，是不是会有一种新的获得感与满足感？在一个共同体社会中，每个人都是政治性存在；在一个民主化的时代，每个人都是政治的主体。走出自我、走出一己之利吧！让关心公益、关心政治成为公民的基本美德，成为一种社会新风尚，让良好政治带给你高贵、优雅、大气和智慧。新的政治热情必将带来新的政治生态和政治文化，政治清明的时代一定会到来。

2017.4.27

做理论上的清醒者

共产党人要在全面建成小康社会、实现中华民族伟大复兴中国梦的历史进程中充分发挥先锋模范作用，关键是要有坚定的理想信念，必须"保持全党在理想追求上的政治定力，自觉做共产主义远大理想和中国特色社会主义共同理想的坚定信仰者、忠实实践者"，而只有"理论上清醒，政治上才能坚定"，即要做政治上的坚定者，先要做理论上的清醒者。

何谓理论上清醒？就是在理论上真学真懂真信真用，知识完备，习惯于理性思考，在理论问题大是大非上不含糊、不糊涂、不摇摆、不回避、不沉默。具体就是在基本的理论信仰上要清澈，在主要的理论观点上要清楚，在复杂的理论问题上要清晰，在具体的理论运用上要清新。

我们所处的时代是一个文化多元、思想纷呈的时代，在众多的思想流派和学术观点中保持最基本的理论信仰，是我们每一个人安身立命和成就事业的前提。我们共产党人可能会受到各种理论的影响，对马克思主义理论、立场、观点、方法的坚信不疑，是政治坚定的前提条件，是铁的纪律，是刚性要求，不容讨论，更不容置疑，因为"坚定的理想信念，必须建立在对马克思主义的深刻理解之上，建立在对历史规律的深刻把握之上"。马克思主义的个别理论观点也许要随着时代的发展而发展和丰富，但其主要的精神实质和基本立场、观点、方法，是被中国实践证明了的最完备、最先进、最精致的思想体系。我们对此的信念、信仰、信心不要含含糊糊，要旗帜鲜明、清清澈澈、明明白白、干干净净。如果我们在这个最基本的理论信仰上犯糊涂、不清醒、口是心非，那就从根本上失去了一个共产党人的资格。

对待马克思主义理论光信还不够，还必须懂，必须掌握其完整的思想体系、主要观点和思维方法，不能停留在只言片语、一知半解、道听途说式的懂上。解决这一问题的唯一办法就是学习。一是要系统学。这就需要全党全面"深入学习马克思列宁主义、毛泽东思想、邓小平理论、'三个代表'重要思想、科学发展观，深入学习党的十八大以来党中央治国理政新理念新思想新战略，不断提高马克思主义思想觉悟和理论水平"。二是要刻苦学。这就要求在全党鼓励和倡导读马克思主义经典作家的原著，一篇篇读，一本本读，反复地读，只有这样才能真正了解马克思主义的精髓和真谛。三是要比较着学。要完整地了解马克思主义，不但要读马克思主义的书，还要读点其他书，如中国古代思想的书、西方学者的书，只有在读中比较，在比较中读，才能真正发现马克思主义的伟大和正确。同时还要读些与自己工作相关的哲学社会科学和自然科学的书，用各种科学知识把自己更好地武装起来，增强政治敏锐性和政治鉴别力。

马寅初先生曾经说过，学习与钻研要注意两个不良：一个是"营养不良"，一个是"消化不良"。对于书本知识，无论古人、今人还是某个权威的演说，都要深入钻研、细细咀嚼、独立思考，切忌囫囵吞枣、人云亦云、随波逐流、粗枝大叶、浅尝辄止。目前，思想意识形态面临十分复杂的局面，各种社会思潮泥沙俱下，要在纷繁复杂的思想理论中保持清醒的头脑，关键是要有独立思考和清晰辨别的能力。理论上要能明辨是非，关键是善于思考、独立思考、深刻思考。"学而不思则罔，思而不学则殆。"思考力是人之自主性和独立性的集中体现。我们也许掌握了一定的理论知识，但如果不过脑、不思考、不想事，人云亦云，也于事业无益，甚至有害。培养独立思考的能力关键是要有理性分析和理性批判精神，要善于超越自身利益和知识的局限，从公共理性、公心、公益上思考问题。许多人不愿思考、不会思考、不能独立思考、没有批判精神，除了思想懒惰之外，更重要的原因是对自身利益得失、位置升迁考虑太多。"心底无私天地宽"，无私才能无畏，无畏才会慎思，慎思才会清醒。

"纸上得来终觉浅，绝知此事要躬行。"理论只有运用于实践才能体现其生动性和生命力，而理论运用于实践的过程也是一个不断创新的过程。当理论需要面对鲜活的实践和生动的生活的时候，我们不能照抄书本、死背条文，不能唯上唯书，不能犯教条主义错误，要大胆地开展理论创新，形成全新的工作思路与方法，而不是把自己困在僵化的理论中。理论创新就是要在社会实践活动中对出现的新情况、新问题做出新的理性分析和理性解答，对社会发展的趋势做出新的揭示和预见。理论创新就是要坚持问题导向。习近平总书记指出："问题是创新的起点，也是创新的动力源。只有聆听时代的声音，回应时代的呼唤，认真研究解决重大而紧迫的问题，才能真正把握历史脉络、找到发展规律，推动理论创新。"中国正处在社会的全面转型期，各种社会新矛盾、新问题空前凸显，这就需要我们一切从实际出发，深入实践，大胆创新。理论创新就是要有从具体到抽象的功夫，不能只"摸石头"，还要善于"架桥"，把生动的实践上升为理论，又用新的理论去指导实践，在理论与实践的互适、互动、互换中，散发理论的清新，在理论的清新中增强我们的活力。

2016.7.12

（原发表于《光明日报》2016年8月3日，收入本书时略有修改）

企业家应当如何讲道德

改革开放以来，中国经济持续高速稳定增长，一跃成为世界第二大经济体。中国经济发展的奇迹，一方面得益于中国的经济政策和国际环境，另一方面也得益于中国企业和企业家的伦理情怀与道德操守。

中国经济伦理学的发展经历了从单一模仿日本经验到借鉴欧美多国特别是德国成果再到形成中国特色经济伦理学的过程。在这一过程中，中国的伦理学家逐渐形成了自己的经济伦理学理论，王小锡教授的道德资本理论就是其中杰出的代表。王小锡教授是我国最早研究经济伦理的学者之一，在他的带领下，从组建中国伦理学会经济伦理专业委员会、出版《中国经济伦理学年鉴》、完成国家重大招标项目"中国经济思想通史"，到原创性道德资本理论的提出等一系列工作，为中国经济伦理学的发展做出了重要贡献。作为同道学人，我为王小锡教授感到自豪与骄傲。

道德资本理论是王小锡教授及他的团队多年潜心研究的成果，目前已经翻译成多国文字在国外发行，影响广泛。他们不但构建了道德资本的完整理论体系，更用其理论指导企业道德实践，与今世缘酒业集团成立道德资本研究院，使道德资本理论"顶天"而又"立地"，可喜可贺。今天我们在这里举办"道德资本与企业经营"国际学术研讨会，正是这种"立地"工作的重大举措。我们有理由相信，本次研讨会，不但可以使更多学者了解道德资本理论，在相互交流中完善道德资本理论，而且可以使企业对如何在新历史条件下讲道德达成新共识。

企业道德有两个核心问题：一是企业要不要讲道德，二是企业如何讲道德。对于第一个问题，目前应该已不存在争论，但对第二个问题未必达成了共识。企业讲道德，有的是作为营销的手段，有的是作为企业形象设计要素，有的是作为企业精神来打造，有的是作为对企业员工的约束机制,还有的是作为企业走出危机的路径。凡此种种,无非是把道德作为企业经营的手段。康德认为,纯粹德性是人类的本性,凡是把道德当手段的行为,本身就是不道德的,道德是目的,不是手段。如果我们的企业今天讲道德还只是停留在手段论的层次,把资本逻辑作为企业的第一律令,而只把道德作为装饰品,这样的企业恐怕就是"伪善"了。我的基本立场是:企业不但要讲道德,更要行道德,要成为社会公益和慈善的主体;企业不能再把道德当手段,而是要把道德当企业目的之一,使其成为企业公民建设或企业人格化的核心要素;企业不但自身要讲道德行道德,而且还要成为社会道德建设的主体,成为践行社会主义道德的示范主体。

中国正进入由单一的经济转型转向社会全面转型的重要历史时期,社会经济格局与秩序正在进行重大调整,我们的企业也面临新的困局。也许各种企业会因自身的历史、定位、功能等差异寻找不同的出路,但企业文化建设尤其是企业道德建设将成为解局的共同选择。希望通过本次会议中理论工作者与实业界朋友的交流、国内学者与国外学者的交流,理论上能有新发现、新共识,企业界能出新招。

2017.4.28

文化自信的内在机理

在建党95周年庆祝大会的重要讲话中，习近平总书记指出："全党要坚持道路自信、理论自信、制度自信、文化自信。……文化自信，是更基础、更广泛、更深厚的自信。"文化自信成为继道路自信、理论自信和制度自信之后，中国特色社会主义的"第四个自信"。那么究竟什么是文化自信？把握其内在机理，是践行文化自信的重要前提。文化自信作为一种民族文化心理或心态，至少包括文化自觉、文化自知、文化自省、文化自成几个基本要素，并且这些要素呈层次性而形成一个有机整体。

一 文化自觉：对文化功用的高度觉悟

文化自信，首先要有文化自觉。所谓文化自觉，就是要高度认识文化在社会发展和国家治理中的作用是一种文化上的觉醒和觉悟。文化自觉是民族自信心增强的一种反映。早在20世纪初期，新文化运动的倡导者们就提出了"文化自觉"的概念，20世纪80年代，许苏民先生也曾经提出中华民族的文化自觉问题。但作为一种人们普遍关注的社会思潮，其始自1997年在北京大学举办的社会文化人类学高级研讨班上费孝通先生的讲话："文化自觉只是指生活在一定文化中的人对其文化有'自知之明'。"我所理解的当下中国的文化自觉主要是指文化在社会生活中具有不可替代的重要作用要成为社会的普遍共识。

我国正处于由单一的经济转型转向社会全面转型的重要历史时期，这一转型具有时间长、负载重、速度慢等特点，需要有一个好的"制动"系统，这个系统就是文化。文化总是时代的"先行者"，也是社会运行的"润滑剂"，更是"制动器"。从人类历史进程来看，社会的转型通常首先表现为文化的转变。比如西方工业革命集中表现为以"自由、平等、博爱"为内核的现代性价值观念的确立,或者说,是由新兴的价值体系所引领。我国历史也是如此,"三民主义"引导了旧民主主义革命,而马克思主义则指引了我们的新民主主义革命和社会主义建设。虽然生产力与生产关系的矛盾是催生社会转型的内因,但文化先行似乎是社会转型的常态。社会转型遇到的首要问题是价值冲突,只有解决价值冲突,社会转型才有明确的方向。因为"文明特别是思想文化是一个国家、一个民族的灵魂。无论哪一个国家、哪一个民族,如果不珍惜自己的思想文化,丢掉了思想文化这个灵魂,这个国家、这个民族是立不起来的";"没有文明的继承和发展,没有文化的弘扬和繁荣,就没有中国梦的实现"。我们有了这样的思想认识并使其成为全党全民的共识,文化自信就有了坚实的基础。

二 文化自知:对中国文化的充分了解

文化自知就是指我们要对自己祖国的文化有比较全面而深刻的了解。

第一,我们要全面了解中国的传统文化。中国传统文化是中华文明演化而汇集成的一种反映民族特质和风貌的民族文化,是民族历史上各种思想文化、观念形态的总体表征,是指居住在中国地域内的中华民族及其祖先所创造的、为中华民族世世代代所继承发展的、具有鲜明民族特色的历史悠久、内涵博大精深、传统优良的文化。中国传统文化是中华民族几千年文明的结晶,其以儒家文化为核心内容,同时包含道家文化、佛教文化等其他文化形态。中国传统文化博大精深、包罗万象,渗透在我们生活的方方面面,构成了我们的精神家园。

第二,我们还要了解中国的当代文化。中国当代文化就是中国特色社会主义的文化,最重要的就是社会主义核心价值观。社会主义核心价值观是社会主义核心价值体系的内核,是对马克思主义的高度凝练与概括,是我国优秀传统文化与时代精神相融合的结晶。社会主义核心价值观首先具有社会主义性质,揭示了我国社会主义建设的价值规律,指明了我国社会的发展方向。社会主义核心价值观既有历史的向度,又指向未来,既是马克思主义理论发展的成果,又形成于中华文明历史积淀之中。它所承载的科学性、历史性、民族性使其被人民群众所普遍接受。从社会主义核心价值观的提炼过程中不难发现，它虽然具有价值构建的意味，却植根于深厚的民族文化之中，是中华民族同胞认同共识的结果。这就决定了中国社会发展也只能在社会主义核心价值观的引领下进行。只有如此，我们才能确保社会发展的结果符合中国人民的共同理性，符合社会发展的历史规律，符合中华民族的根本利益和道德期待。将社会主义核心价值观作为中国当代文化的核心是坚持正确政治方向，确立"道路自信、理论自信、制度自信、文化自信"的必然选择。

三　文化自省：对传统文化的谨思慎省

光有对中国文化的了解还不足以产生文化自信，因为了解也有可能产生文化虚无主义和文化悲观主义，只有基于深刻的文化反思，理性地分辨出文化的优劣，才能有真正的文化自信，从而避免文化的悲观自贬或者文化的盲目自信。文化自省就是对中国文化的审慎反思和科学合理评价，需要避免两种倾向："自我中心论"和"全优论"。

文化上的"自我中心论"就是认为只有自己的文化是好的，排斥其他文化。科学的文化自信需要以开放包容的心态正确对待西方文化以及其他东方国家的文化。全球化趋势的不可避免性，使我们清醒地认识到经济的全球化必然会带来文化的竞争与融合，经济的相互依赖必然会带来文化的取长补短。以往我们在世界文化的交往中主要表现为防守态势，更多着眼于在外来文化渗入的条件下如何保持自身民族文化的特性，在合理吸纳外来文化的同时抵御不良思想观念的侵入。时至今日，我国综合国力已经显著增强，成为国际社会的重要力量，我国正以更为主动的姿态参与国际事务，并提出了"一带一路"倡议。全球化在加剧南北经济差异的同时也在客观上维护了西方文化的强势地位。只有取得与西方文化平等对话的地位，才能打破世界文化的旧有框架，既保持好自身文化的优势，又形成多元文化体系相互对话的格局，千万不能因为文化自信而导致中国文化的"唯我独尊"。

对待传统文化也不能有"全优"的思想，即认为所有传统文化都是好的，甚至把封建文化等同于传统文化不加分析批判地乱弘扬，传统文化中的糟粕是一定要剔除的，即使是传统文化中的精华也有一个现代转换的问题。所以，我们一定要牢记，我们大力弘扬的是中华民族优秀传统文化而非所有传统文化。同时对中国优秀传统文化从内容到形式都要进行现代性的观照和转换。"中华优秀传统文化已经成为中华民族的基因，植根在中国人内心。"在传统文化的滋养下，我们形成了独有的价值体系、思维方式和行为习惯。这就是现代的价值构建必须从中吸取营养的原因。不可否认，传统文化植根于当时的社会环境，必然有其历史局限性，因此在传承过程中必须对其进行甄别和扬弃。我们正处在民族历史的节点，承载着传承优秀传统文化的责任，如何将优秀传统文化融入现代话语之中，为其注入时代的活力，是我们跨越现代性历史断裂必须回答的问题。一个民族没有深刻的文化自省，就不可能有真正的文化自信。

四 文化自成：由被动防御转向积极主导

自成就是自己成全自己，获得成熟与成功。文化自成就是中国文化能达到自我更新、自我完善、自我成就，具有强烈的对外输出功能的最佳状态，也即文化自信的最佳境界。要实现文化自成，当务之急是要实现从文化防御到文化主导的转变。不可否认，我们的文化建设长期处于被动防御的状态，采取的是一种"堵"的方式，这一方面是没有自信的体现，另一方面也不能产生文化自信，因为由"怕"生"堵"，由"堵"而"慌"。防御性文化从根本上说仍然属于输入性文化，必须根据外来文化的输入情况随时调整文化策略，但这种调整总是存在滞后性，总是处在被动的局面，同时，防御性文化难以建立自己的文化话语，文化生长很容易受到外来文化的干扰，甚至难以脱离外来文化的言说框架。这些年我们的文化话语体系西化现象令人担忧，在世界文化舞台上中国声音不强，甚至可以说百年来中国的文化对世界几乎没有什么贡献。当前的文化交往已经发生了颠覆性的变革。基于个体的文化交流取代了原来以国家为单位组织的文化交互，成为文化互动的主要形态。在这种条件下，防御的成效大为降低，不构成捍卫自己文化体系的有效选项。树立、巩固我国文化的主体性地位，从文化防御走向文化主导是我国文化转型的必然趋势，也是文化自信的必然要求。文化主导还意味着我们的国际文化交往重心要从接收外来文化调整为输出民族文化。以商业贸易为平台，向世界其他国家输出我国的价值观和文化元素，成为我国文化输出的重要途径，取得了很大的成功。我国在世界各地通过办孔子学院来宣传中华文化，也初见成效。文化主导意味着我们要从世界文化的跟随者变为世界文化的领导者，在今后的国际对话中，我们要采取主动型战略，以我国的价值观作为解决国际问题的基本准则，提高中华文化的国际权威，面向世界讲好"中国故事"，在世界文化舞台上唱响"中国声音"。这才是真正的文化自信！

2017.4.26

家风家教：激发传统文化正能量

家风亦称门风，是一家或一族在世代繁衍过程中形成的较为稳定的生活方式、文化氛围以及为人处世之精神风貌的总和，它通常以生活经验、实践智慧或价值理念的形式内含于家训、家规、族谱等文献载体中，也以实践理性的样态渗透在家庭成员的日用常行中。家风的世代传承通常要依凭良好的家教。家教亦称家庭教育，是在家庭或家族中展开的对其成员的涵泳、教化，尤其是对下一代的教导与培育。在传统中国，"家国一体"——"家"是缩小的"国"，"国"即放大的"家"，在此境遇中，家风家教被提高到关乎社稷兴衰与天下存亡的高度，受到上至天子下至庶民的高度重视，这对中华文化数千年传承从未中断而言可谓居功至伟，与之相应，家风家教也在岁月的积淀中自然而然地成为中华文化的重要内容。然而，时至今日，上述情况发生了改变，在历经各种运动的风雨洗礼后，家风又在现代化进程中遭受工具理性一次又一次"拷问"，不论是在现实生活中还是在各种文艺作品中，它不是被笼统地当作"反动的传统"，就是被片面地看成"害人的枷锁"，被很多人否弃、淡忘了。作为传承家风的重要方式，家教面临的形势也不容乐观。在智识教育兴盛而价值教育式微的时代背景下，家教发生了异化——从注重德行教育而忽视知识教育的一端滑向了重视知识教育而忽视德行教育的另一端。总之，在遭遇种种问题的今天，我们应该如何传承优良家风、重视传统家教，从而发挥中国传统文化的正能量，是每一个中国人理当深思的问题。

家风家教是中国传统文化和传统教育的重要组成部分。家风和家教通常是血肉相连的，家风本身就是一种润物无声、耳濡目染式的家教；家教既是家风的传承方式，其本身也是一种家风。在传统中国，血肉相连的家风与家教既是文化的重要组成部分，也是教育的基本内容，并且在长期的岁月延传中成为根深蒂固的传统。

从文化角度看，家风家教是中国传统文化的特色面向。如果放眼整个世界，我们会发现，几乎没有一个国家或者民族的传统文化能够像中国传统文化这样把家风家教提升到国家兴衰与天下存亡的高度；如果纵览整部中国传统文化发展史，我们则会发现，关于家风家教的各种名言、典故、佳话以及家训、家规等文献记载不仅多如繁星，而且大多数内容质量上乘，以至今天依然具有指导价值和借鉴意义。除此之外，我们还发现关于家风家教的文献记载似乎从未中断过，每一个历史时期我们都能举出关于家风家教较具代表性的文化内容。由家风家教在中国传统文化中的崇高位格观之，我们几乎可以说中国传统文化发展史也是一部关于家风家教的记载史。

从教育角度看，家风家教是中国传统教育的主要内容。中国传统教育有两层含义：一是对现代人进行传统文化的教育和认知，二是指中国古代或者传统中国的教育。不管基于中国传统教育的哪一层含义，家风家教似乎都是绕不开的内容。从对现代人进行传统文化的教育和认知来看，家风家教作为中国传统文化的特色面向，是其重要的教育和认知内容。从中国古代或者传统中国的教育内容、形式看，中国古代的教育主要是德行教育，主要方式和路径是家教—看官（以吏为师）—习典（见贤思齐或学习前人典章），基本维度是正心、诚意、修身、齐家、治国、平天下，基本目的是养成德行以"成己成物成人"。中国古代教育把家风和家教放在了安邦治国的基础性位置，历史上很多家训、家规都把家与国紧密联系起来，把家族成员的个人得失与民族社稷之兴衰联系起来。因此，不管基于文化视角还是教育之维，家风家教都是中华文化之重要组成部分。

好的家风家教是一代又一代人健康成长的保证，是推动社会文明进步的正能量。作为中华文化的重要组成部分，家风家教也有好坏之分。"好"和"坏"的判别与其说是价值性的，毋宁说是时代性的。同一家风家教在不同的时代境遇中会有不同的表现。因此，随着时代的变迁，家风家教亦需与时俱进。所谓"好"的家风家教就是那些既保持先辈优秀遗风又能根据时代要求做出适当调整的家风家教。而"坏"的家风家教虽然也包括那些贻误子弟或者培养"精致利己主义者"的家庭风气和教育，但更多地指向那些未能因时而动最终失去延传生命力的家风家教。坏的家风家教贻害后人，长期延传无疑自毁家族、家庭根基。

好的家风家教是家族子弟养成良好德行、素质的基础，是一代又一代人健康成长的保证。家风作为既有的家庭文化传统和精神氛围，既是先辈生活智慧与生存经验的结晶，也是前人对后人的人生期许。家风尽管表现形式各不相同——或以诗书传家、或以勤俭持家……但都潜藏着某种为人处世的基本价值，并且或隐或显地指向了某种理想的人格，正是这种理想人格为家族后来子弟树立了成长的标杆。家风不仅为家庭成员确立了理想的人格范型，而且以日浸月染的方式为其达致理想人格提供了担保。当然，好的家风也不是凭空传承的，也需要良好的家教。家教是教育的起点，良好的家教可以使家风代代相传。值得注意的是，中国历史上很多优良的家风本身就包含了家教，把良好的家教作为家风予以传承。因此，好的家风与好的家教通常呈现出良性循环的特征，二者共同为一代又一代人健康成长提供了保证。

好的家风家教还是推动社会文明进步的正能量。好的家风家教不仅在纵向的代与代的延传中确保了家族成员的健康成长，而且在横向的辐射中产生了"正向的外部效应"——家风对其家庭或家族成员而言不仅是一种无形的规约，而且是一种潜在的人生信仰，每一个家庭成员都是其家风的"流动载体"，到一方就影响一方，因此，好的家风能促成好的党风、政风和民风；而好的家教本身就是社会文明进步的重要表征，并且在上述意义上保证了好的家风持续产生"正向的外部效应"。据此论断，倘若我们国家每一个家庭都有良好的家风家教，那么，中华民族的发展与进步将获得无尽的正能量。

如何通过教育来塑造好的家风家教呢？众所周知，家庭是个体的第一所学校，个人良好的德行、优秀的素质主要是在家庭中养成的，好的家风家教既是教育发挥作用的前提，也是教育的结果。只有有了好的家风家教，其他层面的教育才能发挥良好的作用，因此家风家教对其他层面的教育的重要性是不言而喻的。好的家风家教本身也是教育的产物，在塑造良好的家风家教过程中教育理当有所作为。

首先，通过教育，正确认识中国传统文化中的家风家教。源远流长而又独具特色的家风家教作为中国传统文化得以延续的重要载体和媒介，为何历经千年的发展之后，在近现代中国被人们否弃、淡忘？国人对家风家教缺乏正确的认知或是最为重要的原因。在现代化浪潮迅猛推进的时代境况中，人们更多地关注的是"效率""时尚"等象征"现代"与"进步"的新事物，而"家风家教"则被当作"传统""封建""落后"的代名词，还没来得及仔细反思就被时代抛弃了。然而，流逝的时间和生活的实践证明，我们在抛弃、遗忘家风家教的同时，也毁掉了中国传统文化赖以延传的根基，丢掉了安身立命的宝贵财富。因此，我们要"找回"被遗忘、被忽视的家风家教。在此过程中，教育所要发挥的首要作用就是唤醒国人，让大家对中国传统文化之中的家风家教有正确的认知，既要看到其时代局限性，也要看到其价值和作用。如何才能做到呢？方法是多元的，但不管采用何种方法，归根结底是要把关于家风家教的认知贯穿并融入国民教育的各个层次和维度中，让每一个中国人都深谙家风家教的重要性以及中国传统文化中所蕴含的关于家风家教的悠久历史。

其次，通过教育，矫正当前家教重智识教育而轻德行涵育的偏畸。如果说当下中国的家风尚有残存，那么，家教就严重异化了。以至于提到"家教"二字，我们首先想到的就是"课外补习""家教老师"之类的词语。之所以如此，是因为当下中国的家教几乎完全蜕变成了智识教育，所教授的无非是各种知识，尤其是自然科学知识，德育已经成为知识教育的辅助。无可否认，自然科学知识的教授理应成为家教的重要内容，但也要承认，德行教育乃家教之本，没有良好的德行，即便懂得再多的自然科学知识也难以"成己成物成人"。因此，古代只重视德行教育而缺乏自然科学知识教育的家教对现代社会而言具有片面性，同样，现代社会中只注重自然科学知识教育的家教亦不可取。当下，教育若要对塑造良好的家教有所助力，无疑需要矫正重智识教育而轻德行涵育的偏畸。

最后，通过教育，把塑造好的家风家教与社会主义核心价值观培育结合起来。中国古代把家风家教提到关乎国家兴衰、天下存亡的高度，固然建立在家国一体的封建制度之上，有其不合理的地方，但也要看到其借鉴价值。古语有云："覆巢之下岂有完卵，亡国之家何谈家风。"虽然时代在变，制度在变，但家与国、天下的一般联系不会改变，因此，良好家风家教的塑造理当与国家的命运和民族的前途紧密相连。结合当前中国发展实际，塑造好的家风家教可以与社会主义核心价值观培育结合起来，社会主义核心价值观中蕴含的爱国、敬业、诚信、友善无疑与好的家风家教的内容有相契合的地方。当然，这要靠国家的引导和人们的自主选择，而这一切都需要教育的整体推进。有且只有通过教育，人们才能充分认识到家风家教与国家、民族的血肉联系。

2014.3.12

（原发表于《中国教育报》2014年4月18日，收入本书时略有修改）

为师者"三思"

习近平总书记5月17日在哲学社会科学工作座谈会上的讲话中对哲学社会科学工作者寄予厚望,鼓励大家"要按照立足中国、借鉴国外,挖掘历史、把握当代,关怀人类、面向未来的思路,着力构建中国特色哲学社会科学",并提醒大家"为学之道,必本于思","不深思则不能造于道,不深思而得者,其得易失"。

哲学社会科学工作者尤其是大学教师,首先要崇尚思想。思想是个性化的产物,也是类意识的积淀。它不同于知识,知识是建立在普遍信念基础上的概念系统,而思想是建立在怀疑论基础上的对已有知识的反动;它也不同于技术,技术是基于经验层面的处理人—物矛盾的方法和程序,而思想是基于人的终极关怀的先验直达。一个大学,不但要有知识、有技术,更要有思想。思想是大学的灵魂,大学是思想的殿堂。思想从何而来?从人文科学来,从人文学者来。现代大学教育的最大失败在于重知识、技术而轻思想。现代是一个知识选择的时代,知识分子不在于有知识,而在于你有什么样的知识和选择什么样的知识。现代大学教师的主要作用不是传播知识,而是创造新的知识,思想就是新知。这就要求我们每个教师在教学科研中始终以思想为重。教学要体现思想性。大学教师不同于中小学教师的地方在于他是讲自己的东西,即便是别人的文本也要对其进行思想性解读。教师就是要根据某门课的知识体系阐发出新的思想,而这种思想性课堂一定能吸引学生,当然这要有厚实的科研基础,从这种意义上讲科研要优先于教学。尊重别人的思想,致力于创造思想,是大学教师的神圣使命。科研更要体现思想性。现代工具主义和功利主义的阴影笼罩着学术界,加上我国学术制度安排不尽合理,导致了学术泡沫时代的到来。科研贵在思想,思想贵在精深。

| 伦理与事理

大学教师不但要崇尚思想，而且要勤于思考。"勤思"不是一个时间性概念，每天二十四小时不休息，不能说是勤思。勤思从根源性讲就是看问题、想问题、解决问题要用理性，也就是我们所说的理性思维。对于理性思维来说，一切断言都要求给出特定的根据。根据意味着在某一论域层次上的更高的存在地位。我们思考问题往往要面临两种不同的道路选择，要么放弃严格的逻辑要求而以经验或某种现成的权威性论断作为开端，要么坚持理性所指的方向而放弃理论独断，依循理论概念的某种存在属性向更高论域过渡。所以理性思维的本质就是反对独断论。对别人的思想观点不加分析盲目认同，就不是勤思。勤思从致思方法上讲就是批判性思维，反对任何经验论层面或社会权威的理论独断。目前理论研究的一个重大缺陷就是表达上的独断论形式，其后果是由独断论的片面性所带来的理论体系的破产和理论论断的贫乏。一个大学教师应当具有非常强烈的批判意识，不能人云亦云，要用自己的脑袋思考问题，对任何理论判断都敢问个"为什么"，这就是勤思。

对问题的思考方式不同，就会产生不同层次的知识分子，主要有学者和专家的区别。学者和专家的区别在于，专家主要传播知识或创造知识，学者是专家之上的高一层次，其主要使命不是对既有知识进行简单重复，也不是简单地为人类知识宝库增加一分子，而是批判现存知识，就是对现有知识进行解蔽，从而给人们一种生存和发展的自由度，或者是戳穿现代知识的谎言。学者的使命就是启蒙。启蒙是什么？启蒙不是从无到有，你没有知识教给你知识，这是发蒙。我们过去讲的启蒙课本不是启蒙，启蒙就是启自己的知性，以便于自己不被现存知识所蒙蔽，启蒙就是一个不断解蔽的过程，解蔽意味着对现有知识的批判。

所以，大学老师应当有自己的思想，要"出思"。写一些任务化的论文和著作是不是思想？不是。组织一班人编教材是不是思想？也不是。大学要对文科教师倡导一种"代表作意识"。也就是说你总要有一本或几本有自己思想、有学术水准的著作。这种著作是独创的，里面的内容是其他地方找不到的。有了这样的专著，就是合格的大学教授。我曾听说，有人评教授的时候，背了一麻袋成果，结果没有一件是有自己学术思想的。这样的教授在现在的大学里比起那些"三无教授"应当说很优秀了，但如果都是这样的教授，不但大学会垮台，人类的思想之河也会断流和干涸。

  以"三思"自勉，深怀宁静致远之心，坚持秉笔直书，不贪求众人的同声喝彩，只牵挂天才的一丝微笑，以纯粹学术的忠诚换来真知温补道德社会，是我一生的理想。

2016.7.1

嫉妒为何变凶残

据 2018 年 6 月 8 日《钱江晚报》报道，山东淄博市发生了一宗骇人听闻的中学生杀人案。某中学初三某班级里，有两个非常出色的男生：一个马同学长期排第一名，并且多次获奖，被评为"三好学生""数学明星"等，而另一个秦同学略逊于他，经常排在第二名。应该说，这两个孩子都是家庭的骄傲，也是班级的骄傲、学校的骄傲。可是那个屈居第二的秦某对马某的优秀与排名心怀嫉恨，警告马某"你必须考 4 个 B，你考得比我好的话，我一定杀了你"。谁知马某真的"敢"考得比秦某好，于是秦某就对马某痛下杀手。秦某一刀捅至马某心脏，接着连捅 13 刀，刀刀致命，其凶残程度，令人发指！可谁想得到秦某行凶的理由竟然是"杀了第一名，我就是班级第一"。

由此，我们也联想到多年以前发生的清华大学投毒案，以及 2013 年 4 月 16 日复旦大学 2010 级硕士研究生林森浩在宿舍饮水机中投放有毒化合物——N-二甲基亚硝胺，致使其舍友黄洋同学因急性肝损伤经抢救无效去世等案件。其实，这种由嫉妒引发"恨意"所产生的悲剧又岂止发生在教育界？这种怪象已经成为一种社会病态，甚至可能成为社会不稳定的重要因素之一。有关研究表明，隐性的、无法预测的社会心理失衡甚至心理变态已经成为影响社会安定的重要因素，由嫉妒转化为仇恨的心理就是其中之一。

人们常说的"羡慕""嫉妒""恨"，原本是三个词（概念），如今真的成了一个词（概念），表明羡慕就是嫉妒，嫉妒就是恨，恨就要发泄、就要作恶，事实表明三者之间已经没有了原先的十分明确的界限，甚至三者巧妙地杂糅成一团，作为一种见不得人的负面情绪潜藏在人们的心底，一旦机遇合适，就会发作起来，将人引入疯狂与罪恶。在这个词语（概念）变化的背后，我们看到的是人性的丑化和人心的恶化。那又是什么原因导致了"羡慕""嫉妒""恨"的"连体"与恶性"扩散"呢？也许原因有很多，但主要应该是教育、人性、社会、文化这四个方面。

扭曲化的成功教育，追求成功不择手段。

不知从什么时候起，功利化的"成功学"竟然成为我们这个时代的"必修课"，辅之以"鸡汤"形式，把全国人民尤其是青少年灌得营养不良，甚至神魂颠倒。"成功学"在昭示国人：要么成功，要么失败；只有第一，没有第二；要么是英雄，要么是狗熊；要么是人上人，要么是人下人。"成功学"把成功的标准单一化、金钱化、庸俗化，用挣大钱、发大财、当大官来激发孩子的成功欲，有的学校甚至以此标准作为大学生的培养目标。这种"老大"心态决定了"做第一"才是最有意义、最有价值的。

其实，我们只需要培养孩子有正常人的成熟心智、普通人的善良情感、平凡人的奋斗经历，就是极大的成功，也是国家社会的大幸。让他们肩负沉重的"成功包袱"，艰难地行走在漫漫人生路上，一辈子不快乐，不是南辕北辙吗？当代年轻人由于过度的成功欲，一旦稍（小）有失败，就走向另外的极端——或者越来越"丧"，或者干脆过"佛系"人生，低欲望或无欲望开始形成，社会活力丧失，年青一代的价值系统被"成功学"扭曲之后迫切需要重构，需要健康的"成人""成才"教育。倡导优质的普通人、一般人的教育是真正的教育事业的回归本源，功利化的精英教育从来没有培养出健全的社会精英，大众教育却可以培养出优良的社会大众。扭曲的"成功教育"反而导致了教育行为的真正失败，因为它偏离了教育的本质，违反了教育的客观规律。失败的教育又会导致真正失败的人生，失败的人生抹杀的是人幸福的生活，这种现象难道不值得我们警醒和反思吗？

狭隘化的自私心理，唯利是图私利至上。

在市场社会，人们注重个人利益、个人权利、个人成功，原本无可厚非，但如果为一己私利，为了自己的成功而去损害他人利益甚至伤人性命，这是人性的彻底堕落。羡慕是一种因他人优秀或成功而产生的真诚的心理肯定，嫉妒则是因他人优秀或成功而产生的仇恨的扭曲心理。一个唯我至上之人，会使嫉妒这种情绪转化为负面的忌恨行为；而一个心胸开阔、心有他人之人，则会把嫉妒转化为一种正面的积极情绪，产生立志与他人公平竞争的积极行为。

下跳棋有三种"路数"："铺路"、"借路"和"堵路"。"铺路"是把自己的棋子间隔排开方便自己腾挪跳跃；"借路"是当双方棋子短兵相接时要善于借助对方铺好的路，直捣黄龙；"堵路"就是把自己的棋子堵在对方的必经之路上，自己不走也不让对方走。中国教育现实的困境是，只设定了单一制比赛，它就是如何考高分。孩子一出生，赛道就已经画好了，从"摇篮"到"坟墓"，谁都不敢越雷池半步。不仅在起跑线上输不起，而且在比赛的每个环节都输不起，从幼儿园到大学都必须考高分，有时一分之差，就会失去升学、奖励的资格。

病态化的强者文化，弱肉强食适者生存。

现代社会，似乎总是把各种成功的荣耀送给强者、胜利者，而"道德"却成了"弱者""失败者"的代名词，比赛中没有取得名次的运动员或者参赛队一般会被授予所谓的"道德风尚奖"。

呼唤强者型人格也是改革开放以来最强烈的"时代声音"，改革家、企业家、演艺明星、科学家等各种大咖成为人们热捧的对象，他们职业上的成功成为人生成功的象征。于是，人人不论天资禀赋，无视竞争规则，都想成名成家，成为社会中的强者，成为生活中的获得者，成为人生"锦标赛"中的胜利者。因为无论强者地位是不是合法、合规获得的，强者总是受到尊重与优待，而弱者无论多么善良、规矩，总是只能分享到较少的社会资源，有时甚至还受人欺侮，遭人白眼。

在一个强者通吃、弱者被吃的病态社会里，谁不想当强者？而想当强者又不能循规蹈矩，现实情况是强者总以逾越规则为前提，而规则又不断为强者而修订。规则的合法性与强者的合理性融为一体，由此形成病态的"强者文化"，即规则在为强者服务的同时又成为弱者的行为桎梏，强者与弱者之间的差距因规则的不同效用而越拉越大，所以谁能冒险或投机或残忍成为强者，谁就可以立于不败之地。

在一个人人都会进行得失比较并且违规成本不高就可以实现成功的社会里，人趋同性的行为选择是宁愿伤害公共规则也不伤害自身利益，宁愿伤害他人利益也不伤害一己私利，这一切的背后正是"成功才是硬道理"这一观念。

"杀了第一名，我就是第一"是典型的"中国式嫉妒"，它仅仅是一个孩子的"错误心理"，从某种程度来说也是目前国人"心态"的真实写照。教育是塑造人精神（心理）世界的主要渠道，如果不从文化教育的"根子"上反省，不从制度安排的"柱子"上清理，难保你不会成为倒下的"第一名"，又会有多少个"第一名"倒下，还会有多少个"第二名"冒出来祸害人间！

2018.6.22

密切关注当代中国社会伦理的新变化

深入研究关系国计民生的重大课题、积极探索关系人类前途命运的重大问题、准确判断中国特色社会主义发展趋势、善于继承和弘扬中华优秀传统文化是当代中国哲学社会科学研究的基本参照与重要使命。要完成这一使命，精准判断社会生活的基本走向和发展趋势是关键。我国正处在社会全面转型阶段，社会权力结构、生活方式、价值理念、伦理生活都在发生深刻的变化，并且呈现复杂性、连带性、整体性特征。社会的全面性、复杂性转型给社会的伦理秩序和道德生活带来了新的变化。这种变化远非我们多年来所重视和强调的社会主义市场经济对道德的影响那么简单，可能是从道德规范重建到伦理秩序重构的整体性变革。

社会治理结构的变化带来了社会伦理秩序的新变化。

目前，社会治理领域得到了充分肯定与尊重，多中心网络化的社会治理模式逐渐形成。在经历社会权威一元化所带来的阵痛后，我国学者看到无限国家权力所造成的社会空间萎缩，看到政府负载过重而导致社会秩序紊乱的后果。因此，开始真诚思考我们的社会应如何治理、社会生活当如何安排，从而相继提出社会治理理论，强调建立多元主体共同参与的网络型社会治理模式。国家、社会与公民共同参与已成为我国现代社会治理的基本趋势。"国家治理现代化"概念的提出，标志着社会从管理向治理的根本性转变，开辟了我国社会建设发展的新纪元。在此转变之中，国家、社会、公民的关系有待重新厘定。自由主义学者通常认为，国家与社会存在零和博弈的关系，此消彼长。而世界社会治理现实却告诉我们，国家与社会之间本质上相辅相成、彼此需要。

在不同社会语境中，政府、社会、公民的角色也存在差异。如何在我国的政治文化语境中定位国家、社会、公民的社会角色，划定三者的权力边界，构建三者协同共治机制，是社会伦理关注的焦点。国家治理现代化内含法治精神与民主价值，强调公民参与和民主协商。在社会生活中搭建公民参与平台，构建表达民意、形成共识的渠道，是实现法治、促进民主的根本路径。社会治理模式的改变也赋予社会主体新的责任与义务。治理权威的多中心、治理主体的多元、治理向度的多维对于企业、非政府组织、社会团体以及公民的社会生活态度提出了更高的要求。

要填补国家权力退让留下的空间，有赖于多元社会主体积极承担社会责任，主动参与社会生活、履行社会义务。社会治理的权威不再依仗外部强力，而来自社会主体之间的自愿协作。自愿以自觉为前提，其本质在于公共精神的塑造与确立。如何培育公共精神，增强社会主体的参与意识、责任意识，是社会伦理亟待解决的问题。

社会流动的加快带来了伦理约束机制的新变化。

制约社会流动的藩篱正日渐消解，经济发展持续稳定，社会活力得以极大增强。顺应我国社会主义市场经济要求，社会对户籍限定逐步放宽，人口流动早已突破户籍、地域的限制。旧有的熟人社会被陌生人社会所取代，公共领域得到极大拓展。我们一边享受自由的社会生活所带来的机会与快乐，一边则要回应当前社会格局的道德要求。

如果说个人道德或者家庭道德是维系熟人社会秩序的保障，那么陌生人社会的秩序则需要公共道德的支撑。在熟人社会中，人们之间具有某种天然的亲密关系，这种关系要么以血缘为纽带，要么以长期交往为基础。所以，在熟人社会，人们更容易产生对其他社会成员的道德情感，洞悉道德义务。同时，熟人社会的不道德行为往往要付出沉重的代价。在封闭的社会体系中，一旦某位成员被贴上"不道德"的标签，他将在很大程度上失去正常社会交往的资格，甚至难以立足。

陌生人社会则不然。社会成员由于来自五湖四海，有各自的成长经历、思想观念和价值取向，难以触发彼此的道德情感，也难以达成道德认同。在陌生人社会中，人们对自身利益的关切往往超越了对他者道德责任的关注，甚至谋求通过非道德的手段实现额外利益。这种现象一旦发生，其他社会成员就可能复制、效仿，表现出道德之脆弱。频频见诸媒体的食品安全问题、造假欺诈问题、人际冷漠问题，无一不提醒我们社会伦理正遭受严峻的考验。诚信危机、道德冷漠正成为当代社会的症候，挑战人们的道德底线。以伦理关怀消融道德冷漠，以相互理解达成价值共识，是我们共同的伦理追求。

社会经济的发展带来了伦理整合机制的新变化。

社会经济的发展在很大程度上改善了社会成员的生存质量，丰富了人们的社会生活，改善了大家的生存环境。伦理工作者也分享了经济进步所带来的福祉。但是，贫富差距依然存在，社会分群日益明显，社会公平面临挑战。我国高位的基尼指数表明财富更多地聚集在少数群体之中。财富持有的差异加速了社会分层过程，经济差异衍生出文化差异、道德差异。群体歧视已经成为不可忽视的社会现象，在社会成员之间制造隔阂。让一部分人先富起来，以先富带动后富，最终实现共同富裕是我国改革开放政策的初衷，也是保持社会健康稳定发展的内在要求。恰如罗尔斯所言，社会是互利互惠的公民体系，只有当社会发展的成果惠及所有社会成员时，这一体系才能得以巩固、延续。

社会分工的细化让社会合作成为实现个体价值的主要方式，人们之间的相互需求非但没有削弱，反而得到了空前的强化。任何有理性的社会成员都会认同，只有在与其他成员的协同合作中，才能达成社会目标、实现自我价值。人际交往的深层需要赋予了我们更多的道德义务。唯有跨越社会群体的鸿沟，通过正义的制度安排让全体社会成员公平分享经济成果，才能期待和谐繁荣的社会。更为深刻的原因在于，我们已经进入法治化时代，法治成为现代社会整合的最有效手段。传统社会的整合主要是依靠道德特别是道德人格的力量，但由于熟人社会的日渐消失及人情主义人际方式的失灵，现代社会道德的个体性力量式微，以公共理性为基础的法治成为社会伦理整合的最有效手段。

社会文化的多元化带来了伦理文化建设的新变化。

现在，我国社会的文化姿态较以往任何时期都更包容、开放。改革开放不仅为我们打开了经济的大门，也敞开了文化的窗口。而我们恰巧生活在多元文化的时代。日臻发达的商品经济让文化有了更为便捷和直观的载体，也赋予了多元文化以无孔不入的渗透力量。这让我们几乎在各个角落都能接触、感受到不同文化的存在。文化的多样性淋漓尽致地展现在我们的社会生活中。多元文化给予我们包容的胸怀和能力，并使我们在不同文化的交往中学会尊重与理解。但当我们享用多元文化盛宴时，我们又不得不面对似曾相识的困惑和茫然。

在漫长的历史长河中，以儒家伦理为主导的传统价值观念曾引领我们的社会生活。直至近代，以鸦片战争的爆发为标志，外来文化特别是西方文化开始涌入我国，对我国传统社会伦理体系产生了强烈的冲击。这种冲击促使一百余年前的中国人反思甚至质疑本民族伦理文化的合理性与正当性，一度造成了价值观的彷徨。百年前的疑惑今天再次呈现于我们面前。这种疑惑当然不再是带有强制性文化输入的结果，而是源自时代的文化多元背景。多元文化的交织让我们不得不面对各种价值张力，并从中做出选择。基于何种价值开展社会生活，成为我们必须解答的问题。

在整合传统道德文化、主流意识形态和现代伦理精神的基础上坚定文化自信、凝练社会主义核心价值观、达成社会伦理共识，成为我们避免滑向道德相对主义、历史虚无主义，陷入价值迷茫的必然选择。社会主义核心价值体系与社会主义核心价值观为社会伦理文化的整合提供了基本框架，明确了价值方向。形成以社会主义核心价值观为内核、融合优秀传统伦理文化要素和现代伦理文化精神的社会伦理文化体系，是当代中国伦理学人必须承担的学术责任。

2016.11.6

政党伦理之思

伦理道德对一个执政党来说，是一种理想信念、思想境界，也是一种精神支柱、内在力量。我们党在十八届五中全会前颁布新的《中国共产党廉洁自律准则》《中国共产党纪律处分条例》，进一步明确了党员和党员领导干部的行为规范，提出惩戒条规，特别是更加突出了党员和党员领导干部的伦理道德要求，可以说是我们党在新的历史时期形成的"伦理道德法案"，体现了加强党的伦理道德建设的高度自觉。

政党是具有共同利益的特定阶级或阶层的代表，是为实现共同理想和目标而结成的具有明确纲领和章程、比较健全的组织机构以及一定群众基础的现代政治团体。政党伦理是指政党作为先进的政治组织所具有的道德倾向和特征，是政党组织尊严、价值取向、道德品质、行为方式的总和，集中体现政党成员基本行为规范和政党在一定社会中的地位与作用。

维护执政党地位、加强执政党建设有许多途径，加强执政党的伦理道德建设不失为行之有效的良方之一。欧美一些国家，由于其执政党的不稳定性，只在公共伦理领域有对执政者的道德要求，而无对政党伦理的专门要求。20世纪20年代俄共（布）党内开展了一场关于党的伦理的大讨论。当时的俄共（布）中央制定了党的伦理方案，一些理论家也发表了相关论文，如雅罗斯拉夫斯基的《布尔什维克需要道德法典吗？》和《论党的伦理》、索里茨的《关于党的伦理》等，集中讨论了党的伦理建设的重要意义、适用范围、基本原则和社会功能等重要理论问题。但是，这些党的伦理道德建设方面的理论和方案没有得到斯大林的支持，因而未能在全党范围内得到贯彻，以致最后不了了之。1989年苏联出版了《党的伦理——20年代的争论》一书，认为由于党长期忽视伦理道德建设，党的威望下降、党内严重腐败，这是一个惨痛的教训。

政党伦理的基本范畴是政治道德关系的必然要求和反映,为政党伦理的基本原则和规范服务,主要包括公平、正义、民主、廉洁、务实、勤政、高效、任贤等,核心是正义与廉洁。正义是政治道德的首要范畴,保障正义是政党和政府的首要职责。正义是社会稳定的"平衡器",是社会成员行为的"校正器"和社会历史发展的"推进器"。廉洁是政党伦理中一个十分重要的范畴,也是国家工作人员必须具备的从政道德品质。廉洁即清廉、洁白之意:廉为不受贿赂,不接受不属于自己的东西;洁即不贪不占,不沾不污。廉洁要求国家工作人员在政治活动中做到洁身自爱,不贪图别人的财物,不以权谋私,不化公为私。

加强执政党伦理道德建设,应理顺党的各种伦理关系,制定政党伦理准则,提高党员的道德素质,从而达到提高党的威信、巩固党的执政基础之目的。执政党的伦理关系主要有:执政党与其他党派的关系、执政党与政府的关系、本国执政党与外国执政党的关系、执政党与民众的关系、党的领导与普通党员的关系、党的上级组织与下级组织的关系、党员与党员的关系等。关系类型不同,其伦理道德规范也不同。就我国来说,全心为民、民主集中、平等协商、廉政勤政、与时俱进等,应成为我们党在新的历史条件下的重要伦理道德规范。

2015.10.8

(原发表于《人民日报》2016年1月15日,

收入本书时略有修改)

二

书评

共享文明何以可能

——读卢德之博士《论共享文明》有感

卢德之博士的新著《论共享文明》近日由东方出版社出版，这是他关于共享研究的第四部著作，作为朋友，我为他高兴，作为学人，我有些汗颜。卢德之博士是著名企业家、慈善事业家，也是思想家。他从市场活动的"交易伦理"开始研究，继而发现"资本精神"，而资本的伦理本质是"共享"，实现"让资本走向共享"的最直接途径是"慈善"，然而，光靠慈善性共享是不够的，必须让共享成为普遍化的价值理念与行为方式，这就是"共享文明"。如果我没有误读的话，这就是卢德之博士多年思考共享问题的逻辑理路、真实心路和践行之路。

我之所以敢称卢德之博士是思想家而非严格意义上的学问家是有依据的。我经常说一句得罪人的话："当代中国学问家很多，但思想家太少。"其实我自己连学问家都不是。也许成为一个学问家靠勤奋就可以了，但要成为思想家，需要诸多社会难以让每个人都能平等拥有的条件。首先，经济要独立，经济依附型生存方式的人难以成为思想家，拿人钱财，难免手嘴皆软，即便有思有想，也难以启齿，不明不白，还要为那点可怜的科研经费如何报出来挖空心思、伤透脑筋；其次，要有在经济独立的基础上的人格独立，不用看人脸色，不用见风使舵，更不用吹牛拍马，可以真性情，真性情才能有真思想，还要有丰富的想象力，学问是严谨的，而思想是天马行空、无拘无束的，德之博士曾经就把湖南精神比喻为"打哈精神"（打哈是湖南人喜欢玩的一种扑克游戏），让你在嘻哈之后不得不承认这就是深刻的思想；最后，还要有敢于担当的大格局、大情怀，卢博士最喜欢挂在嘴边的一个词就是"天下"，他习惯了从世界看中国，再加上他特有的人生经历，总是表现出一种笑看世界的灵气和心忧天下的屈子式感伤,虽然经常"鬼话"连篇,但也不失为思想的"正经"之道。

其实,尼采曾经对学者和思想家做过十分严格的区分:学者天性扭曲,真正的思想家却天性健康;学者冷漠,真正的思想家却热情而真诚;学者无创造性,真正的思想家却富于创造精神。学者又有四种类型:秘书型,只知整理材料使之系统化;律师型,只知为自己的问题辩护;牧师型,只知让别人信仰他的信仰;犹太型,运用逻辑迫使他人同意他的意见。面对尼采如此刻薄的划分,中国的文人们不知怎样"对号入座"。

我曾经听一位同行朋友很自豪地说,他从来不买、不读国内学者的著作,也不引注国内学者的文献。我在为他的高"国际化"水平庆幸之余,也产生过丝丝凉意,难道国内学者真的不值一学?老实说,我比较关注国内同行学者的研究,并且也积极倡导对国内同行学者的学习、研究和推介,也算是文化自信的表现吧,因为学术自信应该是文化自信的一种。卢德之博士的研究就是我关注的对象之一。

德之博士提出"共享文明"这一概念,我着实认为他有些大胆,因为一种新的文明形态形成并达成学术共识是需要历史"打磨"的,无论横向的东方文明与西方文明之分,还是纵向的农业文明、工业文明、生态文明(工业文明之后是否就是生态文明有待进一步研究)之递,都是"经历"和"过往"的结果,而共享文明的社会生产力基础是什么?生产工具的时代性标志是什么?价值观念上的明显差异在哪里?标志性文化成果、制度性成果是什么?是否具有历史必然性?这一切都无法说清,就断然提出共享文明,委实有些冲动。好在德之博士没有按学术"常理"出牌、按学术"套路"思考,就是写了《论共享文明》,咋的?当我读完它后,不得不服,确实有某种思想上的坚守之力和超脱之美,体现了厚重的历史感、明快的超越感和真实的时代感。

自党的十八届五中全会提出"五大发展理念"以来,国内学者对共享问题进行了许多研究,其中也不失有启发性的成果,但大都囿于意识形态的考虑,大都在发展理论上打圈圈,大都用中国特色社会主义理论来解释共享发展理念。而德之博士的《论共享文明》站在历史与现实结合的方位,强调共享文明思想古已有之。在西方,从古希腊的城邦政治共同体的"理想国",到空想社会主义的"太阳城",再到科学社会主义的"共产主义社会",无不蕴含了对共享的追求。在中国,从古代的创世神话,到《礼记》中的"大同"设计,再到"小康"理想,最后到"和谐社会",也都是为了实现共享价值目标,只不过这种共享思想源流到"新时代"具有了成就文明形态的可能性条件,这是他提出共享文明的理由。如德之博士在提出人性三大定律(爱的定律、趋善避恶定律、共享定律)的基础上,认为"共享文明是人类文明的第五次人性回归的结果"。第一次回归是遥远的神话时代,是人神分离,人进入人的时代;第二次回归是铁器时代,人与土地分离,人成为土地的奴隶;第三次回归是启蒙时代,人与宗教神权分离,人成了自己的主人;第四次回归是大机器时代,人与资本分离,资本主义与资本主义文明分离,进入资本主义危机时代;第五次回归是互联网时代,人回归到人本身。这种划分是否科学,还有待研究,但历史的穿透感是强烈的,不是苍白的言说。德之博士一再强调"共享文明是不同文明的历史形态与现实形态的有机统一","共享文明的历史形态是现代共享文明的基础与前提,无视共享文明的历史形态既解释不了现代文明,也解释不了现代文明的基本内涵,就是共享文明的历史虚无主义"。

同时,《论共享文明》体现了一种超越感。一是超越了自我。德之博士研究共享问题是从研究资本精神开始的,他发现资本精神的本质应该是共享,而要实现资本共享最好的方式是"慈善",于是,他一方面拼命挣钱,另一方面拼命花钱做慈善。久而久之,他发现,慈善也未必能实现共享,因为有钱的人太少,而想做慈善的有钱人更少,所以必须要让共享成为普遍性价值理念和行动,从而以文明的方式显现出来,因为你有理由不共享,但你没有理由拒绝文明,当共享成为一种文明时,你就必须共享。所以德之博士很有智慧,他想借文明来实现共享,使共享成为一种普遍践行的规约、一种制度安排。这样他就克服了自己的"共享自发论"的局限。二是超越了对共享的一般性意识形态解释。现在讨论共享大都是从发展观角度思考如何共享发展经济成果,如何实现分配的公平,如何实现先富与共富的统一。《论共享文明》通过共享文明的方式,初步提出了全面共享的思想,超越了"单一经济共享论"。如《论共享文明》提出了共享文明的基本形态:以互联网、区块链等技术为基础的共享经济形态;以多数人、民主法治等为基础的共享政治形态;以人工智能、新能源等为基础的共享技术形态；以多元化、多样性为基础的共享文化形态；以共生、共存为基础的共享生态形态；以共识、共治为基础的共享社会形态；以多极均衡、协同共享为基础的共享国际形态。这是一种全面的共享观。

共享文明的提出虽然大胆，但论证还是很小心的。德之博士一再强调"共享文明最有可能成为人类 21 世纪文明发展的形态与目标"，这只是他的"一种认识和判断"，也就是说，德之博士始终坚持一种"可能性"学术立场，尽管他不遗余力地论述当代社会的发展趋势和世界发展大势是共享，但也只能判断共享文明的时代可能到来。这种方法和立场值得称道，因为，我们这个时代的最大特征，不在于社会要素变化的差异，而在于社会发展变得不可捉摸，变得无必然性规律可循，就是法国思想家埃德加·莫兰所说的"复杂性时代"，是一个需要"打赌"的时代，最值得"打赌"的是"善"——"在黑暗降临的时刻，善，依然值得我们为之打赌"。德之博士的《论共享文明》告别了决定论和独断论，以可能性预测方式，论证共享文明的到来，不失为一种科学的研究方法。

德之博士的人生追求是六个字——"看清楚，说明白"，并恪守"好事大家分享，难事一人担当"的人生准则。这个非常不容易，把共享文明说清楚就是难事，德之博士是否可以不要那么"好汉"，"难事"也让朋友"分担"一下？尽管我也说不清楚。把共享文明说清楚，先要说清楚文明，还要说清楚共享。我想为说清楚共享这难事，提供点"另类"思路。

第一，共享离不开"共建"，要避免"寄生性"共享。我们还是要坚持劳动创造人、劳动创造世界、劳动创造价值的观点，还是要坚持多劳多得、少劳少得、不劳不得的分配原则，还是要倡导劳动光荣、懒汉可耻的基本道德，不能因共享而养"寄生虫"。

第二，共享是有尊严的共享，要避免"恩赐性"共享。人民对美好生活的追求，是我们工作的目标，让人民有尊严地生活，是美好生活的根本要求，如果共享仅仅是有钱人对穷人的恩赐，是贫困地区向发达地区"乞讨"，就不是有道德的共享。

第三，共享是正义的共享，要避免"自发性"共享。共享文明的形成主要靠正义制度。罗尔斯在批判功利主义时就指出，我们不能指望个人利益的最大化能自发地使社会整体利益最大化，社会分配正义必须体现在对

"社会最不利者"的倾斜,所以正义的共享一定是合理份额分配的共享,而以什么份额分配,则必须社会共商,而不是某人说了算。

第四,共享是全面的共享,要避免"单一性"共享。既然我们的发展目标是满足人民的美好生活需要,而人的美好生活需要是多样的,所以共享也是多样化共享,是政治权利、经济利益、文化公益、社会效益、生态效益的全面共享,如健全的民主就是政治权利的共享,保住青山绿水就是生态效益的共享。

埃德加·莫兰告诉我们:"我们人类不仅处于一个不确定的时代,而且处于一个危险的时期。"常识告诉我们,良好的愿望足以证明我们行动的道德必然性,"然而我们却忽视了铁一般的事实,行动一旦开始就会生成新的关系,甚至走向愿望的反面"。"这个世界存在着不确定性,因此科学需要担当前瞻性的伦理责任。"如果我们把埃德加·莫兰的《伦理》一书与卢德之博士的《论共享文明》对照起来看,是否会更清楚?

2017.12.5

思想的沉重与飘逸

——重读曾钊新先生《午后清唱》随感

《午后清唱》是中南大学曾钊新教授20年前的著作。此次搬家，从书柜中发现了它。也许是看多了阿谀文人的文字，读多了千篇一律的文章，再读曾钊新先生的《午后清唱》，犹如盛夏饮冰露，痛快在心头。古之儒者谓"所过者化"，于曾先生笔触底下方能见出所化者何。回首往昔，触之当下，见之未来，先生之斧凿所至，无不精致。忧思中伴随着沉重，沉重中带着几分调侃的飘逸；犀利中见出一位老者的平和，平和中荡漾着一位思想家的灵魂和一位道德学家的异样情怀。

古人言学，常有渐悟、顿悟之分。渐悟者，用功于下学，求言语之诵数，终日兢业，期豁然之境；顿悟者，直入本体，见拳石即泰山，自一点灵虚不昧即万象照毕，廓廓然天机常运。曾先生正视社会，直面人生，目光如炬，平日所思，汇成心曲，清唱出来，足见渐悟过程之久、顿悟功夫之深。其实，由渐悟到顿悟是一种痛苦历程，要不为什么会有"难得糊涂"的警世之言？真正的思想家总是用自己的脑袋思考自己，总是"用刀子对他们的时代的胸膛进行解剖"，总是把历史扛在肩上而不是提在手上随时准备甩给他人。顿悟有时也是一种孤独，因为思想家的命运就是"怀着你的爱和创造走进你的孤独里去"。一颗平庸的灵魂并无值得理解的内涵，因而也不会有真正的孤独，充其量就是一种空虚和无聊。曾先生没有用"糊涂"来逃避这种孤独的痛苦，而是用"清唱"来道出心中的思虑，让沉重的历史感和责任感融于清唱小曲之中，低沉中溢出思的飘逸，飘逸中带着思的沉重与伤痛。

尼采认为只有真正的思想家才够称为哲学家，并对思想家与学者做过严格区分：学者天性扭曲，真正的思想家却天性健康；学者冷漠，真正的思想家却热情而真诚；学者无创造性，真正的思想家却富于创造精神。学者又有四种类型：秘书型，只知整理材料使之系统化；律师型，只知为自己的问题辩护；牧师型，只知让别人信仰他的信仰；犹太型，运用逻辑迫使他人同意他的意见。面对尼采如此刻薄的划分，中国的文人们不知怎样"对号入座"。中国究竟有多少可以称为思想家的文人？一个社会连文人的思想都没有，会有人文精神吗？实在令人怀疑。

曾先生不但是学问家，更是一位思想家。他开创了道德心理学和伦理社会学的研究领域，提出了一系列新概念、新范畴、新理论，并且用现在的话讲，基本上是中国话语构建的理论体系。思想者往往是先知先觉的，我最近了解到他曾经的研究计划，如他想主持的两套丛书目录，从中大家就能明了他的研究风格和中国特色伦理学研究，这才是中国特色、中国风格、中国气派。如"道德人格丛书"："淡泊——饱含道德追求的心境""独善——困境中的自信""兼善——发达后的自尊选择""节俭——灵魂修炼的日常举措""温和——溶化邪恶的道德力量""自讼——道德得以存在的生命""气度——高尚品德的容量""厚道——处世为人的亲和力""守诺——自我保护的有效防线""圆满——不断进取的境界""贤良——君子的风度""谦恭——自信和自爱的统一""疾恶——爱的积极抗争""忍让——对恨的高超制服""刚正——真理铸成脊梁的人"。又如"人格扭曲丛书"："奴性——失掉本性的人""平庸——降低目标过日子的人""怯懦——在恐惧中度日的人""贪婪——以打劫为志趣的人""鲁莽——把理性甩出天外的狂人"。我们今天想做的事，先生很早就开始做了。他的人性理论也独树一帜，提出过"人性是道德的第二土壤"的观点。同时在教育哲学领域也多有建树。尤其是他在书中"唱"出来的这些思想，令人耳目一新。头足分工的政治学隐喻，面对"大哥大"的"无知"，对"上帝儿子"的寻找，对"解脱"的解脱等，读起来意味深长，催人深思。

文人身上也许背负了太多的不相干的包袱，因而步履艰难，生命也因此乏味得如一堆沙土。超越似乎成了文人的唯一追求。文人自有文人的解脱法，如虚幻中的憧憬、酒杯中的慰藉、山水中的清音、抚琴长啸的寄意、依红偎翠的逍遥、泼墨中的悲愤。曾先生同众多的中国文人一样，面对巨变中的中国，面对商业文化和工具理性的侵扰，自有道不尽的疑惑和伤感。曾先生试图用"唱"来战胜自我、超越烦恼，嘴是轻松了，心是平静了，而脚始终提不起来。其实，不妨学学尼采的"跳舞者"，超越一切陈旧的戒律，自由地"舞蹈在金碧辉煌的销魂之中"，使思想与双足协调起来，边唱边跳，高蹈轻扬，不来得更飘逸、更潇洒些吗？

2016. 9. 18

阶层正义，何种正义

——读靳凤林教授的《追求阶层正义——权力、资本、劳动的制度伦理考量》

打开各类期刊的检索系统发现，近30年来，正义作为学术关键词基本上是排在前20位的。这一方面说明自罗尔斯的《正义论》出版之后，不但在西方形成了所谓的"罗尔斯产业"，而且翻译到中国后，正义也成为学术热捧的领域，各类以"正义"为题的学位论文、学术著作、学术论文多如牛毛，有"言必及罗尔斯"之势；另一方面，当然也暗含了当代中国深藏在国人心中的对正义的无比渴望。对于正义问题的理论，我一直只是个学习者，每当学生提出要以"正义"为题做学位论文时，我总是犹豫，因为我偏执地认为，目前没有一种正义理论是说清楚了的，或者说是一目了然、能被普遍接受的。任何一种自认为完备的正义理论，都有一个预设的前提，这种预设前提近乎想象，而正义的要求又是现实的、具体的。是否可以说，正义就是一种浪漫想象与现实思虑的东西？有没有一种简单明了的正义理论？近日读到中共中央党校靳凤林教授的《追求阶层正义——权力、资本、劳动的制度伦理考量》（以下简称《追求》，该著作被评为人民出版社2016年度十大优秀学术著作），发现其对正义问题的复杂感消解了许多，并且很接"地气"，用正义理论破解中国道路难题，顿生感悟，略表几句，姑为妄言。

阶层正义始于社会分层。阶层正义的思考离不开社会分层理论，而社会分层理论在当代呈现出十分复杂的情形。《追求》一开篇就对主要的社会分层理论进行了归纳分析，特别是在对马克思的阶级划分理论、韦伯的社会分层理论和涂尔干的社会有机体理论以及国内学者的社会分层理论进行了分析比较后，提出了自己的"当代中国权力、资本、劳动三大阶层理论"。我感兴趣的倒不是作者这种社会阶层划分理论是否正确，因为任何一种划分都有其合理性，正如李培林先生所言，"根据不同的分层目的，可以有不同的分层标准"，"每种划分方法的后面，实际上都有一整套理论"。我感兴趣的是，这种社会分层如何跟社会正义关联起来，这种划分是否更有利于实现阶层正义。《追求》作者其实已经看到社会分层具有自然性和人为性。人为性的划分是出于某种研究目的而人为设置标准进行的划分，而自然性是基于社会自然分工而进行的划分。在人类认识史上出现过多种自然法定义，但通常其是指关于正义的基本和终极的原则与集合，主张天赋人权、人人平等、公正至上。人生而平等，这是自然所赋，也是正义的基础。因人的需要的多样性和群体生活的多层次性以及单个的人的能力有限性，必须由不同的群体"组团"来满足这种多样性需求，这就是人类最初的社会分工。这种分工主要基于平等的差异化，本身就是正义的。社会分工使不同职业的人群因在社会中的作用不同而逐渐呈层级性特征，这就是社会分层，由此就打破了自然平等性的群体格局，各阶层出现了利益冲突。《追求》把当代中国的社会阶层分为权力阶层、资本阶层、劳动阶层，虽然有不甚完备之处，如有交叉和重叠的现象，但终用"大道至简"的方法突出了时代特征，因为作者的重点不在于如何科学划分社会阶层，而是通过对主要阶层背后的制度伦理建设的关注来实现阶层正义。

阶层正义基于身份伦理。阶层正义与身份伦理是密不可分的。所谓身份伦理简而言之就是人们要根据自己的身份各尽其责，各安其分，不越位，不错位。在柏拉图所追求的理想城邦制国家中，主要的社会分层是统治者、军人和市民，与此相对应的美德就是智慧、勇敢和节制。统治者具有了智慧的美德，军人具有了勇敢的美德，市民具有了节制的美德，城邦就具有了正义的美德。由此可见，原始的正义观其实就是基于社会分工的身份伦理。无独有偶，中国儒家也主张"君君、臣臣、父父、子子"，即君应该像个君，臣应该像个臣，做父亲的应该像个父亲，做儿子的应该像个儿子，大家必须各守本分，努力履行好自身职责，这是最基本的人伦秩序，也是最基本的正义。《追求》作者忠实于这种原始的正义理论，在对当代中国主要的三大阶层的划分依据进行说明之后，深入分析了三大阶层之间的利益冲突。这种利益冲突最大的根源在于权力资本化、资本权力化、权力阶层侵蚀劳动阶层利益、劳动与资本脱节（劳资冲突）。而这些病根其实就是各阶层不安分、不守位、不负责。当代中国最大的不正义就是权力与资本结盟、劳动与资本脱节，或是三大阶层不能公平流动，也就是身份伦理遭到了破坏。这种基于身份伦理来谈阶层正义的致思路径是科学和明智的，让正义的思考回归到了正义本身，从而避免了仅仅基于平等而忽视责任来谈正义问题的理论局限和实践困局。

阶层正义成于制度设计。身份（责任）伦理仅仅是思考阶层正义的出发点，要真正实现阶层正义，除了身份（责任）伦理的主体认同与践行之外，最关键的是要有制度安排，换言之，制度建设才是解决当代中国阶层正义问题的着眼点和着力点。《追求》主张通过民主政治制度伦理来制衡公权力，从而确保公权力的合法运行，不至于狂猎资本，形成权贵资本；通过市场经济制度伦理来规范资本运营，从而确保资本不沦为权力的奴隶；通过公民社团制度伦理来保障劳动阶层的权益，从而确保劳动阶层的"应得"。这些理论论证和制度想象都十分到位，而困扰我们的是这些制度应如何落地并生效。如民主政治制度不失为解决公权力滥用的良方，但公权力的有效制约光靠民主制度是不够的，因为民主始终只是一种外部监督，公权力结构的内部制衡才是根本。更困难的问题在于，权力结构的内部制衡模式（分权制），无论是横向制衡还是纵向制衡，都不是绝对有效的，因为分离之后的权力本身还有合谋的可能，并且用一种权力制约另一种权力，也就意味着有一种权力是难以或不被制约的。又如要保障好劳动阶层的权益，光靠公民社团制度伦理也是不够的，因为没有发达而健全的公民社会以及在此基础上形成的高素质公民，没有基于优良政治与经济发达的社会保障制度，劳动阶层的利益始终会处于被剥夺地位。恐怕只有通过综合性的和更具总揽性的法治建设，才能超越社会各领域的单个制度设计，超出阶层看阶层，才能实现阶层正义。

总之，《追求》一书，没有抽象地去谈论正义问题，而是立足于当代中国发展中的阶层正义问题，以点带面，为中国道路做出自己的理论解析，不但为当下学术界关于正义问题的讨论提供了新视角，也为构建具有中国特色、中国风格、中国气派的哲学社会科学体系，提供了一种探索思路，更是"以我们正在做的事情为中心"研究范式的创新。

2017.3.15

人性的全方位透视

——曾钊新教授《人性论》简评

人性问题在人类知识的进程中，一直是个颇具吸引力的课题。在我国，涉足人性领域历来被看作一件艰辛和危险的事，一方面是由于受到方法及相关知识本身的限制，另一方面是由于有人设它为"禁区"。尤其是经过对人性研究的几次"问罪"之后，许多人似乎丧失了这种热情和勇气。曾钊新教授本着科学探索的精神，出版专著《人性论》，我想，大家都不能不为此感到由衷的兴奋，并受到鼓舞。

《人性论》的最大理论特色在于它的独创性，不落俗套，见解新颖。作者开篇就提出了"人性是什么"这一尖锐问题。"人们以感情为纽带联结成的社会关系即人性"（第2页），包括人的食欲、情欲、思欲以及求生、爱美、自主等渴求。这种对人性的新规定，就避免了在人的本性是自然性还是社会性上绕圈圈而不能自拔的毛病。基于这种人性的概念，作者大胆提出了"共同人性"思想，并鲜明地指出"在阶级社会中共同人性是存在的"，打破了在阶级社会中人性就是阶级性的陈腐观念。避开阶级地位和感性偏见，只要人勇于用理性或感性的光辉反照自身的现实存在，就会承认一个铁的事实：阶级社会中的人，并不是被铁栅分离的动物，而是需要共同的生存条件，需要情感上的沟通，需要共同的文化心理，都有对幸福的向往和对美的追求的人。如果没有共同人性的存在，人类生活简直不可思议，何况阶级斗争的风暴浪潮中也有人性的流动！

《人性论》的第二个特点是内容上的全面性。社会生活的一切变化都是人性的显现，而以社会生活为研究内容的一切人文社会科学都必须以人性为根基。一本《人性论》实在难以穷尽人性问题的研究。但人性也是一个多因素、多层次的关系组织，每一个因素和层次都能体现人性的一面。

因此,《人性论》就采用了这种"从一滴水珠反映太阳"的方法,对人性进行了全面研究。全书共设四篇。"总论篇"研究了人性的定义和人性理论的研究方法、特征和对象;"发展篇"对人性理论做了纵向的历史考察;"关联篇"论述了人性与道德、教育、文化、法律的关系;"正身篇"提出了人应当怎样按"人的方式"生活。这样,从一般分析到具体应用、从横断比较到纵向考察、从社会意识形态到个体心理感应、从社会整体运行到个人修身养性,对人性进行了全方位、多侧面的研究。这样复杂的工作如果没有雄厚的功底和广博的知识是难以胜任的。

《人性论》的第三个特点是深透性。世界上最深奥的东西莫过于人性,要对它进行透视,必须冲破社会生活这层屏障。透视不是表层的照视,而是要透过人类生活的幻觉发掘其背后人性的潜能。如道德生活,表面观之,它确是由社会物质生活条件决定的,在阶级社会里,没有共同的道德评价标准,它会随着社会经济关系的变化而变化,但是,我们的思维指向如果更深一层,便不难发现,作为道德基础的利益是以需求为诱因的。没有需求就没有利益关系,没有利益关系就没有道德生活。这样对道德的探求就由社会学层次深入人性层次。人性是以人类共同欲望和渴求为内容的。道德就是要使人的共同欲望和渴求得到合理满足,以防止因贪欲和奢求而引起殃及他人的行为。不以人性为基础的道德,只能是"兽性道德"。

法律在人们的心目中也是神圣无比的。但《人性论》从法的产生及其特性出发,认为法的产生是对人的异化地位的认可,只能使统治者享受约束的自由,而被统治者所得到的则是自由被约束。约束的自由和自由的约束被法律强制扭结,互为前提,导致了人性的扭曲。如此深刻的见解,书中随处可见,叫人耳目一新。

《人性论》还有许多特色,诸如意味深长的优美文字、力求周密的论证、自成体系的结构等。这里需要指出的是,《人性论》虽不失为中国第一本人性研究专著,但也存在局限性。一方面它的某些思想观点不够解放,如把尼采说成法西斯理论家,这也许是由社会气候和作者过虑的心态造成的;另一方面它带有浓厚的传统人性观的色彩,即注重人禽之辨,使二者之间形成一个不可跨越的鸿沟。

随着现代社会生物学、人类学、比较心理学的研究进展,人性研究已出现一个新的趋势，即把人与动物的关系逐渐拉近，把人的行为纳入动物行为这个大范畴来研究。如果说以往的人性观是为人性建造一座神圣的殿堂，那么新的人性观将把人性重新还原到自然的人性基础上来，这种趋势方兴未艾，将有助于人际关系的合理化。这对我们研究人性也将是一种新的启示。

1990.5.8

来自价值生活的现实关怀

——唐日新教授等《价值取向与价值导向》简评

拜读唐日新等同志主编的《价值取向与价值导向》（中南工业大学出版社出版，以下简称《导向》），一股清新的气息扑面而来。概略地说，这一新著的字里行间充满了对价值世界奥秘的艰苦探索和对中国当代价值生活的深切关注。这是一本在价值理论研究方法方面具有特色的著作。

价值理论素有哲学上"最繁难的领域"之称。因世界观和方法论不同，其价值理论的概括和构建也不同。价值论的研究多具歧义和风险，抓住价值论的基本矛盾，是研究价值问题的关键。《导向》一书抓住价值取向和价值导向这一根本矛盾，展开其价值研究，是独具慧眼的。人的生活本质上是一种价值生活，是主观与客观、自发与自觉、多元与一元等矛盾状态的展开。尤其是当社会进入转型期时，新旧价值观的冲突，使人们的生活进入一种全新而又茫然的状态。于是乎对价值生活的关注也就成了人文学者们研究的主题。在我国社会主义市场经济体制的初创时期，价值生活出现了多元、生动、开放的新格局，同时也夹带着某种混乱。使多元化的价值生活有序化，在多元选择中符合一元性要求，又在一元性价值方针的指导下，实现个人价值取向和社会价值导向的协调统一，是《导向》立意的基本前提，也是其有别于其他价值论著作的特色之一。

由于《导向》所选择的研究视角不同，其所建构的理论框架也很有特色。《导向》紧紧抓住价值取向的多元性和价值导向的一元性这一理论前提，对资本主义社会和社会主义社会的价值取向和价值导向进行了梳理。在此基础上，对当代中国社会价值取向的目标选择、理性审视和当代中国社会价值导向的基本层次、操作系统、检测尺度、前景展望进行了深入研究，同时还对中国人的人生价值取向进行了分析。这样就构建了一个全新的价值理论系统。这个系统的构建,既不是从概念到概念的推演,也不是抽象的幻想和乏味的说教,而是密切联系市场经济条件下人们的现实生活和社会主义精神文明建设中的重大问题,建构了一个具有强烈现实感的价值论体系。用生活实践的逻辑去探索生活实践,用全新的价值追求去关注价值生活,去建设价值理论和价值系统,由此显示出作者鲜明的个性,亦显示出这一理论的中国特色——用中国式的方法来解决中国当代人的价值生活问题。

《导向》的现实性和务实性特点,决定了它在理论阐发中注重操作性问题,如把"两为"作为人生价值的总体目标,把"五爱"作为道德价值取向,把"四有"作为理想人格价值,都具有实用操作性,从而避免了价值论上的空谈气息。同时,《导向》运用中国特色社会主义理论分析价值问题,充满了时代气息。可以说,《导向》为当代中国人的价值选择提供了重要的理论参照。

当然,理论探索是艰苦的,《导向》一书并不是完美无缺的。例如,也许作者太刻意追求现实感和时代感,而使论述的学理性欠佳。当然,这并不影响《导向》成为价值论研究的上乘之作。

1997.4.13

伦理学关切现实的三个层次

——罗国杰教授《道德建设论》读后

如果说哲学是时代精神的精华,那么,伦理学就是时代道德的精华。伦理学如果脱离了时代、远离了现实、冷落了生活,就会成为无源之水、无本之木。伦理学如何贴近生活,关心现实是当代中国伦理学工作者的困境之一,即伦理学既要为现实服务,又不能丧失自己的独立品格而成为现实的简单附庸。伦理学对现实生活的关切是多途径、多层次的,具体表现为正视现实、解释现实、超越现实,三者的有机结合,使伦理学真正成为具有独立性思维品格的实践性学科。这是我拜读罗国杰教授主编的《道德建设论》(湖南人民出版社,1997)之后的深刻感受。

所谓正视现实,就是不逃避现实,敢于直面社会的客观存在,而不是躲躲闪闪。中国伦理学目前所面临的最大现实是什么?一是社会主义初级阶段,二是社会主义市场经济。对前者的正视,可以使我们对社会道德要求进行合理定位,伦理学不能再成为对道德生活的虚拟和高调;对后者的正视,可以使我们清醒地认识到当代中国道德生活变革的必然性及基本走向,伦理学内容的改造、深化、拓展也迫在眉睫。正视现实,道德建设就成为伦理学的大课题。要探讨社会主义道德建设,"首先必须认识和分析我国所处的社会主义初级阶段道德建设面临的新矛盾和新问题"(第2页),尤其是"在多种所有制共同发展,即允许非公有制经济,特别是个体经济发展的情况下,一些人的道德思想和道德观念,也就必然要随他们的经济地位及利益关系的变化而变化"(第4页)。如果我们看不到这些变化或不承认这些变化,道德理论就始终没有说服力。

正视现实体现了认识的勇气和实事求是的科学态度,而解释现实则体现了一种思维取向和理论范式。正因为对道德现实的解释不同,才出现了道德理论上的差异和矛盾。用邓小平同志建设有中国特色社会主义理论来解释中国的道德现实，是我们正确的选择。尤其是党的十四届六中全会做出的《中共中央关于加强社会主义精神文明建设若干重要问题的决议》和江泽民在党的十五大所做的《高举邓小平理论伟大旗帜，把建设有中国特色社会主义事业全面推向二十一世纪》的报告，"为我们解决社会主义市场经济与道德建设这一问题，提供了正确的指导思想"（第1页）。中国目前的道德现实复杂多样，只有抓住根本，才能有科学合理的解释。思想道德重在建设，这就是根本。《道德建设论》就是从这一根本出发，不空谈伦理学理论，抓住道德生活中的实际问题进行阐发，建构了有中国特色的社会主义伦理学体系。

当然，一种理论如果仅仅是现实的注脚，完全为现实所左右，是不可能有生命力的。伦理学理论不仅要解释现实，为合理的道德生活提供理论依据，而且要超越现实，保持理论的严肃性和独立性。过去我们一直把理论联系实际仅仅理解为理论为现实辩护。其实理论联系实际有近联系和远联系之分。近联系是从实际中来并回答实际问题；远联系是超越现实，从现实之外看现实。正如我们需要看清某物时距离太近反而看不清一样，理论囿于现实，为现实所左右，始终看不清现实的"真面目"，只能造成理论"近视病"。《道德建设论》在研究道德问题时实现了理论超越，坚持了马克思主义伦理学的基本原则和方法，没有为现实所左右，并没有因为市场经济这一现实而轻率地把等价交换原则、个人主义、金钱至上等上升为道德原则加以倡导，相反，始终坚持为人民服务、集体主义、奉献精神、爱国主义、雷锋精神等基本的道德精神和伦理原则。由此，我们看到了道德理想主义的魅力和中国伦理学的希望。一种不着力于塑造道德理想人格的伦理学，充其量不过是现实生活的"管家婆"。

1998.4.6

理论源于生活,责任重于泰山
——读唐凯麟教授的《伦理大思路——当代中国道德和伦理学发展的理论审视》

唐凯麟教授54万字的大作《伦理大思路——当代中国道德和伦理学发展的理论审视》,由湖南人民出版社出版了。承蒙唐先生赐书,细细读来,生出许多感受。老实说,凭晚辈的学识和感悟能力,是难以准确把握全书思想的,尤其是许多具有独创性的思想,只能就自己体会最深的略述一二。

客观而言,当代中国伦理学研究取得了十分可喜的成就,但要形成有中国特色的现代伦理学还是一件十分艰巨的任务。唐凯麟教授在这方面做出了可喜的探索。伦理学作为一门实践性很强的科学,其根基在于生活,也只有源于生活的伦理学,才是有生命的伦理学,中国现代伦理学的源泉也只能是中国现代的社会生活。唐教授是我国改革开放后较早研究伦理学的学者之一,其成果甚丰,《伦理大思路——当代中国道德和伦理学发展的理论审视》可说是他对自己近20年来伦理道德问题研究的一个全面总结,反映出他思考道德和伦理学问题的基本脉络。他的这种思考主要基于中国20多年来的道德现实生活及其变化,或者说他的伦理学研究主要侧重于对中国改革开放所引发的社会生活变化进行理论回应。

从20世纪70年代末的新科技革命、80年代的商品经济、精神文明建设、"文化热"、民主政治、社会主义初级阶段,到科教兴国、社会主义道德建设、"三个有利于"、德法并举等,都构成了唐先生思考伦理学问题的"应有视域"。伦理学研究离不开形上思辨,更离不开现实关怀,那种所谓"超越现实"的伦理学追求,是否能真正实现是令人生疑的。诚如唐先生所言,中国现代伦理学要真正肩负起自己的历史使命,就必须首先确定自己应有的价值视域,即"它应当立足于当代历史发展大趋势,应当深入到当代中国社会变革的深层脉搏之中,应当直面当代中国人所面临的诸多生活矛盾,特别是他们的精神生活矛盾,并对此作出积极的回应"。这种致思途径是科学的选择,也是实际的选择。

当然,源于生活的伦理学不一定就是有益于生活的伦理学,这就涉及伦理学工作者对社会生活的合理解释和价值的理论设定问题,如对市场经济的道德解释,有人得出了利己主义的道德合理性,有人则得出了集体主义的道德原则。用什么样的价值原则来规范和调整社会生活,与伦理学工作者的价值选择和社会责任感密切相关。唐凯麟教授极力反对所谓"价值中立""价值无涉"的研究主张,旗帜鲜明地坚持"以全心全意为人民服务为核心","以集体主义为基本道德原则"的社会主义道德价值体系。因为他坚信,这种价值体系"集中了全党和全国人民的智慧和意志,反映了我国现阶段社会道德的现状和发展趋势,凝结了我国长期以来进行道德建设正反两方面的实践经验,体现了我国加速发展社会主义的市场经济,实现四化,振兴中华所必需的伦理精神,反映了世界道德发展的大趋势"。基于这一深刻认识,唐先生这些年对如何构建与社会主义市场经济相适应的道德体系进行了深入探索,并提出了许多认真负责的观点,如对中西方民族传统伦理道德文化的科学态度、"为人民服务是道德中心问题的科学解决"的理论论断、对社会主义道德运行机制的探讨等。亚里士多德曾经说过,作品能够在动态中表现出潜伏于作者内心深处的东西。从该书的字里行间,我们可以看出唐先生对社会主义事业的无比热爱和高度责任感。

学术研究是一件艰苦而严肃的工作,也是一种有特性的工作,恐怕谁也没有权力说自己的研究是唯一、绝对正确的,尤其是对于注重人的意义世界和内心体验的人文科学工作者来说,更是如此。仁者见仁,智者见智,是我们对待学术的基本态度。我们需要不同的学术流派的争鸣、对话和扩展,只有这样,中国的伦理学才会有大的发展。但不管是何种形式或内容的争鸣,伦理学工作者应当首先具备优良的学术道德,关爱生活,对社会负责。理论源于生活,责任重于泰山,这是我读了唐著之后的最大感受。

2001.9.4

打开道德资本的逻辑之门

——读王小锡教授《道德资本论》

多年来,我一直是王小锡教授经济伦理研究成果的学习者,对其研究及成果较为了解。他首次提出并论证了"道德资本"概念,形成了较为完整的道德资本理论。

《道德资本论》(译林出版社,2016)集中了王小锡长期以来在道德资本问题研究中的观点,形成了相对完整的理论体系和面向实践的学术研究路径。

其一,关注道德与资本的关系问题,问题意识凸显。现代市场经济的发展及其所造就的"市场社会",在日益主导人们生产与生活方式的同时,也必然产生与现代经济活动相对应的诸多伦理困惑与道德难题。"资本"作为现代市场经济发展中的核心要素,不仅是经济学关注和论证的问题,而且是哲学、政治学、社会学等众多学科探究的重要概念。如何看待道德与资本的关系,可谓当代中国经济伦理学研究绕不过去的问题和不可或缺的基本内容。王小锡教授自20世纪90年代开始,敏锐地捕捉并锲而不舍地探索这一问题,体现了他作为一个伦理学研究者强烈的问题意识和学术责任感、使命感。

其二,提出并论证"道德资本"概念,体现独到的理论创制。此次出版的这本书,全面系统地阐述了作者的道德资本观。从对道德的阐释及分析经济与道德的关系出发,提出"道德资本"概念的界定及其基本特征和形态,进而探讨在实践层面道德资本何以可能以及如何评估与操作。可以说,这一结构不仅使"道德资本"概念的论证周密完整,也为经济伦理学乃至整个伦理学研究中的概念创制和论证提供了一种范式借鉴。

其三,坚持理论联系实际,彰显面向实践的学术路向。伦理学研究应当坚持理论联系实际的基本立场,脱离中国实际的理论研究或单纯的现象描述,均无法对改革开放以来我国经济生活中不断出现的新的道德现象和问题做出有说服力的回答和解释。通过对现实问题的学术思考和理论提升,形成中国伦理学自身的学术话语和概念范式,进而构建较为完善的理论体系和学科体系,以此指导实践,是当前我国伦理学研究应有的学术路向。在这一点上,该书所秉持的基本理念和研究进路值得推崇。作者围绕道德是什么、道德与经济的关系、"道德资本"概念内涵进行了深入的学理分析,初步建立了企业道德资本的实践和评估指标,并融入一些企业道德资本的评估案例,提出加强企业道德资本培育与管理的实践路径。

如果说,该书作者于21世纪初提出"道德资本"概念,缘起于中国市场经济快速发展带来的对"道德与资本关系"问题的学术关注,那么,今天在市场化、全球化进程中快速发展的中国经济,仍然在不断改变着中国社会的生产和生活方式,并不断引发伦理关系和道德观念的新变化,在理论和实践层面,资本也在不断呈现新的问题。由此,笔者认为,道德资本需要在符合逻辑地链接资本与道德或者是经济与伦理的基础上,不断寻找打开资本尤其是精神资本逻辑之门的钥匙;需要通过实践,让道德在规制和完备资本内涵及其运作过程中,发挥不可替代的作用,以避免仅仅从主观愿望出发,使资本套上道德的光环,或者将道德等同于资本。

综上所述,资本有自身的逻辑,不能用道德逻辑代替资本逻辑,道德可以影响和规制资本,但道德不可以是独立资本。从这一意义上说,随着时代的发展,道德资本的相关研究仍有可以不断拓展与创新的"广阔天地"。

2017.6.4

寻求大学改革的"善治"境界

——读陈治亚教授《反思与正道——双一流建设与高教改革发展随想录》

由于大学合并的机缘,有幸与陈治亚教授相识。无论是作为我的上司,还是作为朋友,他都给我本真、率性、勤思和充满个性与激情的印象。前些天,他送给我《反思与正道——双一流建设与高教改革发展随想录》(以下简称《反思与正道》)一书。我知道,这是他在大学领导岗位上多年的思想结晶,尽管其中的一些内容在报刊上读过,但此次汇集成书,自有超越文稿本身的意义和作者独特的心绪。这本书绝对不像一些官员的习惯做法,是由秘书代写的发言稿的堆积,而是他多年反观大学教育、反思高教改革、反省人类本性、追求大学"正道"发展的"冥思苦想",值得一读。全书三十多篇文章,表面上看较为零散,其实集中表达了治亚教授对大学改革"善治"境界的不懈追求。

无须讳言,中国改革开放四十年,唯大学改革进程缓慢,步履维艰,究其原因,无非是高等教育涉及的面太广,问题太多。好在这些年,大学治理已经深入人心,通过现代大学理念管理学校并达成"善治"已经成为共识。大学的善治就是要对大学进行公共治理。善治是一种全新的管理理念,也是一种新的与善政不同的政治运作模式,还是一种具有不同于传统社会管理方式特性的、全新的社会治理方式。现代大学管理要引进公共管理的理论与方法,善治理论就是其中之一,因为教育已经进入一个需要综合治理的时代。《反思与正道》一书,体现了大学善治的精义。

社会主义大学的本质是人民性,办人民满意的大学是我们的奋斗目标。而人民从来都不是抽象的,就是我们的服务对象,就是我们身边的每一个人,如果我们不了解他们的诉求、他们的喜怒哀乐,就无法做出科学的决策，就无法得到大家的认可与认同。认同性是善治的要义，而认同不是指法律意义上的强制认可，也不是宗教学意义上的盲从，而是政治学意义上的合法性，即标示社会秩序和权威被人们自觉认可的性质和状态。大学的权威和秩序无论其法律支撑多有力，也无论其推行措施多强硬，如果没有在一定范围内被人们内心所体认，就谈不上合法性。并且师生体认的程度越高，合法性就越大，善治的程度便越高。取得和增大合法性的主要途径是尽可能增加师生对大学的认同感。所以，是不是善治，首先要看大学管理机构和管理者在多大程度上获得了师生和社会成员最大限度的同意与认可。所以，治亚教授坚持从人性化思维来思考高教管理与改革，从人的需求层次理论来探究高校领导班子的和而不同，从人性出发来加强党性修养，无疑抓住了教育的人性本质。科学理解人性，正视人性，才能真正做好人的工作，才能真正进行具有合法性的高教改革。

责任性也是大学"善治"的重要内容，它是指学校及个人应当对自己的行为负责，要尽相应的义务。责任性意味着管理机构和管理者个人必须忠实履行自己的职责和义务，否则就是失职，就是没有责任性。责任性越大，善治程度就越高。正因为如此，现代社会人们越来越重视道德责任问题。马克思·韦伯就曾在他的名为《作为职业的政治》的著名演讲中提出政治领域中有"意图伦理"和"责任伦理"之分，前者不考虑后果，后者要求行为者义无反顾地对后果负责任，政治家应当遵循的是责任伦理而不是意图伦理。赫尔穆特·施密特甚至认为，对自己行动或者不行动的结果承担责任，其前提首先是承担在确定目标方面的责任。大学不是世外桃源，必须要有自己的价值观和必要的担当。缺乏基本价值观的大学必然是没有良知的大学，是在道德方面无所顾忌的大学。没有责任担当的大学根本不可能完成立德树人的使命，更成不了一流大学。《反思与正道》一书的字里行间充满了作者对大学的忧思与焦虑，以及作者的许多创新性做法，充分体现了一个大学管理者和锐意改革者的责任担当。

《反思与正道》一书还特别突出了现代大学治理的民主化和公开性问题，并提出了许多有益的探索。大学治理的公开性是指在决策过程中应该公开、公正。因为在现代法治社会中，每一个公民都有权获得与自己的利益相关的教育政策信息。公开性要求大学的各种信息能够及时通过各种大众媒体为公民所知,以便使师生员工能有效地参与大学决策过程,并且对管理过程实行有效监督。大学决策应当以高度尊重个人的选择自由为前提,而个人又以对大学高度信任和负责的态度参与决策。这种双向透明的重要意义在于,一方面可以使大学养成对师生负责的态度,另一方面可以使师生养成自我管理的习惯。我们强调党务公开、校务公开,其意义就在这里。《反思与正道》一书特别重视基于行业特色的大学建设的有效性问题。我们现在的所有大学天天都在喊"坚持特色办学",结果成了千篇一律的口号,"坚持特色"成了无特色的代名词。究竟如何办特色大学,治亚教授立足于自己所管理的大学,强调以行业特色办学来提高大学特色的实在性和有效性,思路清晰,效果明显。大学管理的有效性包括两方面的含义:一是大学管理机构设置合理、管理程序科学、管理活动灵活,二是最大限度地降低大学管理成本。人类管理根源于"自然资源普遍稀少和敌对的自然环境"与人类需求的矛盾。由于资源是稀缺的,不可能无限制地满足人的需要,由此形成管理组织,行使管理职能以便有效地获得、分配资源并利用人类的努力来实现某个目标。因此,有效性必然成为大学管理最基本的内在规定,也是衡量大学治理水平的重要标准。善治与无效或低效的管理活动是格格不入的,管理的有效性越高,善治程度也就越高。办好行业特色大学的前提是"有所为,有所不为",这个说起来容易做起来难,因为它涉及人的饭碗问题,从某种意义上讲也是一种革命,治亚教授清醒地看到了这一点,并"咬定青山不放松",因而颇有心得。

《反思与正道》一书不仅仅是一本高教改革的学术探索性著作,更是一本工作实践的"真经",还是一本人生"教科书",虽为感悟,却也是人生智慧,"本色做人,角色做事",这种"双色"人生哲理,直白而可爱。也许是职业和身份的缘故,书中"教"的意味很浓,也没有免除"鸡汤"之俗与"八股"之拘,不过读起来,还是能深深感受到作者内心深处的真诚与不灭的良知。

2018.6.1

先擎大纛开新派

——曾钊新先生和他的道德心理学

与曾钊新先生结缘，始于道德心理学研究。我第一次面见曾先生是1986年的暑期。那时我是中国人民大学伦理学研究生，并且把道德情感问题作为自己的研究选题。当时，曾先生因他的道德心理学和人性论研究独树一帜，在哲学界享有盛名，我怀着崇敬而有些紧张的心情想当面请教。经人介绍，我揣着发表在湘潭矿业学院内部刊物《高教研究》上的《道德情感与道德实践》和发表在《江西社会科学》上的《论情感在认识活动中的作用》两篇文章敲开了曾先生的门。曾先生在一间并不宽敞的书房里热情地接待了我，并粗略地看了我的文章，然后连连点头说"文章不错"，并表示希望我能继续研究道德心理学。1987研究生毕业时，曾先生希望我能回长沙工作，考虑到当时生活上的诸多困难，他亲自帮我联系了湖南教育学院（现合并在湖南师范大学），并请求那里的领导尽快解决我爱人的工作调动，没有想到一拖就是好几年，直到1994年我才调到中南工业大学（现为中南大学），正式开始跟随曾先生进行学术研究，参与和见证曾先生的道德心理学研究历程。

一 《道德与心理》：道德心理学研究的起步

我国伦理学研究起步相对较晚，其理论体系的构建基本上拷贝了苏联季塔连科的模式。这种体系最大的特点是运用历史唯物主义原理来分析道德现象，只注重对道德的宏观把握，没有对道德的微观分析，导致伦理学研究没有心理根基，道德规则流于形式，无法内化为人们的需求。曾钊新先生从他的人性论研究过渡到对道德心理的研究，无疑是为了克服这种理论病灶而做出的学术努力，表现出特有的学术创新精神。

《道德与心理》1989年由湖北教育出版社出版，是曾钊新先生的第一本道德心理研究著作。全书共十六章，涉及道德关系、道德利益、牺牲、良心、自制力、价值目标、道德追求、道德范例、道德判定、时年道德、场合道德、家风、家庭道德等诸多问题，其主线是从心理学的角度去分析。例如，怎样理解利益是道德的基础？我们一般总是认为利益就是物质利益，其实，利益包含精神利益。即使利益就是物质利益，其决定的道德也不是单一性的。"利，所得而喜也"（《墨子·经上》），现实的利益就其存在层面来讲有人的需要和满足需要两个方面。人的需要本身是没有道德性质的，需要什么是人性的内容，但如何满足自己的需要就有道德问题了，即利益决定道德是在需要的现实化过程中体现的，而不是人的需要本身。"君子爱财，取之有道"说的就是这样一种肯定人的欲望的正当性的道德适宜主义。从人性、心理出发会发现，利益决定道德不是直接的，也不是单一性的，有心理的中间环节，这样就彰显了道德的人性基础和心理基础，使道德成为人的道德。

曾先生对道德心理基础的关注，并没有陷入道德心理主义，而是坚守着辩证唯物主义和实践论的基本态度和立场。如他在研究自制力的心理机制时就自制力是"自然"还是"必然"进行了深入剖析。他主张自制力不是自然的恩赐，而是社会的必然产物。在实践中，人的心理得以改造，人的肉体和精神得以进化。如果"自然"给人提供了自制力这一假设成立，那么要将可能转化为现实依然需要人的努力。由此，人才不负人本身。罗国杰先生在为其所做的"序"中认为，曾钊新同志的这本《道德与心理》，"在许多重大理论问题上，坚持马克思主义的基本立场，并力图忠实地用历史唯物主义的原则，来论述现实生活中有关道德的各种问题。同时，为了对这些问题进行创造性的、深入的研究，又大胆地论证了一些自己的看法，并提出了一些过去一段时期在我国伦理学著作中未曾出现的术语、范畴和概念。可以毫不夸张地说，本书有些见解是新颖的、独到的，能启发思想的。尽管这些见解，不一定都是成熟的。但它对推动我国伦理学的研究，进一步引起大家的讨论，从而促进我国伦理学的发展，肯定是有益的"。也正如曾先生自己在"后记"中的感怀："奉献给读者的这束文字，是我思考、笔记和探索的报告。它还不成熟，是为了呼吁社会去浇灌；它难免包含错误，但没有毒素；它没有教人投机钻营，而是阐发正直做人的可贵；它不会使你富足，但可以使生活充实。"我在认真阅读《道德与心理》之后，第一次感受到了曾先生的学术勇气和学术风格，跟随这样的良师，真是三生有幸。

二 《道德心理论》：道德心理学研究的雏形

当我国伦理学界面临种种挑战而困惑于寻找"出路"之际，曾钊新教授出版了《道德心理论》（中南工业大学出版社，1987）一书，虽然先于《道德与心理》，但在系统性上优于它。我为《道德心理论》写了一个书评，发表在《道德与文明》1988年第1期上，认为《道德心理论》从以下几个方面拓宽了伦理学的研究。

第一，观察道德现象的新视角。"道德哲学"长期以来成为"伦理学"的代名词是众所周知的事情，目前我国伦理学思想体系得以形成，主要借助了历史唯物主义分析、解释社会道德现象。毋庸置疑，从社会物质生活条件的视角研究道德，使得几千年来的道德起源、历史演变和道德基本原则等问题得以澄清，首次将伦理学屹立在坚实的根基之上。然而道德作为一种复杂社会的整合体，是以人为载体的。它更多地内隐于人的深层心理结构之中，扎根于人类心灵的土壤，而不仅仅与政治、文化、科学等因素相关联。因此，我们应当把人的心理世界作为伦理学研究的切入点，在一般的道德哲学和以社会角色的行为模式和道德规范为研究对象的伦理学之间架起一座沟通的桥梁，使现实生活、心理承受场、伦理规范三者同步。《道德心理学》正是基于此而开篇布局的。全书包含十个章节，精辟地论述了道德追求的心理机制、道德培养的心理过程、学习道德范例的心理因素、道德审判的心理构成、牺牲的心理驱动力等问题，始终把道德扎根于心理世界这片土壤之上。得益于此种研究道德的新视野，原本棘手的伦理学问题迎刃而解。

第二，大胆动用新的研究方法。伦理学若想走出当前困境，应从更新其研究方法上寻找突破口。很多学界同人对这一点已有所感悟，但仍徘徊于观望、犹豫之间。曾钊新教授如同一位匠心独具且满怀科学探索之信念的工匠师，他摒弃原有的研究方法，把社会学、心理学、教育学、社会心理学等学科的研究方法巧妙地融入研究之中，灵活运用当代哲学研究方法和西方道德心理研究方法的新成果，或分化或整合，塑造了一个方法多样、灵活、有弹性和有再生力的方法群。这就形成了《道德心理论》的方法论特色。

"良心"属伦理学的重要范畴。以往我们只对"良心"泛泛而谈，没有揭示其构成机制，主要原因还在于我们选用了外部研究方法，我们并不清楚其作用是如何产生的。《道德心理学》运用结构主义方法，首先揭示了"良心"是一个多因素的结构体，它涵盖了受多种心理要素影响的道德自我审判，如道德认识、道德情感、道德意志、道德信念、道德习惯等，进而又根据"良心"的不同道德要求，将其分为几个层次，如一般良心、个人良心、职业良心、阶级良心和良心阈限等。此种结构主义方法论广泛运用于文艺理论、历史学等领域，它强调对象的深层结构，相对于历史性观察，更侧重于同时性观察。从伦理学的发展来看，有鉴别地引进结构主义的方法是大有裨益的。书中把精神分析用在道德追求中的心理挫折理论研究上，把系统心理学的研究方法用在时年道德的构想上，把教育学的方法运用在道德培养的研究上，等等。总而言之，新方法的引进如同黑夜里的一盏明灯，指引着伦理学的发展前行之路。创立交叉学科，主要在于最佳"结合点"的寻找。虽然《道德心理论》涉及道德自身的心理构成及其存在、运行的轨迹，但"道德"这一主线自始至终贯穿于该书的每一章节，因此该书是一本伦理学著作而非心理学著作。值得一提的是，《道德心理论》对相关学科的方法移植、术语借用、原理运用等方面也有所涉及，对我们进行交叉学科研究颇有借鉴意义。

伦理学研究的痛心之处在于徘徊于道德现实生活之外，受限于外在道德要求的论证，执迷于理性思辨。《道德心理论》充分展示了曾钊新教授的科学探索精神，他紧紧围绕社会主义精神文明建设中的道德问题，大胆探索一些敏感的社会道德问题，如物质利益原则、自我牺牲问题、人生价值问题、自制力、学术探讨中的道德要求等重大理论问题，时刻感触时代的脉搏，从而避免了对道德理论的泛泛而谈。学术探索是科学发展的重要因素，学术自由不仅是科学发展的要求，而且是学术道德要求的集中体现。《道德心理论》一书中很多思想的理论价值远远超出了伦理学的领域，它提出学术探讨应允许异想，让探索者驰骋于无忌的道德诉求；应提倡一种宽容精神，不仅尊重探索真理的自由，在评价真理和他人成果之时也应尊重他人的人格和利益。由于作者对现实生活有敏锐的观察力和感受力，全书充满了浓郁的生活气息，字里行间流露出作者充溢的才气和时代责任感。

第三，独树一帜的理论体系。学界很多学者不满于伦理学现状，想另辟门户，创立"新体系"，作为科学探索之举，这也无可非议。然而创立新体系并不能成为科学研究的首要目的，科学研究的首要目标应放在研究和解决问题上。因此，想让新体系的创立成为可能，就必须对道德现象进行扎实深入的研究。《道德心理论》正是从问题出发，把"社会主义道德客观的外在灌输性和人们道德心理活动的主观能动性的关系"作为主线贯穿于全书。每一章都讨论了一个具体的道德心理问题，前后相对独立，信息量大，文献材料集中，全面而深刻，没有因体系要求而出现无益装饰和废话，随处闪现思想的火花。道德心理研究在我国还处于起步阶段。曾钊新教授极具科学胆识和满怀历史使命感，立志创立道德心理学这门学科，这一点可以从书的附录《道德心理学擘画》看出。然而，要创立道德心理学是一项艰难而极具挑战的事业。令人欣喜的是，近年来西方以精神分析学派、行为主义学派、认知学派为代表的道德心理研究硕果累累。如果我们能充分吸收西方道德心理学的研究成果，及时掌握现代心理学知识，马克思主义的道德心理学之大树将更快、更健康地生根发芽。

三 《德性的心灵奥秘——道德心理学引论》： 道德心理学体系的初构

1992年，辽宁人民出版社出版了《德性的心灵奥秘——道德心理学引论》（以下简称《奥秘》）一书，这是关于道德心理学体系的初构。曾先生在"序言"中说："1987年，当我将关于道德心理研究的收获以《道德心理论》的'专论'形式贡献给社会时，就曾自白：'专论'只是若干

'专题'的归纳或规划，它并不是'专著'，因为'专著'是形成了完整体系的理论论述，我的研究程序，是以'专题——专论——专著'的公式推进为行程的。'专题'是对道德心理某一范畴的专门研究，它是'专著'的砖瓦，'专论'是将专题作某种程序的组合，是'专著'的雏形；'专著'则是大厦的筑成。这个自白实际上是许诺：在继续努力之后，会推出一本道德心理学的专著来。现在交给读者的这份以《德性的心灵奥秘——道德心理学引论》为题的答卷，是我对许诺的履行，因为它是我的道德心理学研究的完整的理论表达了。"

我有幸参与了该书写作的全过程。虽然我当时在湖南教育学院，但与中南工业大学只有一墙之隔，经常参加曾老师主持的研究生讨论课。曾老师指导学生的方法非常独特，就是一起讨论三级提纲，给每个人布置一个题目，首先每个人自己写三级提纲，然后一起讨论，并且是逐字逐句地讨论，有时为了用什么样的一个词或字，可以讨论大半天。我写提纲的"本领"就是那时练就的，所以曾老师在"自序"中给我以充分肯定："李建华同志始终是我得力的助手，他的工作令我十分满意。"后来在著作署名时，曾老师把我列为第二作者立于封面，这对一个刚出道的年轻学者来讲是何等的荣耀，这对我后来的学术研究起了十分重要的铺垫作用，以至于有人一直认为我是曾先生的弟子，因为这样无私提携非弟子后学的学者，实属罕见，我也由此走上了道德心理学研究之路。

《奥秘》出版后引起了学术界的关注，共发表书评十多篇，这里主要介绍包连宗先生的评价。包先生认为，《奥秘》构建了一个完整的道德心理学体系。全书共十六章，包含三大部分，分为"总论篇""心理基础篇""道德运行篇"。"总论篇"阐述了道德心理学的研究对象、研究价值、研究方法以及中西道德心理思想史略，明确提出："道德心理学是以道德和心理的关系为研究对象，揭示道德产生、发展的心理基础，道德知行的心理机制、心理过程和心理状态，以及心理失衡中的道德调节等一般规律的学问。"这一规定全面而精辟，概括了道德心理学的基本内容，全书各章节实质上指明了道德心理学研究对象的特殊性，各章节实质上就是围绕这一研究对象而铺展开来的。"心理基础篇"是道德心理学理论体系的核心部分，内容丰富且具有理论深度，侧重于个体道德心理的研究，着力论述了道德产生发展的心理基础，道德知行的心理机制、心理过程。"道德运行篇"主要围绕如何调节社会建设中的心理因素和心理失衡及提高社会道德水平展开，极具实践意义。全书呈现出逻辑与历史、理论与实践、个体道德心理与社会道德心理、价值评价与现象描述的结合，形成了一个严密而统一的理论体系。

包先生认为，《奥秘》富有探索精神和独创性。《奥秘》的作者在书中提出并探讨和论述了许多新的伦理道德概念、范畴和命题，发表了许多独到的见解，这不仅展现了作者坚实的理论功底，还充分体现了其创新的精神和探索的勇气。如书中所论述的道德思维、道德需要、道德追求、道德培养、道德范例、道德传播、道德场、道德跟踪、道德矫治等范畴和命题，都是之前我国伦理学著作中没有提出或很少研究和系统论述的问题。

举例来说，伦理学的一项重任就在于锻炼和培养人的道德思维，提高人的道德思维能力，然而我国伦理学界对这一问题的分析和探讨尚不能形成一个完整的体系，而该书就"道德思维"的含义、特点、机制、方式的变革等方面做出了系统的阐述。书中指出，道德思维是一种从"突然"到"应然"的跨度思维，也是一种以讲"应该""不应该"为价值特征的规范形式把握道德现象、创造新的道德知识和生活的心理过程。尤其是作者提出了以"仁"定人到以人定"仁"、从"推己及人"到彼此递归、从"不善则恶"到"善恶三状态"的观点，探讨了我国传统道德思维方式的变革。尽管有一些学术同人对这一问题存在异议，但作为一种新的道德思维方式变革和道德观念的研究思路，其具有启发意义。"道德追求"深化和发展了道德理想和道德实践理论，把道德理想和道德实践结合起来，阐释了道德理想转为道德实践的行为过程；"道德传播"补充和扩展了道德宣传、教育理论，它以一种无结构、非制度化的形式概括了现代社会人际交往频繁和大众传播媒介发展情况；"社会角色的道德跟踪"补充和深化了道德评价和监督理论，作为一种特殊的道德实践，成为道德建设中的新课题；"心理失衡中的道德矫治"问题的论述则是对道德功能的新概括和扩展。需要强调的是，本书提出了诸多新问题和新范畴，这是生活中新情况和道德建设的真实反映，而非作者刻意"标新立异"。学术有其自身的严谨性，对新概念、新问题的表述可以进行更加深入的探究，其真理性也需要时间来检验。但作者的创新精神值得敬佩,《奥秘》的学术价值值得充分肯定。包先生认为,《奥秘》不仅提出和论述了许多新概念、新范畴和新问题,而且从全新的视角论述了伦理学或德育心理学中耳熟能详的问题。这些论述对我们多维度、多层次地思考和探究伦理道德问题极有益处,对开阔学术思路也颇有启发意义。

四 《道德心理学》《道德的社会心理维度》: 道德心理学的基本构建

2002年曾钊新教授就主编了"伦理新视野丛书",由中南大学出版社出版,其中由我对道德心理学进行系统整理,形成《道德心理学》一书。根据曾老师的意见,这次整理主要做了两个方面的工作。一是把《奥秘》中"道德运行篇"如道德传播、社会角色的道德跟踪、犯罪心理的道德冲突、家庭生活的道德层面等伦理社会学内容放到《伦理社会学》中;二是将道德心理的内容,如道德知觉、道德模仿、道德图式、道德判断、道德推理、道德习惯、道德人格等内容增加到《道德心理学》中。

通过这次整理,《道德心理学》共二十章,35万字,基本上形成了相对合理的道德心理学体系。该书主要呈现以下几个特点。一是内容相对合理。把伦理社会学的一些内容放到《伦理社会学》一书中,同时,也把《心灵的碰撞——伦理社会学的虚与实》中的一些内容放到《道德心理学》一书中。二是增加了新的研究内容,如道德模仿、道德知觉、道德人格、道德习惯等范畴,大大丰富和完善了道德心理学的内容。三是理论逻辑更加严密。忠实于心理学的内在理论逻辑,结合道德心理的特殊性,形成了知、情、意、行等大要素完整的道德心理学理论体系,尤其是增加了道德判断和道德推理这两个重要的道德心理要素。

1996年,我申报的"道德的社会培育及其心理研究"课题获得了国家哲学社会科学基金"九五"重点项目资助,开始了道德的社会心理学研究。2011年,在曾先生的倡议下,我主持出版了"中南大学伦理学研究书系·道德心理丛书",一共出版了五本,其中《道德的社会心理维度》是我主著的,主要是为了填补道德心理学对社会道德心理研究的不足,这项工作得到了曾先生的充分肯定，使道德心理学理论研究更加完整。在《道德的社会心理维度》中，我主要对道德心理结构进行了新的理解，并从道德建设的角度来论述道德社会心理过程。

首先，道德心理揭示的是道德产生、发展的心理机制，展现的是道德知性的心理过程和内在图式。与一般心理相比较，道德心理具有自身独特的内涵和结构。就道德心理的内涵而言，道德心理具有社会性特点。人总是依据自身的需求产生相应的欲望和行为动机。人产生道德需求的最初原因在于，人能够通过对社会道德的遵循和遵从实现自我价值。道德本身兼具社会和个体双重意义。从社会意义的角度而言，道德总是表现一定历史时期、一定社会环境中的风俗、文化和主要价值观念。就道德的本质而言，它就是一种社会关系。需求产生动机，动机激发行为，行为又创造新的需求，如此循环往复。道德心理则在这一过程中不断发展、深化。道德的原初需求，就是人的社会化本质。人类对社会生活的依赖是道德需求的本质来源。只有在人与人之间，在社会生活中，才能产生对道德的需求。人要在社会层面实现自我的价值，就必须在相应的社会环境和社会关系中遵循一定的规则，调节自我与他人的关系。因此，就道德心理的需求层次而言，它本质上属于社会认同的需求。如果离开社会生活的前提，独立的个人不与他人发生交集和联系，也就不存在对道德的欲求。对道德的欲求来源于参与社会生活的必要，目的在于使主体获得社会的接受与认同。

从道德心理的内容分析，道德心理是对道德知识、规范、原则的映像，包括对道德知识、现象、行为的评价、反思和内化。道德知识、规范和原则都受到社会背景的深层影响。从历史角度看，道德本身就是人类社会的产物。心理学认为，道德内化是通过一定形式的学习，把社会道德原则、规范转化成自身道德品质，形成自我道德人格的过程。社会性的道德知识、规范和原则都是道德内化的对象。道德心理的内容中包含难以分隔的社会性因素。因此，无论道德心理的本质驱动，还是道德心理的内容，都凸显了社会性的特点。

其次，道德心理是基于理性的心理过程。对于道德之发生，伦理思想家都认为理性是道德发生的重要因素。理性主义伦理学把理性视为道德的本源，认为道德就是理性的一种形式。道德理性给予了道德先验存在，而功利主义者则把理性视为实现道德的重要因素。边沁、密尔都认为，要实现"最大多数人的最大幸福"这一功利主义准则，离不开对幸福、利益的理性算计。马克思主义道德更是需要人们具有超越自我利益的理性，对他人和社会的利益予以关切。在道德心理结构中，道德认知无疑是这一心理过程的起点，是道德情感、道德意志和道德行为的基石。而理性则是道德认知的前提。苏格拉底早在数千年前就提出"知识就是美德"的命题。知识之所以能够与美德相通达，就是缘于只有理性能够指引人们认识善的本质，发现善的途径，指导自己过道德生活。没有理性，人类将只能在无知的黑暗中生活，道德知识无从积累，也就不可能引发道德心理。道德心理只有通过对社会道德关系的认识、对道德知识的吸收和理解，才能够形成内心的道德判断和评价能力，从而建立完整的道德心理机制。同时，道德理性可以进一步促进道德思维的成熟，增强主体的道德意识和道德分辨能力。道德心理是通过主体在各种不同、复杂的情景中进行道德判断、做出道德选择而逐步发展、完善的。判断、选择都必须在理性的指引下完成，否则，道德行为就只是一种情绪化的或然结果。道德行为的必然性主要建立在稳固的心理因果关系之中。维系这种因果关系的就是道德理性。显然，道德心理的形成基础建立于理性之上。

最后，道德心理具有善的价值意义。这是道德心理与其他心理最基本的区别。道德心理不是主体对外界影响的本能反应，在整个道德心理过程中，都贯穿着对善价值的追求和尊崇。道德心理的目的就在于使主体具有分辨善恶的能力，形成稳定的对善的遵守和期待。道德的内化、高尚人格的培育意味着：主体对善有清晰的认知、深厚的情感和坚强的意志，无论在任何条件下，都能够遵循善价值的指引，依据善而行动、依据善而生活。总而言之，道德心理是一种具有价值意义的心理过程。

就道德心理的结构而言，道德心理结构具有动态性、开放性和多元性的特点。

其一，道德心理结构处于动态变化之中。道德认知、情感、意志和行为既具有一种循序渐进的因果关系，又在相互作用中螺旋式发展。道德认知是道德情感和意志的基础，它们共同引发道德行为。同时，道德行为又会产生新的对道德需求的满足，并且帮助主体更为深入地理解道德知识、内化道德原则和规范，促进更高层次的道德认知。在这种循环过程中，道德情感将进一步深化，道德意志也更为坚固，道德行为的稳定性也将得到加强。道德心理结构总是处于循环变化和发展之中。

其二，道德心理结构是开放式的。这种开放性体现在，道德心理不是一个封闭的系统，而总是处于与社会、与他人、与环境的交互之中。随着外界道德环境的改变，或者主体道德经历的丰富，道德认知、情感和意志都会做出相应的调整和变化。新的道德认知会孕育新的道德情感，从而形成新的道德意志，促发新的道德行为。

其三，道德心理结构是多元的。这种多元一方面体现在心理结构要素的多元。比如在道德心理结构中，不仅仅包含道德认知、道德情感、道德意志和道德行为等因素，还涉及道德信念、道德欲望、道德需求等心理因素。另一方面，道德心理的系统层次是多元的。既有内部浅层系统，又有内部深层系统，还有外部表现系统。内部浅层系统是"知、情、意"的相互关联，内部深层系统表现为道德需要、自我意识与道德信念间的关系、作用，外部表现系统则通过道德行为得以展示。主体与关系的多元也凸显了道德心理结构的复杂性。

五 "道德人格丛书"：未完成的道德心理学事业

道德心理学事业需要传承，需要创新，需要超越。曾先生近些年虽然没有直接参与教学科研活动，但心系学术，心系道德心理学的发展与创新。

我国的道德心理学没有受到应有的重视，虽有少数学者关注（如马向真、李义天等），但还没有形成气候，许多工作亟待我们去做，主要有三：一是要形成道德心理学学科体系和知识体系，二是把个体道德心理和社会道德心理有机结合起来，三是把德性伦理学与道德心理学结合起来。

曾钊新先生有一个研究计划，征得先生同意，把这个计划晒出来，给后学出点题目，这就是"道德人格丛书"："淡泊——饱含道德追求的心境""独善——困境中的自信""兼善——发达后的自尊选择""节俭——灵魂修炼的日常举措""温和——溶化邪恶的道德力量""自讼——道德得以存在的生命""气度——高尚品德的容量""厚道——处世为人的亲和力""守诺——自我保护的有效防线""圆满——不断进取的境界""贤良——君子的风度""谦恭——自信和自爱的统一""疾恶——爱的积极抗争""忍让——对恨的高超制服""刚正——真理铸成脊梁的人";"人格扭曲丛书":"奴性——失掉本性的人""平庸——降低目标过日子的人""怯懦——在恐惧中度日的人""贪婪——以打劫为志趣的人""鲁莽——把理性甩出天外的狂人"。我真心希望中南大学的伦理学人能收单,把这些题目做好做精,将中南大学的道德心理学传统发扬光大。今年是曾钊新先生八旬大寿,由我整理他的著作,献给社会,既是对曾先生学术研究一个侧面的总结,也是向学界各位同人的答谢。我们在道德心理学研究的这块土地上耕耘了近二十年,结出这么一个青果,虽不成熟,但也酸甜,希望得到同行的认可和外行的喜爱。曾钊新先生的道德心理学研究,原创性和系统性堪称一绝,是当代湖湘伦理学派成果的杰出代表之一,是创建"中国特色、中国风格、中国气派"哲学社会科学的典范。生命有限,学无止境,祝曾先生学术之树常青,生命之树常青!

2017.5.30

宋明儒诚学思想的开拓

——评《湖湘学统与宋明新儒学》

赵载光教授与洪梅博士合著的《湖湘学统与宋明新儒学》一书，由湘潭大学出版社出版。该书提出湖湘儒学是宋明新儒学的重要组成部分，湖湘学术的兴盛是与宋明新儒学的兴起同步的；同时从哲学的角度分析湖湘儒学与宋明新儒学的学术流派暨思想流派的关系，认为湖湘儒学不同于程颐、朱熹的理学，也不同于陆九渊、王阳明的心学，而是从周敦颐到胡宏的诚学一系。这种观念的提出，很有创新意义。

过去研究宋明新儒学，一般将新儒学分为理学与心学两大派系。朱熹继承和发扬程颐理学，是宋代新儒学的集大成者。程朱理学从南宋开始就成为新儒学的主流，从元到清，成为主导中国学术与思想的官方哲学。明代则有王阳明心学兴起，发扬和光大从程颢到陆九渊派的心学，这样心学便成为新儒学内部可以与程朱理学分庭抗礼的重要派别。至于新儒学开创者周敦颐的濂溪学、关学领袖张载的关学，及湖湘学派开创者胡宏的哲学路线到底是怎样的，与理学和心学是什么关系，很少有人注意与研究。

本书提出的诚学一系不仅包括周敦颐、张载、胡宏，也包括明代的儒学大师刘宗周，以及明末清初对新儒学进行全面总结与批判的王夫之。其中周敦颐、胡宏、王夫之都是湖湘儒学的重要人物，周敦颐是新儒学的开创者，是龙头；王夫之是新儒学的总结与集大成者，是龙尾。胡宏则是从北宋新儒学到南宋新儒学承先启后的关键人物。《宋元学案·五峰学案》说："南渡昌明洛学之功，文定（胡安国）几侔于龟山，卒开湖湘学统。"南渡传二程洛学有两条路线：一条是杨时（龟山）、李侗到朱熹的闽学，一条是胡安国、胡宏父子到张栻的湖湘学派。而胡宏本是闽人移居湖南，他的堂兄胡宪就是朱熹的老师。胡宏的学术对朱熹也是有影响的。朱熹所作的《中和说》（旧说）就是发挥的胡宏的思想，只是后来作的《中和新说》开始批判胡宏的思想，彰显了闽学也就是后来的程朱理学与湖湘学派的哲学差异。

这种哲学差异是什么？宋明新儒学被称为性道之学，探讨的是天道与人性的哲学基本问题。其中的"性"是一个最基本最核心的概念，既指人性，也指世界万物的本性，它上通天道，"天命之谓性，率性之谓道"。程颐、朱熹提出性就是天理，所以称之为理学。陆九渊、王阳明认为性即人心，所以称之为心学。周敦颐开创新儒学，并没有提出"理"或"心"的概念，而是继承《中庸》的观念"以诚立性"。《中庸》说："诚者天之道，诚之者人之道。"又说："自诚明谓之性，自明诚谓之教。""唯天下至诚为能尽其性，能尽人之性，则能尽物之性，能尽物之性，则可以赞天地之化育。"周敦颐将诚明之性与《周易》的阴阳之道相结合。周易《系辞》说："一阴一阳之谓道，继之者善也，成之者性也。"阴阳之道是太极之道，是宇宙物质的运行模式。"诚"之性是人与宇宙万物的本质。二者又是密不可分的，是中国哲学特有的宇宙本体论。

周敦颐在《通书》中说："大哉乾元，万物资始。诚之源也。乾道变化，各正性命。诚斯立焉。纯粹至善者也。故曰：'一阴一阳之谓道，继之者善也，成之者性也。'元、亨，诚之通；利、贞，诚之复。大哉易也，性命之源乎！"（《诚上第一》）明确提出诚是性命之本，其根源就是宇宙天道的变化。周敦颐以诚立性，是为了对抗佛教的"性空论"，佛教的"缘起性空"主张万物的本性是空，导出一种存在虚无论。儒家强调现实世界的真实无妄，这就是诚。"以诚立性"才使儒学的人生哲学和道德伦理秩序有真实的安顿。"诚"这个概念在三千多字的《通书》中出现二十多次，是全书的核心内容。刘宗周说周子"将《中庸》道理又翻新谱"。这个"新谱"就是将诚的"天命之性"与《周易》的太极阴阳之道相结合，构建了一个完整的宇宙本体论哲学体系。

胡宏继承并发扬了周敦颐的哲学路线，他把性看作与道同位的哲学本体，提出性为气之本。牟宗三《心体与性体》一书把他与刘宗周称为性学一派，认为他上承周敦颐、张载与程颢，是宋明新儒学的正宗，而朱熹理学只是别子为宗。何为正宗？何为别宗？现代人已不关心这个问题。说胡宏继承了周敦颐、张载的思想路线是正确的,将这条路线称为性学则不恰当。因为性是包括程朱理学和陆王心学在内的所有新儒学思想家都在探索的基本问题,只是运用什么概念来解释性的内涵决定了他们的哲学路线的差别。胡宏继承的是周敦颐"以诚立性"的思想,他所作的《知言》,开宗明义就是:"诚者,命之道乎!中者,性之道乎!仁者,心之道乎!"他以诚、中、仁三个层次阐释天命、人性与人心,以构建他的思想体系。他说:"心穷其理,则可与言性矣,性存其诚,则可与言命矣。"认为性包括心与理两个方面,并且最后落实到诚。与周敦颐一样,他的成性、成人的哲学,仍然以诚为核心和归依。从周敦颐到胡宏,再到刘宗周,他们的哲学思想,应该称为诚学。

胡宏继承张载的是性为气之本的性气统一观念。同时,张载也把《中庸》的诚明立性作为自己"知礼成性"的核心内容。张载说:"儒者因明致诚,因诚致明,故天人合一。"他是中国哲学史上第一个正式提出"天人合一"命题的。这里的"天人合一"就是诚明合一。人性之明能认识天道之诚,天道之诚贯通于人性之明,使之达到人性之诚。他认为这是儒学的基本宗旨,所以说他也是诚学一系中的思想家。

刘宗周是宋明新儒学的殿军。过去人们认为他调和了朱子学与阴阳学,牟宗三认为他承接了胡宏的性学。实际上他承接的是周敦颐到胡宏的诚学。刘宗周有许多关于性的讨论,但并没有提到胡宏,因为胡宏学术到明代已被程朱理学与陆王心学遮蔽了。刘宗周明确地以周敦颐为旗帜,他模仿周敦颐的《太极图》作《人极图》《人谱》,明确地赞扬周子的"以诚立学"。他是正式提出"诚学"概念的人。这也是该书提出诚学概念的历史依据。刘宗周因明朝灭亡绝食而死,他的诚学概念并没有得到广泛流传。后来的日本儒学有朱子学、阳明学,还有诚学一派。这些派系观念应该说都是从中国传过去的。

明末清初的王夫之,以周敦颐、张载为旗帜全面总结宋明儒学,同样把"以诚立性"作为他的中心思想。他说"一个'诚'字,是极顶字",把诚定义为实有、不虚、不妄,继承的是周敦颐"以诚立性"反对佛教"性空论"的思想。他解释张载《正蒙·诚明》中"性与天道合一存乎诚"一句时说:"诚者,神之实体。气之实用,在天为道。命于人为性,知其合之谓明,体其合之谓诚。"所谓神,新儒学指的是"阴阳不测之谓神",实际上就是天道流行的实体,叫作诚。一个"诚"字,蕴含了天道与人性相通的实在性与规律性。有人认为从张载到王夫之是以气为纲领建立自己的哲学体系的,这是不准确的。"气"是中国古代的物质元素概念,是新儒学各派以至诸子百家都在讨论的宇宙论问题,它属于自然哲学。张载、王夫之比其他学派多一些自然哲学方面的探讨,但仍然是以新儒学的天道性命之学为依归的,而论性与道则以诚为核心,从新儒学的角度看,应该归属于诚学一系。

该书提出的诚学一系人数众多,除了上面提到的张载、胡宏、刘宗周、王夫之以外,到清代还有曾国藩理学,继承提倡以诚立学,以诚立人,可以说是诚学的余绪。张载、刘宗周不是湖湘儒学的人物,该书因为题材所限,只是提及而没有展开研究,这是以后研究诚学应该加强的部分。

提出宋明新儒学有诚学一系,对宋明儒学研究以至整个中国哲学史研究都有开拓意义。世界上各种文化都把诚信当作最基本的美德,但很少有像中国文化这样把诚作为天道与人性之本,作为哲学本体问题进行阐释的。这与中国文化的天人合一有机宇宙论是密不可分的。有机宇宙论把人与世界看作一个有机整体,认为构造人与万物的物质是阴阳之气,而气之本体是性,性的本质就是实有不妄,也叫作诚。在这里,宇宙论与本体论合二为一,与西方哲学把宇宙论和本体论做明确区分有很大的不同,具有很高的思辨性和生态意境的价值取向。

对宋明儒诚学思想的开拓也就是对以诚信为中心的儒家道德伦理思想体系的开发,对当前建设社会主义核心价值观也有实际意义。中国特色社会主义,其核心价值观必然建立在中国优秀传统文化的根基上,其中儒学的诚信思想应该加以大力发掘与弘扬。诚信是任何一种文化的道德基础,在中国当前大力发展市场经济的形势下,弘扬诚信尤其显得重要。

孔子特别重视"信",认为"民无信不立"(《论语·颜渊》),汉儒把信与仁、义、礼、智并列为五德,称之为"五常"。孟子开始把信向诚的哲学高度发展。"反身而诚,乐莫大焉。"(《孟子·尽心上》)《中庸》正式提出诚为天命与人性之本,到宋代新儒学发展成为"以诚立性""以诚立人"的天道性命之学。诚与信是什么关系?从文字学角度说,二者是可以互训的。《说文》："诚，信也。""信，诚也。"从哲学上说，诚表现为内在的虔诚，而信表现为外在的行为，二者又是密不可分的。宋儒讲诚学，更强调诚信的内在。诚学思想在历史上既然已经形成，并在中国文化中有深远的影响，我们今天就有必要大力发掘、提倡与弘扬。

十八大以来，习近平同志在提出建设社会主义核心价值观的同时，多次强调弘扬中国优秀传统文化的优秀价值观。该书对宋明儒诚学思想的开拓与弘扬是与党的政治路线要求相一致的。宋明新儒学的哲学形式构建的诚学思想，把诚信道德提高到立德立人的人生价值的终极问题高度进行探讨，它与儒家立德、立功、立言的人生哲学和"寻孔颜乐处"的价值哲学是互为表里的。新儒学提倡人要淡泊对富贵权势的追求，以"道充为贵""身安为富"，也就是"寻孔颜乐处"。同时又主张要努力为社会做贡献，立德、立功、立言。这两种价值观看似矛盾，实际上是辩证统一的。而以诚立德、以信立人是所有这些价值观的基础与核心。这些观念，在现代社会主义精神文明建设中仍然具有重要的借鉴意义。

2015.7

新农村道德建设研究的力作

——《新农村道德建设研究》读后

建设社会主义新农村,是解决中国问题的重大战略决策,为促进城乡协调发展与社会和谐指明了方向。"生产发展、生活宽裕、乡风文明、村容整洁、管理民主",是建设社会主义新农村的总体目标。加强农村道德建设,提高农民的思想道德素质,是这一目标的内在要求。在推进社会主义新农村道德建设过程中,农村道德建设将面临怎样的突出问题?农村道德建设会呈现怎样的运行特征?农村道德建设应采取哪些有效途径?这些问题总是缠绕在我这个农民出身的伦理学工作者的心头。当罗文章同志把他的新著《新农村道德建设研究》送给我时,我兴奋不已,阅读之后,感觉这是近年来关于新农村道德建设研究的一部力作,内容全面、角度新颖、切合实际、特色鲜明。

新农村,要有新道德。新农村道德建设,"新"在哪里?这是我们要首先解决的问题。《新农村道德建设研究》将"乡风文明"作为新农村道德建设的基本目标,这种理论定位是科学的。农村道德的最大特点是风俗化,要通过乡规民约来体现。"乡风文明"内涵丰富,从历史传承层面而言,乡风文明是一个自然的、历史的演进过程;从文化结构的影响层面而言,乡风文明是特定社会经济、政治、文化和道德等状况的综合反映;从社会管理的层面而言,乡风文明建设作为一个复杂的系统工程,涉及社会经济、政治、文化和道德建设的各个方面,包括人与人之间的关系、人与社会之间的关系以及人与自然之间的关系;从基本层面而言,农村道德体现为乡风民俗。近年来,随着我国农村经济的持续、快速、健康发展,以及农村公民道德建设和精神文明创建活动的开展,农民精神面貌有了明显转变,农村道德状况有了明显改善。但是由于历史的、自然的、经济的多种原因，我国农村的精神文明建设还不尽如人意，不能适应我国现代化发展的需要。价值观念的落后、乡风民俗的陈旧、生活方式和思维方式的滞后，制约着农村经济社会的持续发展，从而使得社会主义新农村建设中的"乡风文明"建设问题凸显出来，成为新农村道德建设的主要目标。党的十七届三中全会通过的《中共中央关于推进农村改革发展若干重大问题的决定》指出："广泛开展文明村镇、文明集市、文明户、志愿服务等群众性精神文明创建活动，倡导农民崇尚科学、诚信守法、抵制迷信、移风易俗，遵守公民基本道德规范，养成健康文明生活方式，形成男女平等、尊老爱幼、邻里和睦、勤劳致富、扶贫济困的社会风尚。"这也充分体现了新农村道德建设以"乡风文明"作为新内容的要求。

新农村道德建设显然不同于传统乡村道德建设，其出现了新的道德建设领域，如农村公共道德建设问题。传统的乡村社会是以"私德"建设为重点的，而新农村道德建设必然会突出公共道德建设问题。《新农村道德建设研究》抓住了伦理学研究的这一时代特点。农村公共道德是农民在社会公共生活中应当遵循的基本道德，是农村居民在社会公共生活领域的行为规则。从伦理的维度而言，和谐社会是一个社会的各阶层利益主体通过对公共道德的认同和行为选择的相互协调形成的一种有利于人的发展的良好的公共道德关系和精神氛围。因此，培育农村居民良好的公共道德意识，使人与人之间形成诚信友爱、互帮互助、互谅互让、平等相处、和谐温馨的人际氛围，对于新农村道德建设有重要的意义。随着传统乡村向现代新农村转型，农村公共生活领域出现了一系列新的变化，农民的公共交往领域不断扩展，人际交往大大突破了以往地缘与血缘的限制，熟人伦理的局限性日益凸显并为人们所认识，与之相适应，加强农村公共道德建设成为必然。

新农村道德建设的关键何在？这是探讨新农村道德建设的难点和重点。《新农村道德建设研究》没有回避这一问题，而是明确把加强农村"官德"建设作为重点。道德实施是以范例仿效为特征的，范例就是道德实践中的形象教材和具体楷模。运用典型力量，抓好示范引导，是我们党的优良传统，也是新时期加强农村思想道德建设的重要途径。其中，农村基层党员和干部就是对农民进行道德培育的典范和楷模，"村看村，户看户，群众看干部"说的就是这个道理。因此，加强农村思想道德建设，第一，必须切实加强农村基层组织建设，提高农村基层党员和干部的思想道德素质，每一名党员和干部都要带头实践社会主义道德，坚持"两个务必"，始终做到"八个坚持、八个反对"，树立"八荣八耻"的社会主义荣辱观，经受住市场经济环境下形形色色的考验，抵御各种腐朽思想的侵蚀，永葆共产党员的政治本色，在任何时候、任何条件下，都要用社会主义的道德要求来规范自己的行为，为群众做出榜样；第二，要善于从农民群众的生产和生活实践中去发现和运用先进典型，树立可亲、可敬、可信、可学的道德楷模，让广大农民群众学有榜样、赶有目标、见贤思齐，从先进典型的感人事迹和优秀品质中受到鼓舞、汲取力量，从而增强农村思想道德建设的感召力和引导力。

万事开头难。新农村道德建设是一个新课题，也是一个复杂工程，《新农村道德建设研究》的出版仅仅是一个开头，相信会有更多的人来关注这一问题，贡献更多更好的成果。

2009.9.15

三 书序

《湖湘伦理学文集》序言

　　源远流长的湖湘文化为湖南伦理学的发展提供了肥沃的土壤，为其注入了持久的生命力。以远古神农、炎帝故事为开端，湖湘文化早在数千年前便自成一派，在历史长河中奔流不息。屈原赋辞、贾谊哀鹏，古圣先贤们早已为我们留下了凝聚着我国优秀文化传统的道德精神。宋明以来，湖湘文化更是作为儒家正统而享有"道南正脉"的美誉。从朱熹、张栻、王夫之到曾国藩、左宗棠，再到魏源、谭嗣同、黄兴、毛泽东，湖湘文化广汇百家、博采众长，形成了包容、开放、勇于担当的道德态度，更凝结成"经世致用""敢为天下先""天下兴亡，匹夫有责"的精神气质。这种态度与气质已经融入每一位湖南人的血液之中，引领着一代又一代湖南人以天下兴亡为己任，致力于民族的复兴、国家的富强。能够在这片有如此丰厚积淀的土地上进行伦理学研究，是我们的幸运，更是我们的骄傲。

　　湖湘伦理文化在数千年的历史长河之中如湘江之水源远流长、奔流不息。站在三湘大地，我们在呼吸之间都能感受到湖湘伦理文化的浓厚气息。早在上古时期，中华大地的两位圣君——炎帝、舜帝先后驻居此地，遍尝百草、教化五伦，播下伦理的种子。一千多年后，屈原怀着忧国忧民之心来到湘水之滨，慷慨赋辞，以投江的悲壮方式阐释了爱国与忠诚。汉代贾谊步屈子后尘，于穷困之时来到这片土地，在对先贤的凭吊与追忆中继承发扬了心系社稷的伦理精神，处江湖之远仍忧其君，始终不改家国之念。他们的到来既促成了湖湘文化从俗到雅的转变，更奠定了胸怀天下的湖湘伦理基调。宋明之际，胡安国、胡寅、胡宏承袭理学正统，自成一派，湖湘伦理文化开启了新的篇章，以系统性的形式成为中华伦理文明的重要分支，形成了"吾道南来，原是濂溪一脉；大江东去，无非湘水余波"的学术情怀。湖湘伦理从一开始就显露出"立乎其大，贯通融合"的风度。胡寅、胡宏完成了对心、理二分的超越，开创性地提出"心理一体"的哲学命题，就此衍生出从"体"到"用"的道德逻辑。王夫之博采众家之长，进一步构建出精致完备的从道德认知走向道德实践的"知行合一"伦理体系。往圣先贤们的道德智慧赋予了湖湘伦理知行相济、经世致用的独有气质。从曾国藩、左宗棠到谭嗣同、毛泽东，一代又一代湖湘儿女在实现民族自强、民族复兴的脚步中不断为湖湘伦理注入新的内涵。正因如此，湖湘伦理的土壤才能如今天这般肥沃厚重、生机勃勃。

在湖湘伦理文化的熏陶与滋养下，湖南伦理学的发展欣欣向荣。20世纪70年代末80年代初，湖南学者们就开始了对作为专业性领域的伦理学的研究，走在我国伦理学发展的前列。1980年，湘潭大学哲学系开设了伦理学必修课程，这是教育部首次规定哲学专业本科要开设伦理学课程。经历三十多年的辛勤耕耘，湖南伦理学已经建立了从本科、硕士到博士、博士后的完整人才培养体系，承担了多项国家、教育部重大委托项目、重点研究项目，培育了数以千计的伦理学工作者，湖南已经成为中国伦理学教育、研究的重镇，湖南伦理学队伍也已成为中国伦理学的中坚力量。湖南伦理学建设有国家级、省部级重点学科、研究基地，涌现了大批优秀的学者，在国内外学界产生了重要的学术影响，如唐凯麟教授、曾钊新教授、陈谷嘉教授等学界前辈的诸多研究领域具有开创性的意义。目前，湖南伦理学在政治伦理、生态伦理、经济伦理、中国传统伦理、代际伦理、社会伦理、生命伦理、道德生活史等领域都形成了鲜明特色，取得了丰硕的研究成果，为我国伦理学事业的繁荣做出了重要贡献。

我国处于社会的转型时期，社会结构、生活方式的深刻变化产生了对道德的急切呼唤。曾经在商业化浪潮中逐渐式微的道德话语重新走向了社会生活的舞台中心。伦理学迎来了生机盎然的春天，伦理学者们也担负着新的历史使命。在全球化的浪潮中，思想、文化早已冲破地域、民族的限制，在世界各个角落汇集、激荡。文化、价值的多元化向我们提出了一个根本性的问题：如何坚持自己的文化道路，以何种价值体系引领我们的现代生活？党的十八大明确将加强社会主义核心价值体系建设、全面贯彻落实社会主义核心价值观列为建设社会主义文化强国的核心内容，道德文化建设被提升到了国家战略的高度。十八届四中全会，我国又提出了全面推进依法治国的重大任务。正确处理以德治国与依法治国的关系，为依法治国创造良好的社会道德环境，是我们伦理学者应该履行的职责。在网络化、信息化时代，技术的发展也在改变着人们的行为方式和思想观念，产生新的道德问题。大数据时代已悄然到来，人们的日常生活都以数据的方式留下踪迹，存储在互联网的云端。在海量的数据面前，人的主体性、隐私权都受到极大的挑战。以伦理学者的知识与良心应对新技术带来的技术难题，帮助人们在充满复杂性的社会继续有道德地生活，也是当代伦理学工作者不可推卸的责任。

我们所处的时代为湖湘伦理学发展提供了新的舞台。经济模式的转换、社会结构的调整、生活方式的改变、知识技术的更新在对已有伦理体系提出挑战的同时，也产生了对创新伦理知识体系、构建新型伦理秩序的内在需求。建设生态文明与社会文明，在人与自然、人与社会之间构建和谐共荣的相互关系，无疑是当代伦理学研究的核心问题。以积极的姿态面对伦理难题，为社会道德建设提供学术支撑，是湖湘伦理学人不可推卸的历史使命。在文化多元和社会转型的时代，人们较以往任何时候都更需要价值的指引、道德的认同。有理由相信，只要我们坚守湖湘伦理文化中对社会、国家的良知与热忱，就一定能谱写出湖湘伦理学的秀美篇章。

2015.4.5

《中国农民工市民化及其权益保障》序

所谓身份，在一般意义上是指出身和社会地位，如《宋书·王僧达传》："固宜退省身分，识恩之厚，不知报答，当在何期。"身份一般有两类：指派身份和自塑身份。前者是个人无法选择的，如出身、成分、性别；后者是主体自我选择并自己塑造的，如职业身份。在传统社会，人的身份基本上都是指派的，个人无法改变和抗拒，如农民的儿子永远都是农民。身份虽然是一种符号，但它是分享社会权益和获得社会资源的唯一依据。从理论上讲，一方面，身份是社会体系的最基本的构成部分，也是具体社会阶级、阶层、群体、职业的标志，如果以身份作为社会管理的唯一对象，就会产生身份制，身份制是在身份的基础上"社会再生产"（social reproduction）的社会产品，它们不断构成不断演化，如吉登斯所说的社会"结构的二重性"（duality of structure）那样，身份和身份制既是条件又是结果；另一方面，在身份制下的身份又是一种意识形态性的定位，反映了阿尔图塞所说的统治意识形态和社会主体之间的召唤关系。所以社会的发展和社会结构的变化，使得任何意识形态都无法永远维持某一种身份系统。这种身份制下的身份固化与变迁的管理就形成了身份政治。

都普利斯在《身份的政治》一书中曾指出，政治确立和维护某种身份系统，是为了使社会的某一部分比其余部分能获得较优越的地位。一方面，政治力量（民族的、国家的、党派的等）要为它的主要或全部成员争取比其他群体更优越的地位；另一方面，在同一政治群体中，某些身份又比其他身份更优越。这就是所谓的身份政治的最佳表达。身份政治以某一种形式的差异为特别重要的身份标志，以它来衡量这一身份共有者的生存基本矛盾和压迫关系，确定他们的基本利益，并简化和还原他们实际生存关系的错综复杂性和多元多样性。身份政治，正如考夫曼对它的定义，指的是"一种关于激进政治的新原则：身份应当成为政治视野和实践的核心"，它包括两个方面：第一，身份成为政治立场的组织动员力量；第二，阐发、表现和肯定某种身份成为政治的中心任务。所以身份在传统的政治斗争和社会治理中一直就是一个重要的因素，如民族解放运动、阶级斗争、人口管理。

中国社会可以说就是一个身份制社会。直到19世纪下半叶及20世纪初，中国社会才开始发生变化，康梁变法、五四运动和辛亥革命开始解冻古老的中国身份制冰山；及至中国共产党的新民主主义革命，身份制受到更强烈的震撼，身份的解放出现了一个大的跃迁。但是，无论是保守的还是激进的社会变迁都是不彻底的，并未实现结构性改变。旧的制度解体，而伴随着该制度发展持续的观念并没有随着制度的解体而消失。一方面，那些几千年沉淀下来的、以习俗道德为基础的惯性思维倾向和行为倾向，已经制度化，具有较强的张力，辐射人们日常生活的各个领域，影响着人们的行为方式。而且其中的社会成员形成的相应于所在制度的价值观念是那样根深蒂固，不易离去。其意识结构中会对应地建立一整套价值观念体系，在他们各自的具体活动情境中左右其行为的价值取向。另一方面，由于中国身份制长时间持续地影响着中国人的日常生活，并作为一种文化的构成部分被一代一代传递下来，现代的中国人遵照现代制度行事时，总是带有身份制的行为倾向。如"农民工"的说法本身就是身份歧视。现代社会应当是公民政治，所有人都是公民，平等享有公民权利。

中国传统社会的身份制在政治层面上大体上经历了家族身份制、阶级身份制、单位身份制、阶层身份制等形态。

家族身份制是与家族政治相关联的，与中国传统家庭的养育方式和农耕方式有关。让哺乳期妇女有更多时间照顾所生子女，使母亲养育子女时间过长，形成子女对母亲的依赖性。依赖可以导致权威生成。对生母的重视导致对舅舅和姨娘的重视，即便发展到父系社会阶段，这一现象也没有改变，于是，对宗亲和九族内的亲属都很重视。正如恩格斯所说："父亲、子女、兄弟、姊妹等称谓，并不是简单的荣誉称号，而是一种负有完全确定的、异常郑重的相互义务的称呼，这些义务的总和便构成这些民族的社会制度的实质部分。"这种亲属制度促使中国社会人伦体系和中国身份制度形成，并有效地成为中国古代社会早期发展的摇篮，以后规范化为中国的"礼制"、"宗法"及绵延远久的伦理思想体系。以它们为载体，中国身份制度持续了几千年，构成中国文化的深层结构部分。

阶级身份制是与阶级政治相一致的，是政治上残酷的"阶级斗争"的需要。从20世纪50年代到70年代末，中国社会身份系统的区分尺度是"阶级"。这种阶级划分是与某种特定的政治意识形态联系在一起的，它的划分则由社会生产关系逐渐转化为意志论，再转化为血统论。在社会主义改造时期之前，人们在生产关系中的关系和财产情况是阶级分析的主要依据，由此，在政治上分为两大阵营："无产阶级"和"资产阶级"，或者"革命的"和"反革命的"。这些"阶级"被落实为每一个具体社会成员的"属性"，成了他的"成分"。甚至当这种阶级划分的物质条件不再存在的时候，人们的身份依然不变。这种阶级划分完全是为确立政治身份系统服务的。政治身份的确定，有利于管理者"简单"控制社会，甚至随时可以利用手中的身份确定权而排斥异己、打击他人。

单位身份制是与单位政治同步的，是实现高度社会控制的需要。新中国成立之后，由于资源有限，但又要实现飞速发展，中国实行严格的"单位制"。每个人都以单位作为自己生活和生存的基点，单位不但要提供所有资源需求，而且个人的命运甚至全家人的命运也和单位紧紧捆绑在一起，所以在那个时代，选择一个好单位等于选择了一个好的命运。特别是单位制通过资源垄断和空间封闭实现了对单位成员的高度有效控制以及单位成员对单位的高度依赖。同时单位成了单位人的身份价值的表征甚至是判断好人与坏人的标准，直到今天，我们去政府部门办事时，门卫首先依然要问是哪个单位的，因为他们坚信好单位一定出好人，如果没有单位，那肯定不是好人，至少让人怀疑是不是好人。单位政治就这样通过管好单位再由单位管好人，从而实现了对社会的控制。因此换个单位比什么都难，单位人事部门把持着人事调动大权，把每个人限制在自己的单位里生老病死。

阶层身份制与阶层政治相吻合，是社会分层的产物。在阶级斗争让位于经济建设之后，人们不再对阶级出身感兴趣，甚至出现了"恐阶级症"。但社会结构总是分层的。社会分层（social stratification）是按照一定的标准将人们区分为高低不同的等级序列。新中国成立以后，我国在社会分层问题上基本是根据马克思主义的阶级理论和毛泽东同志的阶级分析方法，沿用了半殖民地半封建社会的五个阶级的界限，在社会主义改造完成之后，致力于反对资产阶级和缩小工农差别。由于政治上是人民当家做主和无产阶级专政，经济体制又较单一，加上户籍制度、人事制度和分配制度的保守性的平均主义，社会分层并不明显，各利益群体之间的差别不大，基本上可分为工人、农民、干部、知识分子四大阶层。改革开放以来，在党的方针政策指导下，经济体制改革使单一的所有制向多种所有制并存转化，所有权和经营权分离，社会职业结构发生了巨大的变化，而政治体制改革促进了政企分开，人事及户籍制度比较宽松，招聘制和合同制的广泛使用加速了社会流动，特别是分配制度上的"大锅饭"被打破，社会成员在经济收入、劳保福利上差距拉大，社会分化比较明显，产生了一批先富者和暴富者，也出现了一些失业人员和盲流，社会分层越来越复杂化。但是由于城乡二元结构，工人和农民的区分还是十分严格的。

从上述内容可知，农民工问题，实质上是身份政治的产物，要彻底解决好农民工问题，必须尽快实现由身份政治向公民政治的转变。中国进入了深度改革期，也就是说，如果没有制度上的改革，中国的发展将面临巨大风险，因为中国的发展就像一列飞速行驶的列车，拐弯时必须减速，而我们现在是加速行驶，如果没有好的制动系统，就有出轨的危险。中国的政治体系改革迫在眉睫，而政治改革的首要工作就是要建立公民政治。公民政治是一种基于公民平等的政治，即每个公民都平等地享有国家的一切权利和政治参与的资格，平等地分享政府提供的公共资源和公共服务；同时，每个公民在国家内部可以自由流动和自由迁徙，平等地享受社会保障、教育资源和卫生资源。基于这样一种公民政治的要求，解决好当代中国农民工问题，第一，必须进行户籍制度改革，取消农业人口和非农业人口的区分，实现"一张身份证走天下"，这是实现农民工市民化的根本前提；第二，在此基础上打破城乡界限，消除身份歧视，平等分配社会公共资源，如教育、社保、医药卫生等；第三，在加快城市化进程，让更多的农民进城的同时，要大力建设小城镇，在生活待遇和生活方式上彻底消除城乡差别；第四，建立健全人口流动制度，允许农民自由迁徙，直到没有"农民工"这一说法，农民工问题才是真正解决了。

2010.6.18

"中南大学伦理学研究书系"总序

伦理学作为经典的人文科学，在现代社会具有不可替代的地位和独特的社会功能。

伦理学的价值不在于提供物质财富或实用工具与技术，而是为人类构建一个意义的世界，守护一个精神的家园，使人类的心灵有所安顿、有所归依，使人格高尚起来。

伦理学也可以推动社会经济技术的进步，因为它能提供有实用性的人文知识，能营造一个有助于经济技术发展的人文环境。不过，为人类的经济与技术行为框定终极意义或规范价值取向，为人类生存构建一个理想精神世界，是伦理学更为重要的使命。

伦理学对人的价值、人的尊严的关怀，对人的精神理想的守护，对精神彼岸世界的不懈追求，使它与社会中占据主导地位的政治、经济或科技力量保持一定的距离，从而可以形成一种对社会发展进程起校正、平衡、弥补功能的人文精神力量。这样一种具有超越性和理想性的人文精神力量，将有助于保证经济的增长和科技的进步符合人类的要求和造福于人类，从而避免它们异化为人类的对立物去支配或奴役人类自身。

在人类经济高度发展、科技急速飞跃的今天，人类在精神上守护这样一种理想，在文化上保持这样一种超越性的力量是十分必要的。伦理学以构建和更新人类文化价值体系，唤起人类的理性与良知，提高人的精神境界，开发人的心性资源，开拓更博大的人道主义和人格力量等方式来推动历史发展和人类进步。

中南大学伦理学学科始建于20世纪70年代末，由我国著名伦理学家曾钊新先生所开创。1990年获伦理学专业硕士学位授予权；2002年获建伦理学专业博士点，同年在基础医学一级学科博士点下自主设置生命伦理学二级学科博士点；2006年成为湖南省重点学科；2007年获建博士后科研流动站。目前已经成为我国伦理学研究和伦理学人才培养的重要基地之一。中南大学伦理学开创了道德心理学与伦理社会学研究，形成了伦理学基础理论、传统伦理思想及比较、应用伦理学、生命伦理学四个稳定而有特色的研究方向，曾组织出版"负面文化研究丛书""走出误区丛书""伦理新视野丛书"等大型学术研究丛书，编辑出版有《伦理学与公共事务》大型学术年刊。目前希望在核心价值体系建设、政治伦理、科技伦理、公共伦理、心智伦理等领域有所作为。

"中南大学伦理学研究书系"正是基于我们对伦理学事业的挚爱与追求而组织的反映中南大学伦理学学科建设的大型学术研究丛书，初步拟定为"导师文论""博士论丛""文本课堂""教材建设""经典译丛""公共伦理""政治伦理""道德心理""传统伦理""生命伦理"等系列。它既是对过去研究成果的总结，也是对新的研究领域的拓展；既是研究者个体智慧的体现，也是师生共同劳作的结晶。

书系不是一种学术体系的宣示，仅仅是一种研究组合；书系没有框定的思维和统一的风格，相反充满着研究者个性的光彩；书系没有不可一世的盛气，只有对先人和大家的无限敬仰；书系是中国伦理学"百花园"中的一片绿叶，追求的是关爱与忠诚，祈盼的是尊重与宽容。

2008.10.8

"浙江师范大学马克思主义理论研究文库"总序

自《共产党宣言》发表以来，马克思主义在世界上得到了广泛传播。在人类思想史上，没有一种思想理论像马克思主义那样对人类产生如此广泛而深刻的影响。这种影响不但是世界的，更是中国的；不但是过去的，更是未来的；不但是思想意识的，更是社会实践的。

马克思主义是科学的世界观和方法论，创造性地揭示了人类社会发展的规律，第一次创立了人民实现自身解放的思想理论体系，指引着人民认识世界和改造世界的行动，并始终具有巨大的开放性和包容性，具有无比强大的生命力。

一百年前，"十月革命"一声炮响，给中国送来了马克思主义。中国先进分子从马克思主义的科学真理中看到了解决中国问题的出路，找到了建设强大中国的根本方法。在近代以后中国社会的剧烈变化中，在中国人民反抗封建统治和外来侵略的激烈斗争中，在马克思主义同中国工人运动的结合过程中，1921年中国共产党应运而生。从此，中国人民谋求民族独立、人民解放和国家富强、人民幸福的斗争就有了主心骨，中国人民就从精神上由被动转为主动，有了照亮前行之路的灯塔。

无数事实证明，马克思主义的命运早已同中国共产党的命运、中国人民的命运、中华民族的命运紧紧联系在一起，它的科学性和真理性在中国得到了充分检验，它的人民性和实践性在中国得到了充分贯彻，它的开放性和时代性在中国得到了充分彰显。马克思主义为中国革命、建设、改革提供了强大的思想武器，使中国这个古老的东方大国创造了人类历史上前所未有的发展奇迹。"历史和人民选择马克思主义是完全正确的，中国共产党把马克思主义写在自己的旗帜上是完全正确的，坚持马克思主义基本原理同中国具体实际相结合、不断推进马克思主义中国化时代化是完全正确的!"

理论的生命力在于不断创新,推动马克思主义不断发展是中国共产党人的神圣职责。我们要坚持用马克思主义观察时代、解读时代、引领时代,用鲜活丰富的当代中国实践来推动马克思主义发展,用宽广视野吸收人类创造的一切优秀文明成果,坚持在改革中守正出新,不断超越自己,在开放中博采众长,不断完善自己,不断深化对共产党执政规律、社会主义建设规律、人类社会发展规律的认识,不断开辟当代中国马克思主义新境界,这是习近平新时代中国特色社会主义思想。习近平新时代中国特色社会主义思想,是对马克思列宁主义、毛泽东思想、邓小平理论、"三个代表"重要思想、科学发展观的继承和发展,是马克思主义中国化最新成果,是党和人民实践经验和集体智慧的结晶,是中国特色社会主义理论体系的重要组成部分,是全党全国人民为实现中华民族伟大复兴而奋斗的行动指南,我们必须长期坚持并不断发展。

研究马克思主义理论,就是要坚持马克思主义指导地位,不断推进实践基础上的理论创新。改革开放四十年的实践启示我们,创新是改革开放的生命。实践发展永无止境,解放思想永无止境。我们要坚持理论联系实际,及时回答时代之问、人民之问,廓清困扰和束缚实践发展的思想迷雾,不断推进马克思主义中国化时代化大众化,不断开辟马克思主义发展新境界。

研究马克思主义理论,就是要坚持与中国特色社会主义事业相结合,解决好中国问题。我们要强化问题意识、时代意识、战略意识,用深邃的历史眼光、宽广的国际视野把握事物发展的本质和内在联系,反映时代精神、回答时代课题、引领时代潮流、推动时代发展,把握好中国特色社会主义伟大实践的基本规律,把握好当代中国的基本国情,把握好中国在世界格局中的地位,把握好实现民族复兴强国梦的根本目标,让马克思主义在中国放射出更加灿烂的真理光芒。

研究马克思主义理论,就是要学精悟透用好马克思主义,解决好学什么、如何学的问题。学习马克思主义不是仅仅学习马克思的思想,而是必须整体性地学习、历史性地学习。立足新时代中国特色社会主义实践,要更加突出地学习习近平新时代中国特色社会主义思想。同时，要坚持自觉学、深入学、持久学、刻苦学，把读马克思主义经典、悟马克思主义原理当作一种生活习惯、当作一种精神追求，用经典涵养正气、淬炼思想、升华境界、指导实践。

浙江师范大学马克思主义理论学科历史悠久，特色鲜明，成果突出，影响广泛。1963年成立马克思主义理论教研室，1977年创办政史系，1987年成立马克思主义理论教研部，1999年成立社会科学教研部，2011年在整合原有资源基础上，学校组建马克思主义学院，2017年被确定为省重点建设高校马克思主义学院，2018年与金华市委宣传部共建马克思主义学院。目前马克思主义理论学科为省一流A类学科、浙江省重点高校重点建设学科、浙江师范大学高峰学科，已形成马克思主义基本原理、马克思主义中国化研究、思想政治教育、国外马克思主义研究、中国近现代史五个研究方向，在2012年教育部学科评估中，马克思主义理论学科综合实力位居浙江省属高校第一名，其中科学研究水平位居全国第五名。在艾瑞森中国校友会网2016年中国大学学科排行榜上获评五星级学科，在全国该学科中排名为14/332，2017年在全国第四轮学科评估中获B，位列省属高校第一名。

组织出版"浙江师范大学马克思主义理论研究文库"，旨在整体呈现浙江师范大学长期以来特别是党的十八大以来马克思主义理论研究的成果，分"马克思主义基本理论""马克思主义中国化在浙江""伦理学与思想政治教育""国外马克思主义""中国近代史基本问题"等研究系列，体现原创性与时代性，体现学科特色与地方特色，体现科研与教学的高度融合，以实现"引人以大道、启人以大智、树人以大才"之目标。

"学术者，天下之公器。""浙江师范大学马克思主义理论研究文库"的出版，期待来自理论界的关注与关心、来自学术界的批评与讨论！

是为序！

2019.2.16

《商业广告伦理构建》序

在现代社会,如果说有什么东西对人的精神进行钳制的话,那莫过于技术与商品了,这种钳制的结果就是人类精神的产业化与商品化,以至出现人类灵魂的殖民化。自 20 世纪以来,技术不断进步,在致力于整治外部世界的同时,也侵入了人的内在领域,人的精神价值再度被商业化,这就是所谓的文化产业,用法国思想家埃德加·莫兰的话讲,这叫"大众文化"(mass-culture)。大众文化就是根据工业大批量制造生产的,通过大规模传播技术散布的、以社会大众为对象的文化。可以说,没有传播技术和现代广告,大众文化是不可能形成的,而大众文化本身具有"公益性"与"商业性"的分界,广告道德(伦理)就有了"出场"的理由。

就文化的本性而言,它是一种深入个人内心世界并引导其情感的规范、象征、神话和形象的复合体,这种深入是通过投射和同化的精神交流活动实现的,其表现为文化向实践的生活提供想象的支点与向想象的生活提供实践的支点双重路途。文化传播的"想象"与"实践"双重属性,给广告带来了无限空间,因此广告既是"想象"的结果,也是"实践"的结果。但是,文化的商业化并不能逻辑地使商业文化化(人文化),其中商业广告的"非人化"罪责难逃,换言之,就是商业广告的"想象空间"侵占了人的"实践空间",是商业"感相"对人的存在价值"实相"的侵犯与侮辱。可见,在商业化社会里,如果商业广告失之人伦、损其德性,无异于是在杀人放火。徐鸣专攻广告(艺术)设计,后到门下研习伦理学,在选定博士学位论文选题时,我毫不犹豫地鼓励他对商业广告伦理进行研究,几年修炼,终成正果,为师者除了欣慰还是欣慰。

《商业广告伦理构建》一书在观念层面上分析广告主体道德个人主义盛行的原因,建构有针对性地解决广告伦理难题的规范,在行为层面上有利于在高校设计艺术教育中开展广告道德教育，在人格层面上能有效地消除广告主体道德人格的双重性。其一，能够引起社会对商业广告伦理构建的重视。商业广告伦理的构建，可以为社会提供广告伦理规范，引导、规范广告行为和活动，促进广告业健康有序发展，从而促进我国经济建设和社会主义和谐社会的构建。其二，有助于广告市场中多角关系的平衡，促进广告市场的繁荣。商业广告的伦理失范是广告市场多角关系失衡的结果，通过对商业广告伦理失范的研究，对伦理失范进行责任界定，促进广告主体承担相应的道德责任，有利于健康的广告市场的形成。其三，为广告行业规范的制定与法律法规的执行提供启示。新《广告法》与《互联网广告管理暂行办法》的出台，为广告行为和活动提供了依据，然而如何切实有效地执行法律法规仍然是值得进一步探索的问题。

《商业广告伦理构建》通过对国内外广告伦理研究现状的梳理和归纳，分析广告设计的价值负荷，界定广告伦理的本质，开展广告的基本理论研究，对广告伦理的现实困境和根源进行剖析，具有明显的前沿性和创新性。以广告学、伦理学和传播学为研究视角，在建构商业广告伦理原则和规范的同时，全方位地建构商业广告伦理发展的社会协同体系，提出了超越商业广告伦理困境的措施，具有重要的理论价值和现实意义。论著研究方法科学，引证资料翔实规范，结构逻辑严密，表述准确流畅，确是一本值得向读者推荐的力作。

我怯为他人作序，怕有"做广告"之嫌，好在为弟子作序也是"人伦常理"，也就心安理得了。

是为序！

2018.8

"国家治理与现代伦理研究丛书"序

  众所周知,"治理"并不是一个新名词,从词源上说,英语中的"governance"一词源于拉丁文和古希腊语,原意是控制、引导和操纵,长期以来它一直与"government"一词交叉使用,并且主要用于与国家的公共事务相关的管理活动和政治活动中。自从世界银行在1989年《世界发展报告》中首次使用了"治理危机"之后,许多国际组织和机构开始在其各种报告和文件中频频使用它,政治学、经济学和管理学等学科纷纷引入"治理"概念,赋予治理以丰富的含义。概括起来,它大致包含如下几层含义:作为最小国家的管理活动的治理,作为公司管理的治理,作为新公共管理的治理,作为善治的治理,作为社会控制体系的治理,作为自组织网络的治理。如果从重要性而言,现代社会的当务之急是国家治理,抑或是国家治理体系和能力的现代化。

  国家是一种特殊的伦理实体,其治理离不开伦理的考量。把 sittlichkeit 与 morality 区分开来,是黑格尔的一大发明,并且首次将伦理置于道德的自由意志发展的最高阶段。在伦理阶段,道德的内在意识发展为社会习俗、内在个人尊严和独立人格得到外部法权保障的制度,伦理就是主观的伦理习俗和客观的伦理实体的结合,家庭、市民社会和国家是主要的三种伦理实体。"伦理实体"是黑格尔伦理思想中的一个核心概念,他以此作为解释价值合理性的最终依据,也是把握伦理关系和伦理秩序的关键所在。他借助于"实体"这样一种形而上的、具有世界本原意义的表达,认为"绝对精神"就是"实体",而实体是自因性的、不依赖于他物的,并且实体又因是自主变化运动的而成为"具体的实体",家庭、市民社会、国家就是伦理作为主观与客观统一物的真理性存在。黑格尔认为,伦理实体要由家庭经过市民社会再到国家这种最高形态,虽然家庭和国家也是伦理共同体，但是都是"单个人"的"集合"，只有国家才是必然性和普遍性的产物，才是最优的伦理实体。那么作为伦理实体的国家，在其现实性上又与伦理有哪些纠缠呢？换言之，国家具有哪些伦理上的特殊性呢？第一，国家就是真实的自由。在黑格尔哲学中，自由贯穿抽象法、道德和伦理各个环节，作为抽象法和道德的统一与真理环节，伦理是"作为实体的自由不仅作为主观意志而且也作为现实性和必然性而实存"[1]。国家作为伦理实体，消除了个别与整体、特殊与一般、个人与社会的对立，是一种普遍实现了的自由，是消除了个人任性的自由，"自由的理念中只有作为国家才是真实的"[2]。所以国家是实现普遍自由的"家园"和依托，或者说，只有在国家这样的政治共同体中才有真实的自由。第二，国家就是伦理精神。伦理是实体性的普遍物，中间环节的自由又是一种实体性自由，而自由之所以只有在国家环节是真实的，是因为国家是实体性伦理精神的最高体现。"国家是伦理理念的实现——是作为显示出来的、自知的实体性意志的伦理精神，这种伦理精神思考自身和知道自身，并完成一切它所知道的，而且只完成它所知道的。"[3] 可见，国家体现的是一种普遍性的整体主义精神，是个人利益的普遍化。第三，国家就是伦理秩序。黑格尔认为，在国家这种伦理实体中，在抽象法和道德阶段所认定的权利、义务关系才从主观变成了客观、从偶然变成了必然，不仅仅是主观反映，而且是主观反映与客观现实的统一。权利与义务相结合的那种概念是最重要的规定之一，并且是国家内在力量所在，所以国家的伦理秩序就是权利和义务的统一。第四，国家就是集权主义理念。由于国家代表普遍化的利益，并且将市民社会的个人权利主观化、个别化，这便必然导致一种超国家主义的政治主张，那就是集权主义。黑格尔对国家这一政治共同体伦理特性的阐发，给我们的深刻启示是，国家不仅是权力载体，而且是伦理实体，国家的治理离不开伦理的引导与规范。

国家治理的最高价值目标，就是基于伦理维度的"善治"。人类社会

---

[1] 〔德〕黑格尔：《法哲学原理》，范扬、张企泰译，商务印书馆，2009，第41页。
[2] 〔德〕黑格尔：《法哲学原理》，范扬、张企泰译，商务印书馆，2009，第65页。
[3] 〔德〕黑格尔：《法哲学原理》，范扬、张企泰译，商务印书馆，2009，第253页。

发展到今天，社会管理模式发生了实质性的变化，由政府或国家"统治"（government）向社会"治理"（governance）的转化就是其中之一。"治理"与"统治"从词面上看似乎差别不大，但其实际内涵存在根本上的不同。不少学者认为，区分"治理"与"统治"两个概念是正确理解治理的前提条件，也是理解"什么是善治"的关键。治理作为一种政治管理过程，同政府的政治统治一样与权威、权力不可分割，其最终目的也是实现社会秩序的和谐与稳定，但二者存在明显差异，主要表现在两个方面。第一，统治的权威必定是政府的，而治理的权威并非政府的；统治的主体一定是政府的公共机构，而治理的主体既可以是公共机构，也可以是私人机构，还可以是公共机构与私人机构的合作。所以"治理"是一个比"统治"更宽泛的概念。在现代社会中，所有社会机构如果要高效而有序地运行，可以没有政府的统治，但绝对不可能没有治理。第二，管理过程中权力运行的向度不一样。政府统治的权力运行方向是自上而下，是单一向度的管理；治理则是一个上下互动的管理过程，其实质是建立在市场原则、公共利益和认同之上的合作。这就说明，我们今天的德治不是基于"统治"的理念，而是"治理"的理论视野，其最终目的是实现"善治"。

尽管西方的政治学家和管理学家在看到社会资源配置过程中市场和政府的双重失效之后，极力主张用治理取代统治，因为治理可以弥补国家与市场在调控过程中的某些不足，但他们同样认识到了治理本身也有失效的问题。既然治理也存在失效的可能，那么现实而紧迫的问题就是如何克服治理的失效或低效。于是，许多学者和国际组织纷纷提出了所谓"元治理""有效的治理""健全的治理""善治"等概念，其中"善治"理论最有影响。

自从有了国家及政府以后，善政（good government，可直译为"良好的政府"或"良好的统治"）便成为人们所期望的理想政治模式，这一点古今中外概莫能外。在西方，由古希腊的"国家是有德者的共同体"到现代的"国家是正义的共同体"都显示出对善政的期望。在中国传统政治文化中，善政的最主要意义就是能使官员清明、公道和廉洁，各级官员像父母一样热爱和对待自己的子民，没有私心、没有偏爱。概括古今中外思想家对善政的理解，主要包括如下要素：严明的法纪、清廉的官员、高效的行政、良好的服务。这种善政主要是人们对政府的期盼，或者说是一种政治理想，至于能否真正实现"良好的统治"，要看政府或国家本身。从"理想国"到"乌托邦"、从"大同世界"到"世外桃源"都表达了人们对善政的苦心期待。但是这种善政在政治理想中的独占地位自20世纪90年代以来在世界各国日益受到严重的挑战，即来自"善治"（good governance）的挑战。

"善治就是使公共利益最大化的社会管理过程。善治的本质就在于它是政府与公民对公共生活的合作管理，是政治国家与公民社会的一种新颖关系，是两者的最佳状态。"[①] 善治不仅仅意味着一种新的管理理念，而且还是一种新的与善政不同的政治运作模式。它是一种建立在市民社会基础之上的、具有不同于传统社会管理方式特性的、全新的社会治理方式。善治的特性在国家治理中主要表现为应遵循认同性原则、责任性原则、法治性原则、透明性原则、有效性原则。[②]

认同性原则。它不是指法律意义上的强制认可，也不是宗教学意义上的盲从，而是政治学意义上的合法性，即标示社会秩序和权威被人们自觉认可的性质和状态。政府的权威和秩序无论其法律支撑多有力，也无论其推行措施多强硬，如果没有在一定范围内被人们内心所体认，就谈不上合法性。并且公民体认的程度越高，合法性就越强，善治的程度便越高。取得和增强合法性的主要途径是尽可能增加公民的政治认同感。所以，是不是善治，首先要看管理机构和管理者在多大程度上使公共管理活动取得公民最大限度的同意与认可。如何使我们的治国方针政策得到广大人民群众的认同与支持，是社会主义德治需要解决的问题。

责任性原则。它是指社会管理机构及管理者个人应当对自己的行为负责，要尽相应的义务。责任性意味着管理机构和管理者个人必须忠实履行自己的职责和义务，否则就是失职，就是没有责任性。责任性越大，善治程度就越高。正因为如此，现代社会人们越来越重视政治阶层的道德责任问题。马克思·韦伯就曾在他的名为《作为职业的政治》的著名演讲中提

---

① 俞可平主编《治理与善治》，社会科学文献出版社，2000，第5~6页。
② 俞可平主编《治理与善治》，社会科学文献出版社，2000，第9~11页。

| 伦理与事理

出政治领域中有"意图伦理"和"责任伦理"之分,前者不考虑后果,后者要求行为者义无反顾地对后果负责任,政治家应当遵循的是责任伦理而不是意图伦理。赫尔穆特·施密特甚至认为,对自己行动或者不行动的结果承担责任,其前提首先是承担在确定目标方面的责任。"政治家的目标以及实现目标的手段和途径不能同他所接受的伦理基本价值产生冲突。缺乏基本价值的政治必然是没有良知的政治,是在道德方面无所顾忌的政治,并且会趋向于犯罪。"[①]

法治性原则。这里法治的基本意义是,法律是政治管理的最高准则,任何政府官员和公民都必须依法行事,法权高于一切,在法律面前人人平等。法治的直接目标是规范公民的行为,管理社会事务,维护正常的社会生活秩序。但其最终目标在于保护公民的自由民主权利,不但要使参与契约的双方都能从利益交换中公平得益,也要以不损害社会公共利益为前提。因为在一个摆脱了身份关系的社会中,契约行为应当以平等的自由精神为其要旨,社会公共利益正是他人自由权利的集中表达,所以维护社会公共利益正是对平等的自由这一契约行为的灵魂的守护。而要维护社会公共利益不能没有国家强权,不能没有法治。而法治"不是一种关注法律是什么的规则(a rule of the law),而是一种关注法律应当是什么的规则,亦即一种'元法律规则'(a meta-legal doctrine)或一种政治理想"[②]。所以,法治既要规范公民的行为,更要规范政府的行为。法治内生着民主自治的社会伦理要求,同时法治也是善治的基本要求。没有健全的法治,就没有善治。

透明性原则。这里主要是指政治信息的公开性,即政府在决策过程中应该公开、公正。因为在现代法治社会中,每一个公民都有权获得与自己的利益相关的政府政策信息,包括立法活动、政策制定、法律条款、政策实施、行政预算、公共开支及其他有关的政治信息。透明性原则要求上述政治信息能够及时通过各种大众媒体为公民所知,以便使公民能有效地参

---

① 〔德〕赫尔穆特·施密特:《全球化与道德重建》,柴方国译,社会科学文献出版社,2001,第113页。
② 〔英〕弗里德利希·冯·哈耶克:《自由秩序原理》上卷,邓正来译,三联书店,1997,第261页。

与公共决策过程,并且对公共管理过程实行有效监督。透明性标示着一个社会的民主化程度,也反映了市民社会的成熟与否,因为在市民社会中,每个成员都不是在被胁迫或强迫的情况下,而是根据自己的意愿或自我判断选择参与某个社会群体或集团的事务或决算。政府决策要以高度尊重个人的选择自由为前提,而个人又以对政府高度信任和负责的态度参与决策。这种双向透明的重要意义在于,一方面可以使政府养成对人民负责的态度,另一方面可以使公民养成自我管理的习惯。一个社会的透明度越高,善治程度也就越高,这就是德治目的之所在。

有效性原则。这里是指管理的有效性。它包括两方面的含义:一是管理机构设置合理、管理程序科学、管理活动灵活,二是最大限度地降低管理成本。人类管理根源于"自然资源普遍稀少和敌对的自然环境"与人类需求的矛盾。由于资源是稀缺的,不可能无限制地满足人的需要,由此形成管理组织,行使管理职能以便有效地获得、分配资源并利用人类的努力来实现某个目标。因此,有效性必然成为社会管理最基本的内在规定,也是衡量社会治理水平的重要标准。善治与无效或低效的管理活动是格格不入的,管理的有效性越高,善治程度也就越高。同时也说明,一个无效或低效的政府,一定是一个失德的政府。

基于国家治理与现代伦理的内在关联,我们从政治伦理、经济伦理、文化伦理、社会伦理、生态伦理、网络伦理六个方面组织了这套研究丛书,绝非一种任务式的科研使然,而是我们湖湘伦理学人对国家治理体系和能力现代化这一国家重大战略的理论自觉和伦理表达。

2018.8.28

《敌人论》序

左高山教授多年前曾在我门下研习伦理学，毕业后留校任教并继续从事学术研究。在互学中，我发现他有独特的学术视野和致思方法，于是推荐他到万俊人先生门下攻读博士学位，他目前已成为政治哲学研究领域的佼佼者。当他把《敌人论》书稿送到我手上并嘱我作序时，我有几许犹豫。虽然我也从事政治哲学研究，但对敌人问题没有专门涉猎过，不敢"妄议"；与此同时，我看到"敌人"这样的字眼会心生凉意，思维会"冻化"，没有写作激情，因为我目睹过因历史的误判而成为"敌人"的好人的悲惨命运。我花了一些时日通读他的书稿之后，开始有了一些感觉，仅为杂感而已，不成其为"序"，希望不要误导读者。

高山君真正走上政治哲学的研究道路自然是因为万俊人先生的指引，后来他选择"政治暴力"作为博士学位论文研究课题，继而研究"战争""敌人"等政治哲学中的"另类"或负面问题，多多少少受了我所在的中南大学"负面文化研究"的学术影响。学术界的朋友也许知道，在20世纪90年代初，曾钊新先生主编过一套"负面文化研究丛书"，出版了十多本著作专门研究"罪恶""失败""虚假""丑陋""错误""衰落""自私""越轨""腐败""欺骗"等负面文化现象，在学术界产生了重大影响。一方面，有人为之叫好，认为他开启了一种全新的学术思路；另一方面，也遭到一些人的非议和责难，他们质疑"为什么只看到社会的阴暗面而看不到大好形势"，以至于这套丛书在参加省级社会科学成果奖的评审时，专家推荐为一等奖，而在终审会上因有人提出"为什么要研究这些负面的东西"而对我们的学术动机提出质疑，差点被扣上"抹黑论"的帽子，最终被降为二等奖。我对高山君能够传承中南大学"负面文化研究"这种学术传统而倍感欣慰。

为了不曾和不该忘却的学术记忆，我想重新介绍一下曾钊新先生关于"负面文化研究"的主要想法，也许其对我们今天仍然具有"解放思想"的作用。负面文化研究的真实起点是生活的辩证法。没有"恶"就没有"善"，没有"假"就没有"真"，没有"敌人"也就没有"朋友"，这些都是生活的辩证法。但是，辩证法一旦接近生活世界，人们并不都有勇气去迎接辩证法，对习惯于所谓"正面思维"的人来说尤其如此。正如曾钊新先生所言："辩证法就难免成为书斋里的观念而走不出书斋，哲学的解放终归只是哲学家谈论解放的哲学。"文化按其性质可以分为正面文化和负面文化。曾钊新先生认为："负面文化是与积极的、正确的、光亮的社会意识相抗衡和相否定的观念形态或精神现象，是社会经验的背向积累和腐蚀性变异，是影响社会进步、健康与和谐的消极力量和病毒。"在人类的历史进程中，一方面产生了诸如真善美等正面价值的文化，同时伴随着假恶丑等负面文化，如果我们对假恶丑等负面文化现象视而不见、不闻不问，不加以消除，真善美等正面价值的文化也自然得不到弘扬。问题是如何消除假丑恶。首先要研究它们，发现它们产生的原因和规律，然后才能消除它们。可以说，负面文化思维，就是以正面文化为导向，通过对负面文化的探究，发现其规律性特征，找到消除它的根本办法，来实现对正面文化进行弘扬与建设的目的。其实质就是文化研究中的辩证法，即从反面看正面、从负面求正道的思维方法。对假恶丑认识越透，对真善美就认识越深，这是人类把握文化现象的科学态度和正确方法。不知何故，这种方法经常被人遗忘或误解，甚至遭到反对和限制。大凡人都爱听好话、唱赞歌、喊正调，这或许是人性弱点所致，也无可厚非。但是，如果学术研究只当睁眼瞎、传声筒、吹鼓手，那人类的理性力量何以彰显？学术的生命何以承续？

毫无疑问，"敌人"是负面文化研究的重要范畴，是"朋友"或"我们"的对立面。我对"敌人"的理解最初源于毛泽东"语录"——"谁是我们的敌人？谁是我们的朋友？这个问题是革命的首要问题。"当然，区分敌友是革命的首要前提，也是政治的根本问题。毛泽东在解释什么是政治时也曾讲过，政治就是把敌人弄得少少的，把朋友弄得多多的。其实，"敌人"作为政治哲学的核心问题和政治生活的客观存在，不是简单的主体外化或异化的结果，而是与"人民"相对应的概念。人民是一个历史范畴，它是大多数、进步性、广泛性的一个表征，谁与人民作对，谁就是敌人。人民与敌人的分水岭是谁代表了先进阶级的利益，谁代表了社会历史的前进方向。没有了敌人，人民也就没有存在的意义了，人民的力量也正是在战胜敌人中显现的，战胜的敌人越多，人民的力量就越大。我相信化敌为友的可能性和技术性，但不认为有"没有敌人的世界"。只要有政治，就会有敌人，想有超越敌人的政治，只能是政治乌托邦。政治本身是一种两极存在，其间不乏多因素参与和博弈，但终究是两极对立的，诸如民主与专制、清廉与腐败、战争与和平、仁政与暴政、忠诚与背叛、公正与偏私等。或者说，正是因为这种正反相依，才构成了政治生活的生动性和残酷性。马基雅维利的《君主论》，虽然偏执地揭示了政治生活的残酷性，但也从反面告诉了人们什么样的政治才是正义的，才是优良的。李宗吾的《厚黑学》在告知人们如何玩弄权术的同时，其实是在告诫人们什么样的政治手段是"黑"的，从一个侧面揭露了政治生活中的"罪恶"。如果我们不能全面地认识政治生活，不认真研究政治中的负面文化，就不可能完整地认识政治和政治的完整性。

应该说，高山君是怀着极大的学术勇气，用"负面文化思维"来开展他的政治哲学系列研究的，我为之欣喜，为之点赞。也许在未来的道路上他会遇到意想不到的困难和责难，但我坚信，真正源于学术真诚的研究是不朽的。在一个只习惯于正面文化思维的时代，负面文化思维应该有，也可以有！正如曾钊新先生所言："看清阴影，是为了追求光明。"

2016.2.14

《社会转型时期弱势心理研究》序

自改革开放以来，我国社会各方面都取得了巨大进步，尤其是经济发展成果显著，经济总量居世界第二，人均收入达到世界中等发达国家水平，人们的物质生活得到普遍改善。但与此同时，经济、政治和文化领域的转型与变革也深刻地触动了人们的精神世界，社会整体精神面貌朝向多元化发展。其中，弱势心理不断在多类社会群体中扩散和蔓延是当前中国非常典型的一种社会心理现象。这种社会弱势心态不仅影响人们的工作状态，而且影响人们的身心健康，因此，非常值得学术界进行深入研究。

社会心理问题既是社会的"潜在"问题，也是重要的哲学问题。为什么随着物质生活水平的不断提高依然会有如此普遍的社会心理问题尤其是弱势心理现象？赵书松博士2011年进入中南大学哲学博士后流动站并加入了我的研究团队。自此以后，他一直致力于研究这一现实问题，围绕社会转型时期弱势心理的影响因素与形成机制这一核心主题申报了中国博士后科学基金项目和教育部人文社会科学研究一般项目并获得资助，本书即赵书松博士四年来研究成果的集中体现。首先，在文献阅读和理论分析的基础上，本书剖析了当前中国社会转型时期弱势心理的概念内涵；其次，通过问卷调查和因素分析、回归分析等实证研究方法，本书证实了弱势心理受到收入差距、利益表达渠道、政治资本和社会分层等因素的显著影响；再次，本书基于社会互动理论建构了倾诉—共鸣模型、羊群效应和瀑布效应模型、泡菜效应模型来揭示弱势心理的扩散机制；最后，本书从政府部门、社会组织和社会个体三类主体视角探讨了弱势心理的干预问题。

本书的相关研究结论对于我们充分认识当前社会弱势心理问题乃至重构社会伦理秩序具有一定的启发意义。我认为，赵书松博士的研究取得了丰富的、具有一定创新性的成果，有一定的学术水平和独创性，也有一定的应用价值,应该让更多的人了解这些研究成果。这次,赵书松博士通过经济管理出版社把他在该领域的研究成果以专著形式发表出来就是一个积极的尝试。

当前的中国正在进行积极变革,社会各领域正发生着深刻的变化。作为国内从事伦理学研究的学者,我们任重而道远。我愿意与赵书松博士一起,也与国内的广大学人和读者一起,为促进我国社会伦理秩序的重构和道德生活的更新尽微薄之力。

2016. 1. 12

《企业家政府理论的伦理批判》序言

20世纪70年代以来,美国、英国、日本、荷兰、澳大利亚、新西兰等主要西方国家开展了一场声势浩大的政府改革或者说"政府再造"运动。这场声势浩大的运动被人们冠以如"以市场为基础的公共行政""企业型政府""管理主义"等名称①,对政府管理理论造成了巨大的影响,有学者称其已"成为与传统管理途径、政治途径以及法律途径并驾齐驱的新研究途径"②。其中,戴维·奥斯本和特德·盖布勒在《改革政府:企业家精神如何改革着公共部门》一书及其所提出的企业家政府理论中集中表述了这场"政府再造"运动的基本理念,成为新公共管理理论的精髓③,为政府管理的理论研究和改革实践提供了一种新的视野。企业家政府理论首先对政府的本质提出了自己的看法,没有"把政府视作一种不得不忍受的邪恶",而认为它是"我们用来作出公共决策的一种机制",是人类社会解决问题的一种方式;但在现实生活中,政府存在体制问题,不具有更好的责任机制、激励约束机制和灵活性,使得政府运作并不像人们所期望的那样有效,庞大而集权的官僚机构缺乏足够的灵活性,提供的是"不看对象的千篇一律"的标准化服务,从而"不足以迎接迅速变化的信息社会和以知识为基础的经济的挑战"。④ 因此,政府改革的关键是更新观念,吸纳新思想,调整政府结构,而不仅仅是增税、节支、砍计划、撤机构和辞退雇员等。企业家政府理论找到的政府改革的关键之处是"企业家精神",将

---

① 张成福:《公共行政的管理主义:反思与批评判》,《中国人民大学学报》2001年第1期。
② D. Rosenbloom, *Public Administration*, McGraw Hill, 1998, p.20.
③ 邓伟志、钱海梅:《从新公共行政学到公共治理理论——当代西方公共行政理论研究的"范式"变化》,《上海第二工业大学学报》2005年第4期。
④ 〔美〕戴维·奥斯本、特德·盖布勒:《改革政府:企业家精神如何改革着公共部门》,周敦仁等译,上海译文出版社,2006,前言第3页。

企业家精神引入政府管理中，用企业家精神重新塑造政府，从而在政府内部形成具有企业家精神的管理机制和内部驱动机制，提高政府工作效率。在这个基础上，企业家政府理论指出了改造政府的十大原则，构成了企业家政府理论的主要原则。

企业家政府理论和新公共管理的其他理论一样，其主要目标是改进政府工作方式，提升政府工作效率。基本思路是调整政府与市场、政府与社会的关系，政府从部分公共领域撤出，将政府职能转移给民间组织和非政府组织，减少政府职能。基本方法是引入市场机制和私人部门的管理方法，在政府公共管理和公共部门以及公共服务领域建立竞争机制，通过竞争来提高政府管理和公共服务的效率。具体措施则主要包括：简化政府管理的流程，减少和放松政府对市场的干预和规制，将权力下放给市场和社会；调整政府组织结构，削减财政开支，构建小政府模式；调整政府工作内容，将决策与执行功能分离，建立"掌舵"而不是"划桨"的政府；加强政府绩效的评估与管理，形成"结果导向"的工作理念；注重现代技术在公共管理中的运用，完善政府管理信息系统，建立电子政务系统，推行政府在线服务，提高政府管理的透明度；等等。

企业家政府理论的中心观点是"提供公共利益和服务时，除了拓宽和完善官僚主义机构外，其他机构也可以提供所有这些职能"[①]。其最主要的特征就是要通过将市场机制引入公共服务领域，实现公共服务领域的市场化运作，并注重在政府内部展开竞争，以竞争促使政府不断进行创新。其主张政府以顾客需求为导向，和公众一起平等地活动于公共管理中，而不是采取传统模式下强压企业与市场的"父爱尊严"的模式进行管理，形成了不同于传统行政学的处理政府与市场、政府与企业、政府与社会的关系的思路与观念，不仅改变了公共行政研究的主题、范围、方法，其管理实践也改变了政府与公民、政府与社会、政府与市场以及政府内部等各种关系结构。

企业家政府理论和实践带来的这种关系结构的改变，必然会带来政府与社会、政府与公民之间的伦理关系的变化，并将在很大程度上改变公共

---

① 陈振明主编《公共管理学》，中国人民大学出版社，1999，第18页。

管理领域的伦理价值观念。因此，我们在借鉴企业家政府理论的合理成分以指导中国政府改革的过程中，不仅要看到其引进市场机制以改革政府运行、提高政府公共管理效率这一"实证的、自然性"的一面，更应把握其所昭示现代公共伦理秩序这一"自由的、社会性"的一面；不仅要看到其对社会生活中的经济、政治、法律等客观关系结构和运行规则的重新构建，更应看到其对隐藏在这些客观关系结构之中的公共伦理秩序的重新构建。因此，对企业家政府理论进行分析和批判，也必须在对企业家政府理论构建的政府模式的事实分析的基础上进行深入的伦理价值的研究，明确企业家政府处理政府组织与非政府组织、政府组织与企业、政府组织与社会组织、政府组织与公民等之间的关系的价值内涵及处理这些关系遵循的伦理准则，明确政府组织在社会管理及治理过程中所遵循的基本的价值准则，明确政府组织内部的制度安排中所遵循的公共伦理准则。本书在对企业家政府理论进行全面解读的基础上，突破理论界只从政府理论或公共行政学等相关学科出发、把研究重点主要集中于对企业家政府理论原则在解决政府面临实际社会问题的有效性的阐述和分析的局限性，将研究视角投向企业家政府理论所表达的政府组织本身及其管理活动所包含的伦理道德价值理念和精神，从企业家政府理论的理论基础、企业家政府理论的效率价值取向、企业家政府理论将私人部门管理原则与方法运用于政府带来的伦理影响、企业家政府理论的顾客导向理念的伦理意义等几个方面对企业家政府理论进行了深入的伦理分析。这些努力，丰富了公共管理伦理或行政伦理中关于政府在公共管理中的伦理角色和职能定位、政府应该承担的公共责任及评价、政府权力行使的伦理界限、政府行使公共权力和实施管理行为的正当性、公共管理者的伦理素质及公共伦理建设等方面的理论内容，为我国公共管理伦理或行政伦理等相关学科的建设和发展提供了有益的理论资源。

　　伦理学的研究和分析最终必然要服务于社会实践。对企业家政府理论的伦理分析，最终也必须回到公共管理的实践上来。企业家政府理论虽然以西方社会市场经济为前提和基础，是在引入市场机制和私人管理方法基础上形成的一种政府改革理论，其内含的伦理观念也是适应西方社会市场经济体制而确立的，但对于正在逐步完善社会主义市场经济体制、稳步推进政治体制改革的我国政府来说，有较为重要的意义。本书所揭示的企业家政府理论所蕴含的价值理念及伦理观念，对于我们在"发挥市场在资源配置中的决定性作用"的各项改革中，确立起既符合市场机制又保证政府的公共管理活动能够增进公共利益、促进人的全面发展的合理的价值理念和相应的制度安排，无疑有十分重要的意义；同时，也有助于指导政府公务人员更新价值观念，确立和完善自己优秀的行政人格，从公共管理伦理原则出发来从事职务行为，以合理的伦理价值取向指导自己公正合理地处理公共管理过程中与各方面的关系，提升公共事务治理能力与水平。

政府组织伦理表达的是政府组织本身及其管理活动所包含的伦理道德价值理念和精神。对企业家政府理论进行伦理批判，是一项系统的理论工作。本书只是借助于有见识的前人为我们确立的公共管理伦理的基本原理和观点对企业家政府理论中的企业管理方法运用、核心价值追求、理性特质及公共性等几个方面进行了一些伦理分析，对企业家政府理论涉及的诸如将企业管理方法运用于政府管理所带来的权力伦理和责任伦理的变化等公共管理伦理中的其他重要主题未系统分析，使得本书的系统性和理论深度存在不足，希望作者用今后的研究工作来弥补。

是为序。

2014.9.8

《政府效能建设研究》序

在政治学的理念与实践中，监督体系的存在对于保障和促进公共权力的规范化运行无疑具有重要的意义与作用。法国近代著名思想家孟德斯鸠曾经说过，一切有权力的人都容易滥用权力，这是万古不易的一条经验，有权力的人使用权力一直到遇有界限的地方才休止。新中国成立以来尤其是改革开放以来，监督机制的发展与完善一直都是我国宪政体制改革与法治化建设的重要目标。时下，我国已进入全面建设小康社会、加快推进社会主义现代化发展的新阶段，经济全球化、管理信息化和社会多元化等席卷全球的改革浪潮都要求我国进一步深化对权力运行机制尤其是地方政府运行体制改革。行政决策监督、行政执行监督、行政绩效监督等一系列监督体制建设理念被相继提出。

这些监督政策出台与实施的背后，是党和政府对一些地方与部门普遍存在的以工作懒散、效率低下为代表的"庸政"和"懒政"的深恶痛绝与治理。"懒政"等现象不仅在很大程度上制约了当地经济社会发展，也遭到了广大民众的诟病，成为我国中央和地方各级政府着力破解的难题。为提高政府效能，革除"懒政"现象，中国各级政府通过精简审批程序、完善监督制度等方式，逐步做出有益探索。自2001年推行行政审批制度改革以来，国务院各部门共取消和调整行政审批项目2000多项，地方各级政府取消和调整77000多项，占原有项目总数的一半以上。毋庸置疑，提高政府效能的相关体制机制建设对于促进经济社会发展的效果是显而易见的；也正是基于此，在《中华人民共和国国民经济和社会发展第十二个五年规划纲要》中，"提高效能"作为推进行政体制改革的要求之一被明确提出。

对于地方政府而言，开展行政效能监察可以促进政府机关工作人员依法行使行政权力，廉洁、高效、秉公、公正地执行公务，提高行政效能，改进机关作风，保证依法行政和政令畅通，建立公正透明和廉洁高效的行政管理体制，实现有限政府和有效政府双重目标。在此目标指引之下，湖南省的政府效能建设的理论与实践活动的开展同样风生水起。事实上，在党的十七大报告提出关于以人为本理念与建设服务型政府之前，湖南省就已经开始酝酿行政效能与监督体制的研究与建设。

早在2007年5月，湖南省委、省政府就进一步加强机关效能建设和优化经济发展环境，提出要加快建立省人民政府行政效能投诉中心，开通行政效能投诉热线和网站。同年7月，省编办正式批复成立"湖南省人民政府行政效能投诉中心"。2008年5月，湖南省人民政府行政效能投诉中心在湖南人民广播电台设立"12342"行政效能热线呼叫平台，目的是借助联动新闻媒体的舆论监督力量，以对行政机关和公共事业单位投诉、监督、服务机构进行再投诉、再监督为重点，受理公民、法人和其他组织对公共部门行政效能和优化经济发展环境方面问题的投诉，促使公共权力真正在阳光下运行。

可以说，湖南省人民政府行政效能投诉中心的建立以及投诉热线的设置，对于湖南省行政效能建设的开展起到了强有力的监督作用。在此基础上，湖南省又建立了湖南省政府信息公开发表平台并于2009年颁布实施了《湖南省行政效能投诉处理暂行办法》（以下简称《办法》）。《办法》规定，县级以上人民政府都要设立行政效能投诉中心，统一使用"12342"热线电话，群众在办事过程中可对包括违法设定行政许可和非行政许可，对申请人符合法定条件的行政许可、行政审批不予许可、审批，不在法定期限或承诺期限内做出许可、审批决定在内的七种行政行为进行投诉。同时，遇到省直行政机关及其工作人员有行政不作为、乱作为、慢作为的问题，即可拨打该热线电话进行投诉。投诉中心将根据内容和性质，分别采取直接查办、联合查办、督促查办和转交办理等方式依法进行办理。投诉办结后，会及时将办理结果告知投诉者。为了更好地激发广大人民群众作为监督行政效能建设体制外的重要监督力量的主动性与积极性，《办法》还规定，全省县以上人民政府的工作部门和法律、法规授权的具有管理公共事务职能的单位，也要在本单位内部成立相关的工作机构，明确分管领导和工作人员，开展行政效能投诉工作。

为了建立政府行政效能建设长效机制，避免"一阵风"的改革陋习，湖南省2010年提出在全省广泛开展"机关效能建设年"活动。应当说，全省"机关效能建设年"活动为湖南省政府行政效能建设提供了有益的经验。第一，加强组织领导是提高政府行政效能的重要保障。要明确，提高政府行政效能并非各个机关各自为政就可实现的一般化目标，政府行政效能建设应实行党委统一领导、政府组织实施、纪检监察机关协调监督的责任制。全省各级各部门机关效能建设领导小组为本地本部门开展"机关效能建设年"活动领导小组，对活动实施负总责，领导小组组长为第一责任人。各级各部门要把开展"机关效能建设年"活动作为新形势下实践科学发展观、促进"转方式、调结构、抓改革、强基础、惠民生"全局性工作的重要举措，列入重要议事日程，形成主要领导亲自抓、分管领导具体抓、一级抓一级、层层抓落实的工作格局。唯有如此，才能够逐步建立政府行政效能建设的长效工作机制。第二，社会监督力量是政府行政效能建设的重要依托。发挥机关效能和优化环境监督测评站，各级人大代表、政协委员、企业负责人、效能监督员、新闻媒体和人民群众的作用，对机关效能建设的开展情况进行监督评议。这也是落实中央十七届六中全会与"十二五"规划重要指示精神的题中应有之义。

从根本上说，政府行政效能的提高对于湖南省各级地方政府而言，不仅是工作作风与机制的转变，同时也是权力运行体系的变革，更是政府管理方式与服务理念的创新。

一方面，切实深化体制改革，有效转变政府职能。其一，要合理划分行政职能，理顺省级政府与市州、县区、乡镇政府的关系。与市州等基层政府的职能相比，省政府主要职能中有三个层面尤其需要加以明确，这也是理顺上下级政府关系的重点。第一，在宏观调控层面，根据"转方式、促发展"和"两型社会"建设要求，制定湖南省区域发展和结构调整的战略规划，充分运用财政政策、金融政策以及其他经济杠杆，引导市场主体经济行为，实现产业结构合理化和高级化；第二，在市场监管层面，通过制定地方性法规，规范市场主体行为，包括规范政府自身行为；第三，在社会管理层面，加强社会管理体制的建设和创新，转变政府的社会管理职能。建立适应和谐社会发展要求的、多元的、民主的、合作的管理模式，促进基层民主建设和社会自我管理、自我发展的能力。其二，要调整处理好政府与社会、政府与市场的关系。加强社会管理体制的建设和创新，培育和促进社会组织的发展，完善政府社会管理体制，转变政府的社会管理职能。省政府要加快制定相关的地方法规，明确政府与各种社会组织的关系，摆脱政府部门与社会组织的从属关系，消除社会组织的行政化倾向，规范社会组织的行为规则，使各种社会组织真正发挥沟通、协调、自律、反映诉求、化解社会矛盾的重要功能和作用。

另一方面，切实提高政府公信力是政府行政效能建设的出发点与着眼点。应建立完善的相关制度体系，进一步提升政府的公信力，从政府自身的信用建设入手，彻底摒弃传统官僚体制的糟粕思想和陈旧做法，通过建立和完善政府信用制度，保证政府权责一致。行政权力运行从"管理者中心模式"向"公民权利中心模式"转变，完善公民权利对政府的制约机制，拓宽公民政治参与途径，完善公民政治参与程序。为了进一步加强政府公信力建设，拓宽行政问责路径，强化异体问责，建立多元化的问责机制。明确问责对象，强化制度执行的针对性，确保问责实施效果。清理非法的行政许可事项，解决好职能重叠、交叉、模糊不清的地方。对于政府权责的确定，要根据谁参与、谁决策、谁负责的原则进行问责，明确问责事由、问责主体、问责客体，完善行政问责程序。

我们认为，在提高政府效能的诸项体制与机制建设中，完善和落实行政监督机制、强化对行政行为的监督是重中之重，也是本书的主要着眼点。地方各级人民政府在自觉接受人大的监督、政协的民主监督和司法机关依法实施的监督的同时，应更加注重接受社会舆论和人民群众的监督，要完善群众举报投诉制度，拓宽群众监督渠道，依法保障人民群众对行政行为实施监督的权利。进一步加强行政效能监察，严肃查处违法违纪问题，确保政令畅通。只有这样，行政监督才能做到言之有物，行政效能建设才能有的放矢，而不致成为无本之木。

是为序。

2010.11.8

《论道德自由》序言

《论道德自由》一书是我的博士生弟子覃青必在其毕业论文的基础上修改而成的。记得当年给他们那一届伦理学研究生授课的时候，我经常抛出一些具有研究价值的伦理学概念，供有志从事伦理学原理研究的学生当作毕业论文的选题。因为题目较难，需要的创新度较高，又属于纯原理方面的研究，需要研究者具有扎实的理论基础和严谨的思辨能力，因此多年来很少有学生选择这些题目，并能坚持研究下来。覃青必还是硕士研究生的时候，就以极大的勇气选择"道德自由"这个选题作为他的研究方向，并且孜孜以求，在他攻读博士期间以及博士毕业工作后，一直都潜心于"道德自由"这一个概念的分析与构建工作。比照当前学术界流行的应用研究、交叉研究热，覃青必作为年轻的学者却能甘于寂寞，执着于枯燥晦涩的纯原理方面的研究，我作为导师对他的学术执着与奉献精神甚感欣慰。

我认为《论道德自由》一书最难能可贵的地方在于它不受限于前人的研究，一开始就把道德自由研究放在一个终极的语境中，追问生来自由的人如何可能在自由中避恶扬善，并主动走向道德上的自我选择、自我完善、自我实现。这可以说是一个千古的疑问。萨特说，人注定是自由的，他甚至有放弃自己自由的自由。那么在这种注定的自由中，这浮萍一般的人将漂向何方？从《圣经》中我们得知，在伊甸园里人首次对自由的运用竟然是偷吃禁果，结果被逐出了伊甸园，而且在以后漂泊的日子里，人还是不知悔改地一再堕落与犯罪。可以说西方文化发展的主线贯穿着对人性与人的自由的控诉，这也造就了西方世界强调法治的传统。难道自由是套在人头上的魔咒，在注定的自由中我们只有注定的堕落与犯罪？如若自由是这个样子的，那我们还是没有自由，因为只有恶的选择的自由不是自由，除非我们在自由中还有善的选择。

奇妙的是，在中国传统文化里我们的先人对人性有截然不同的看法。儒家认为人心中有善端，相信人可以通过道德修养活动，自主地走向道德上的自我完善。可是吊诡的是，相信人性善的儒家文化后来却导致了道德专制，而认为人性恶的西方文化却逐步走向了道德宽容。这种吊诡让我们意识到，认为人在自由中只有善的选择，跟认为人在自由中只有恶的选择一样，都不是对人的自由的深刻认识，结果都有可能导致对人的道德专制。人的自由意味着他在事实上既有可能选择堕落，又有可能选择升华，堕落与升华构成了人的自由不可分割的两面，其中的任何一面我们都不能否认与忽视。而研究道德自由的目的，就是在充分体察人的自由的两面性的基础上，引导人小心地避开那堕落的一面，并逐步、渐进地走向道德上的自我选择、自我完善、自我实现。也只有这样，自由对我们来说才具有真正的意义与价值，因此如果说自由对人来说是注定的，那么道德对人来说也是注定的。

一般学者对道德自由的研究，多局限在道德境界层面，意指人通过道德修养达致的"从心所欲不逾矩"的自由境界。这种对道德自由的片面理解，应该与缺乏中西文化比较的视角有关。道德境界论强调从道德走向自由，它缺乏从自由走向道德的这一向度，人应该首先是自由的，然后才是道德的，而不是相反，只有这样，道德对人来说才具有主体性意蕴，因而也才是自由的，在人的主体性意识不断凸显的现代社会更是如此。为此，我们认为完整意义上的道德自由应该包括三个独立而又依次递进的维度，即意志自由维度、道德权利维度、道德境界维度，道德自由正是人基于意志自由，经由道德自由权，最后走向道德自由境界的过程。因此，真正的道德自由应该是道德与自由的双向融合，我们只有在自由中走向道德，自由对我们来说才具有真正的意义；我们也只有在道德中走向自由，道德对我们来说才是符合人性的。

以上是我对《论道德自由》一书在立意方面的简单评述，权当作该书的一个导读。从这几年覃青必发表的道德自由系列论文看，学界对他的研究成果是充分肯定的，而今《论道德自由》一书又入选教育部"社科文库"资助出版计划，我想这是对他多年来潜心于道德自由研究的鼓励与肯定。在该书即将出版之际，我作为导师甚为他感到高兴。

是为序。

2012. 3. 6

"公务员职业道德培训丛书"序

随着中国政治体制改革的深入，政治权力构建与制约越来越需要道德的规范，特别是对公共权力的支撑者——官员的德性要求也越来越高。近年来官员道德问题成为社会关注的焦点之一，如何有效加强官德建设，防止官员腐败，树立良好的政府形象，正成为无法回避的重大问题。

一 官德是社会的主体性道德

从社会成员的分层来看，官员是社会道德活动的主体；从社会道德的层次来看，官德是社会的主体性道德。

首先，官德的主体性地位是由官德的社会价值决定的。

由于官员在社会生活中地位突出，处于领导地位，手中掌握着权力，他们既是群体利益的代表者和维护者，又是群体意志的体现者和协调者，也是群体活动的组织者和教育者，还是群体关系的设计者和执行者；他们对社会的人、财、物进行全面领导、管理、协调和服务，所以，"政治路线确定之后，干部就是决定的因素"。正因为官员的这种决定性作用，社会和人民才赋予他们以道德上的极高期望，官德在社会生活中尤其是道德建设中才起着举足轻重的作用。在中国改革开放和建立社会主义市场经济体制的今天，如果说当代中国社会发展中的道德建设已经引起人们的极大关注和忧虑，那么，官德建设就成为当代道德建设中的关键性问题。官德的价值取向直接显示着社会的道德导向。就当代中国社会道德发展状况而言，在确定了社会主义市场经济目标取向以后，受经济活动方式直接影响的道德建设，正处在新的定位的过程中。道德规范和要求以及道德学说，被充实完善者有之，吸纳补充者有之，更新替代者有之，摒弃不用者也有之。社会的不同阶层及成员如何在这一过程中判断社会的道德导向，并决定个人的道德取舍呢？他们既不可能再去因循计划经济体制下的道德规范，又对市场经济条件下的道德要求缺乏应有的理性认识。处于社会领导职位、担负不同领域和不同社会层面领导职务的领导干部的道德取向，在这种情况下就凸显出其导向作用。一方面人们从其道德言论中感悟社会所倡导的道德要求，另一方面人们又从其道德行为中判断善恶是非。官德建设不仅显示了社会道德建设的主题，而且成为官德建设本身作为社会道德建设的重要组成部分，它对自身问题的解决，无疑会推动整个社会道德建设的全面开展。同时，由于官德在社会道德体系中的特殊地位，官德建设取得的成效，具有社会道德建设其他内容均不可能具有的强烈示范效应，从而增强社会成员的道德建设信心，推动道德进步。

其次，从政治性角度分析，官德在本质上是一种政治道德，而政治道德始终处于社会道德的核心地位。

在中国传统道德中，政治和道德是融为一体的，表现出明显的伦理政治化和政治伦理化的特征。伦理政治化就是通过把伦理所产生的一切社会功能和文化功能与政治联系起来，扩大和加强伦理的政治功能，来保证封建政治制度能够在一系列伦理原则的规范和调节下有序地运行；政治伦理化则是把封建统治的政治目的、政治权力、政治秩序等归结于伦理观念，进而从伦理的角度证明封建政治制度的合理性。难怪一些思想家把德治、政德看作国家兴亡的重大问题。在我国最早的一部政府重要文件及政治论文选编——《尚书》中，就提出了"德惟治，否德乱"的主张，即为政以德则治，不以德则乱。孔子也强调："为政以德，譬如北辰，居其所而众星共之。"[1] 汉代大思想家董仲舒再三说："以德为国者，甘于饴蜜，固于胶漆。"[2] 这种思想传统一直延续到近代。孙中山先生就明确指出："有了很好的道德，国家才能长治久安。"[3] 但道德对国家政治的重要作用，要靠人去实践，政德要靠为政者去实践，为政在人，因此，官德是关系国家兴

---

[1] 《论语·为政》。
[2] 《春秋繁露·立元神》。
[3] 《孙中山选集》，人民出版社，1981，第679页。

亡的大问题。如以周公为代表的周初统治者，总结了夏商灭亡的教训："惟不敬厥德，乃早坠厥命。"[①] 为此，提出"以德配天"的理论。"皇天无亲，惟德是辅"[②]，官德成为社会安危治乱的决定因素。司马迁在《史记》中，通过对先秦的历史变迁、政权兴衰的总结得出了"有德者昌""饰诈者亡"等结论。中国传统文化中的伦理政治、贤人政治与现代民主政治是相冲突的，但始终强调政德、官德的主导作用是非常有益的。事实上，在资产阶级道德中政治道德也占据核心地位。1893 年，罗伯斯庇尔在建立法国资产阶级政权之际，即首先向议会发表了题为《关于政治道德的各项原则》的施政演说。他认为支持和推动政府的主要动力是爱祖国和法律的美德，要用美德来管理国家政治生活。当代美国政府也十分重视官德建设，并用立法的形式加强公职人员的道德责任，比如 1976 年公布的《公务公开法》、1978 年颁布的《公务道德法》《政府道德法》和 1980 年通过的《公职人员道德法》。无产阶级的政治道德是有史以来人类最崇高的道德，它代表着全人类的根本利益。"领导干部一定要讲政治"的科学命题也暗含了深刻的政治道德价值。

最后，从我国道德建设的现状来看，官德建设也应成为道德建设的主题。

对当前我国社会道德领域出现的一些严重问题稍做分析即可看出，它们大都与官德建设存在的问题直接相关。一方面，一些领导干部本身放松思想改造和道德自律，直接引发了严重的道德问题，如官员的生活腐化堕落；另一方面，作为道德他律的一个重要组成部分，少数官员对发生在自己身边，甚至直接隶属自己管辖范围的道德问题置若罔闻，客观上助长了严重的道德问题的滋生与蔓延。这就使得当代中国道德建设在双重意义上要求将官德建设摆在首位。其一，官员自身存在的道德问题构成社会道德建设中的难点和重点。从主流上看，我们大多数的官员是好的和比较好的。但也有个别官员以权谋私、生活腐化，堕落成为腐败分子和犯罪分子。早在 1978 年，邓小平同志就告诫全党："领导干部，特别是高级干部

---

① 《尚书·召诰》。
② 《尚书·蔡仲之命》。

以身作则非常重要。"① "现在，不正之风很突出，要先从领导干部纠正起。群众的眼睛都在盯着他们，他们改了，下面就好办。"② 如果官员自身正了，自身的道德问题解决好了，就能理直气壮地去解决他人的问题。其二，由官员道德问题所引发的消极影响成为社会道德建设首先需要消除的影响。尽管有道德问题的官员是少数官员，但这部分官员也代表了党和政府公职人员的形象，容易产生极大的社会反响，在普通社会成员中造成一种连环性假象：由少数官员的道德问题推及整体领导干部道德问题，由领导干部道德问题推及整个社会道德问题。而要消除这种假象，就必须先使官员在道德上亮丽起来，从而消除引发上述连环性假象的源头。只有把官德建设作为道德建设的主体性工程，才能从根本上实现从上至下的平等的道德自律，否则，道德建设只会成为只对下不对上或只对民不对官的管制老百姓的手段和精神枷锁。

二 误将官德作为职业道德

官德究竟属于职业道德范畴，还是角色道德范畴，是探讨官德的重要理论问题。所有的现存道德学说书籍，几乎都把官德定位于职业道德。这不仅给官德的理论研究带来了混乱，而且给官德建设也带来了某种程度的不利。

为了论述的方便，我们必须先明确职业与角色、职业道德与角色道德的区别。职业是指人们由于社会分工从事的具有专门业务和特定职责并以此作为主要生活来源的社会活动。而角色是指在社会生活中处于一定社会位置、具有一定社会规范的活动个体及行为模式。从定义可知，职业侧重于社会的自然分工且是养家糊口的基本方式，而角色侧重于人的身份和地位，"身份"是人们在识别角色时使用的称呼。身份规定了角色，角色体现了身份。职业是个人自致和社会指定的结果，往往是固定和单一的，有时是终身的，而角色这一社会关系的产物具有变动性、同兼性等特点。因

---

① 《邓小平文选》第 2 卷，人民出版社，1994，第 124 页。
② 《邓小平文选》第 2 卷，人民出版社，1994，第 125 页。

此"官"不是一种职业,而是一种社会指定的角色,是一种身份;官不由社会分工而来,而靠选举产生(在世袭制度下是世袭而来);官不应是终身的,而应是变动的、可更换的;官不是自致的,而是由社会机关、组织指定任命的。职业道德"是从事一定职业的人们在其特定的工作或劳动中的行为规范的总和"[①]。它具有内容上的稳定性、范围上的限定性、形式上的多样性等特点。角色道德"就是人们在社会生活中充当某种角色时所必须遵循的行为准则、价值观念及其道德实践"[②]。职业道德突出了行业性的群体特点,而角色道德则突出在社会关系中的个体性。如商业道德是职业道德,营业员道德则是角色道德;军事道德是职业道德,而军人道德则是角色道德;政治道德是职业道德,官德则是角色道德;等等。更进一步说,职业更多地体现社会伦理关系,而角色更多地体现道德性质。伦理与道德在通常意义上可以等义使用,但二者之间的区别也是不容忽视的。伦理和道德在使用意义上的主要区别有:伦理是客观自在的,道德是主观自为的;伦理是社会的,道德是个体的;伦理是他律的,道德是自律的。尽管官德是社会政治伦理关系的主要体现,但也绝不可用前者取代后者,更不能把后者归结为前者。

把官德定位于职业道德在理论和实践上都不利于加强官德建设。第一,会降低官德的社会地位和自身要求。从社会整体而言,无论生产劳动还是管理和生活服务,也无论政府官员还是勤杂工,都承担着一定的社会职能,而且这种职能是不可分割的。国家社会不仅事事要有人做,而且专事要有专人做。"专人做专事"是社会成员的"自然"分流,也就是说从事某种职业本身对社会、对个人来说是自然的事(在现代社会有竞争上岗的问题)。同时,从事某种职业不仅意味着有了一个社会正式承认的身份,而且意味着有了生活的主要经济来源,有了谋生的手段。所以"干活吃饭,挣钱养家"成为大多数人从事职业的主要动机,也是职业生活的基本事实。而官员如果仅仅是为了挣钱养家,仅仅是为了谋生,那么在为官动机上就混同于一般公民,其从政行为就是"保饭碗",不求有功,但求无

[①] 罗国杰主编《中国伦理学百科全书·职业伦理学卷》,吉林人民出版社,1993,第31页。
[②] 魏英敏主编《新伦理学教程》,北京大学出版社,1993,第522页。

过。这样，就无法体现官德的主体性作用。第二，官德的职业定位会弱化角色意识。儒家强调"君君、臣臣"，就是要求"君"应该像"君"、"臣"应该像"臣"，否则就是社会伦理纲常的败坏。这里实际上强调的就是一种角色意识。角色意识是形成角色权利和义务、地位与作用观念的前提。角色意识中渗透着角色的自我认可、自我评价，因而它又是角色自信心、自尊心的源泉。正确的角色意识可以使所担任的角色得以成功，反之，错误的角色意识则会使所担任的角色趋于失败。如果一个人角色意识不强，则会形成角色差距，甚至会形成角色失真。曾几何时，在所谓"砸三铁"的热潮中，党政官员纷纷"下海"，兴办产业，从事"第二职业"，为的就是把饭吃好点，拓宽职业门路来捞取钱财，结果导致官商不分、带权经商，人民的权力变成了个人或部门挣钱的工具。官商一体之所以成为历代社会之大忌，就在于官的角色失真，官不像官，带权经商，造成社会资源的分配不公。一个社会中，如果人们不能各安其分，各尽其责，出现角色失真抑或角色反串，就是社会道德衰败的开始。从职业角度讲，官员同时可以是"老板"（我国对第二职业没有明确的法律规定），但从角色来讲，官员就不能同时是"老板"，正像一个人不可能同时演"李玉和"和"鸠山"一样。在特定场合角色都是特定的，不能用一种角色替代其他角色。一个官员在商场里购物只能是"顾客"，在剧场看戏只能是"观众"，在公共汽车上就是乘客，而不是什么"长"之类，否则就会有特权现象。

正是对官德的定位不准，导致了官德建设中的一系列问题。

第一，在特征上，官德建设的超前性与社会道德的现实性相混淆。从社会的总体性道德要求而言，官德的要求与民德的要求是不可同日而语、平行而论的。官德是代表社会较高层次、体现道德发展较高要求的超前性规范，例如公而忘私、无私奉献、毫不利己、专门利人等。这些道德规范，对于一般公民而言属于提倡性、鼓励性、理想性道德，而对于社会主义社会的官员来说则是必须坚决遵循并身体力行的道德戒律。正因为如此，"我们在新民主主义革命时期，就已经坚持用共产主义的思想体系指导整个工作；用共产主义道德约束共产党员和先进分子的言行"，而在改革开放和市场经济条件下，"党员尤其是党的高级负责干部，就愈要高度重视、愈要身体力行共产主义思想和共产主义道德"[1]，这里根本不存在超越现实问题。社会普通公民应遵守社会的广泛性、现实性道德要求，官员应遵守社会的先进性、现实性道德要求。这种先进性与现实性的特点是十分明确的，但我们的一部分官员放松了对自己的高要求，把自己混同于一般公民，并且以一般群众道德水平不高作为自己不严守高标准道德规范的托词。有的甚至把无私奉献、全心全意为人民服务、公而忘私等道德规范作为"左"的东西加以否定和批判，"而这种荒唐的'批判'不仅没有受到应有的抵制，居然还得到我们队伍中一些人的同情和支持"[2]，这就导致了"吏无吏德""官无官责"的消极现象，直接影响到社会的道德建设。

第二，在具体要求上，官德出现了模糊性。中国的政治体制改革相对于经济体制改革不但严重滞后，而且目标含糊不清。这种经济建设的明确性与政治行为的模糊性并存的状况，致使官德建设面临许多新问题，并在事实上处于一种似是而非的认识与理解之中。一是官德实际上被夹杂在一般道德、职业道德的规范当中被人们加以把握，这就完全忽视了政府官员与一般社会成员不同的道德要求和领导职务并非某种职业的特点；二是官德规范并没有得到明确的认定，尽管社会推出了一系列"医德""商德""师德""公德""家庭美德"等规范要求，但对官德缺乏应有的规范。在唯经济主义的感召下，许多官员只注重如何当好一个经济建设的带头兵，却无法清醒地明确怎样做一个"道德人"，因此他们难于以确定的、具体的道德规范约束自己。利益驱动，尤其是对实利的获取是一切职业行为的基本前提，职业道德本身也无非是树立职业形象、改善服务质量、招揽顾客、谋取利益的手段。这种职业道德层面上的官德往往也容易变为官员的装饰，促成道德虚伪（这是中国官场上的一道独特景观）。同时，现实生活中虽然我们并不缺少对官员的道德教育，但一部分官员依然在利益驱动下超越了官德的戒律，甚至出现为了职业需要而必须违反职业道德的怪现象，如当今中国一些官员感叹"不腐败就办不成事"，就是这种现象的印证，官德建设的难度可想而知。

---

[1] 《邓小平文选》第2卷，人民出版社，1994，第367页。
[2] 《邓小平文选》第2卷，人民出版社，1994，第367页。

三 官德是一种角色道德

对官德职业定位误区的指出，同时意味着对官德进行角色定位的强调，以及由此而引申出的现代意义。官员作为一种社会角色从来不是单一的存在，而是一个角色丛。这就意味着官员在现代社会中不可能是一个单一的道德主体，而是一种多元主体，官德的形成及其社会效应也不可能由单纯的道德手段所致，而是需要社会各个方面的共同努力，尤其是当出现角色冲突的时候。把官员看作道德主体，是对官德地位的确认；把官员这种道德主体同时又看作多元主体，或者看到官员由单一的道德主体向多元主体的变化，则是对官德本质的确认。

中国自古就有把官作为纯粹道德主体的传统。古代神话传说中的氏族首领是道德的化身，是正义的象征，是为民除害兴利的英雄，如盘古开天辟地、女娲炼石补天、燧人氏钻木取火、神农尝百草发明草药等。传说中的尧、舜、禹都是德高望重的杰出人物。宋代司马光在其名著《资治通鉴》中将人分为四种："圣人""愚人""君子""小人"。德才兼备是"圣人"，德才兼亡是"愚人"，德胜于才是"君子"，才胜于德是"小人"。他认为只有"圣人"和"君子"可用，可以成为国家的管理者。就是在新民主主义革命和社会主义革命时期，也把干部的主观能动性的发挥和道德信念的高扬作为革命事业成功的重要保证。所以，中国老百姓对官的角色期待主要是道德期待，总希望有一个清正廉明的皇帝来拯救自己。道德无论以何种形态出现，总是属于主观性的东西，道德背后的客观基础是利益，是实实在在的利益关系。但是，半个多世纪以来，我们一直在夸大主观能动性的作用，强调"人是要有一点精神的"，而又认为这种精神可以通过学习、教育、思想斗争获得，在任何情况下都能保持和发扬。我们可以用拔高、曲解、造假的方法"塑造"出许多不食人间烟火的"英雄"，但那种"纯粹的人"的道德追求始终只能是道德"乌托邦"。不论历史活动有多么沉重的惯性，它都不会只停留在一种形式上。新中国成立后，剥削阶级被消除了，非此即彼的利益对抗没有了，整体利益绝对至上的观念开始淡化，于是乎公私关系变得复杂起来。作为道德基础的利益关系的变化,就使诸如"无条件地牺牲"等道德标准开始失去它原有的明确的效力,内在的道德调节机制遇到了困境,新中国的官员们有可能出现"无组织行为"。其实,在三大战役硝烟未尽的时候,毛泽东就预见到了:"因为胜利,党内的骄傲情绪……贪图享乐不愿再过艰苦生活的情绪,可能生长。"[1] 三十年后,邓小平又焦虑地指出,干部中脱离群众、思想僵化、滥用权力、办事拖拉、互相推诿、压制民主、徇私行贿、贪赃枉法等现象已达到令人无法容忍的地步。担忧变成了现实,现实越来越令人担忧。

问题的严重性也许并不在于官德的这种"蜕化",而是在于对这种现象的解释及其相应措施。过去,我们总是把官德蜕化归结为"资产阶级思想的腐蚀"和"封建残余的影响"。于是,"思想改造"成了提高官德水平的唯一途径,"灵魂深处闹革命""狠斗私心一闪念",具体来说就是无休止的思想汇报、反省检查、斗私批修、上纲上线。这实际上就是用一种阶级性善论来论证党员干部是单一纯正的道德主体。毫无疑问,党和政府作为一种政治组织和政权机构,代表着国家和人民的利益,党和政府的政治行为应当体现人民利益第一的原则,但不能把这一性质简单套用到官员身上。因为党员干部就其完全的社会存在而言,他是历史活动中的个人,是具有多重社会角色的主体。一个政府官员在执行公务时是国家公务员,代表和维护国家利益是他的职责;官员作为某一单位的领导代表的可能就是群体利益;官员作为丈夫、父亲,则要维护和增进家庭利益;此外,他还可能是顾客、观众、患者等其他社会角色。总之,官员已不可能是纯而又纯的职业革命家了,他们处于多种权利与义务的交汇之中,充当着多种社会角色。这就使他们在执行公务时会面临相互矛盾的选择,职责要求他们维护社会整体利益,但个人私利也可能诱使他们以权谋私。这就迫使我们对官员的行为约束不能仅依赖于道德自觉,而必须对官员这种社会角色进行道德上的制度安排。马克思在总结巴黎公社的经验时指出:"从前有一种错觉,以为行政和政治管理是神秘的事情,是高不可攀的职务……现在错觉已经消除。彻底清除了国家等级制,以随时可以罢免的勤务员来代替骑在人民头上作威作福的老爷们,以真正的责任制来代替虚伪的责任

---

[1] 《毛泽东选集》第4卷,人民出版社,1991,第1438页。

制,因为这些勤务员总是在公众监督之下进行工作的。"① 这就说明,使"勤务员"们真正负责的保证是"公众监督",而不是道德本身。这与中国传统文化中强调的"修身、齐家、治国、平天下"的进路有根本的不同。任何社会角色首先都是一种利益角色,总是体现着一定的权利与义务的关系,而道德又是以利益为基础的,所以角色道德更多地体现了一种以客观利益为基础的社会伦理关系,而不仅仅是某种主观的善良愿望。

官德,作为一种角色道德,包含如下要义。一是角色责任。这是角色道德的基本规定。每一种社会角色都承担了一定的社会责任,或者说,社会责任的分解是通过角色的分工去实现的。官员的角色责任就是为人民服务,医生的角色责任就是救死扶伤,教师的角色责任就是教书育人;服从是军人的天职,孝顺是子女的义务,道义是朋友的准则,温柔是女人的本性。凡此种种,都表明了角色与责任的同构。二是角色技能。角色技能是指担任角色的能力。一个人能否在任何程度上都真正履行角色责任,不仅取决于他是否具有责任感,而且主要取决于他是否有能力。过去,我们之所以陷入"德"与"才"、"红"与"专"的无端争论之中,在于首先就把才与德对立起来。其实,"才"本身就是"德","德"也是"才"。在现代社会,一个不学无术、无知无识的人能德高望重?实在令人生疑。官员的才识与能力是官德的题中应有之义。一个没有能力履行角色责任的人,本身就存在角色失真,谈何角色道德?一个人根本不会游泳,但我们千方百计鼓励他去救落水者,告诉他只要有这点精神,就是一个高尚的人,这不是明摆着鼓励人去"寻死"吗?世界上真有无才之德吗?三是角色调解。角色调解就是指两个角色或多个角色因同角色的要求而发生冲突时,按照"两利相比取其大"的原则予以调解,实现角色的准确定位。当"忠""孝"不能两全时,必取其"忠",因为"忠"是臣的最大责任。一个官员无论兼任多少种角色,当发生角色冲突时,始终必须以"官"这个角色为主,而不能反主为次,因为"官"代表的是国家和人民的利益,是高于一切的利益,维护人民的利益,是"官"的基本要求。

"公务员职业道德培训丛书"是按照官德的主要规范来组织的,尽管

---

① 《马克思恩格斯选集》第3卷,人民出版社,1995,第96页。

对官德规范的概括多种多样，但我们认为"民本""公忠""勤政""廉洁"是基本的，每本书基本上都是按照每一德目的概念厘定、伦理价值、基本要求、建设路径的思路来形成框架的。希望丛书的出版，不但能给官德研究提供新的理论元素，更能为官德建设的具体实践提供参考。

是为序。

2012.1.6

《政府公共服务中的伦理关系研究》序

在人类社会向后工业社会迈进的时代，因为经济和社会的不断进步，民主政治的不断发展，社会力量日益壮大，社会构成方式与社会运行方式都在发生改变，一个合作治理与自我治理并存的多元化社会治理格局已经形成。因此，政府垄断性的社会治理已悄然改变，一种新的社会治理模式——服务型社会治理模式正在向我们走来。这是一种以伦理精神为引导的、建立在伦理关系基础上的道德化的治理模式。在这种全新的社会治理模式下，为社会、为公民服务成为政府存在、运行和发展的根本宗旨，因此，政府再也不能坚持其高高在上的统治者、管理者的做派，而是必须放下架子，躬身成为服务者。不仅如此，在多元化、合作化社会中出现的这种新型治理模式，意味着政府并非唯一的治理主体，而是与公民、公民社会组织、企业等多种社会治理主体同时共存，而且政府必须与其他治理主体精诚合作，共同进行公共服务，才能真正满足社会多元化的公共需求，维护和实现公共利益。

鉴于此，服务型政府已经成为政府未来发展的目标模式，服务成为政府的一种基本理念和价值追求，服务精神贯穿于政府的公共管理活动之中，由此，政府与社会、公众的关系不再是以政府为中心的统治关系、管理关系，而是以社会、公众为中心的服务关系。而政府的公共服务活动，从其实施的具体形式来看，就是一种发生于人与人之间的交往活动，因此，政府及其服务人员与社会、公众之间的这种服务关系从本质而言就是一种以伦理精神为灵魂的社会关系，可见，伦理关系是政府公共服务中一种原生的、基础性的社会关系，起着主导和协调其中其他社会关系的作用。

伦理关系是一种主体间互为目的的交往关系，因而这种关系结构是开放的，而且对交往主、客体双方都是开放的，因为客体同样是具有主体性的主体。伦理关系的这种开放性意味着政府公共服务系统与外在环境之间进行交流与互动的可能性与必要性，因此作为维护和实现社会正义的手段的政府公共服务，就必然是一个政府与公众交流、互动的过程。不仅如此，由于伦理关系是一种客观的、必然的社会关系，而健全、合理的伦理关系内在地蕴含着人与人之间的实质性的平等，政府作为服务主体只有与其服务对象进行平等的沟通与交流，与其他服务主体建立平等的合作伙伴关系，政府的服务活动才能正常开展，才能实现其价值和目标。

然而，伦理关系在人类社会中一直处于边缘化地位。在当今人类走向服务型社会治理模式的新时代，伦理关系开始摆脱这种困境而逐渐获得主导性地位，由此可见，以伦理关系为切入点研究政府公共服务是一种新颖而又有意义的探索。这部著作从伦理关系入手，探讨政府公共服务的伦理本质，通过梳理政府公共服务中几种主要的伦理关系——政府与公民社会的伦理关系、政府与非政府组织的伦理关系、政府与公民的伦理关系，探讨这些伦理关系的实质与特征及其产生的现实基础、对关系主体的规范与要求等，并对这些伦理关系的实际状况进行分析，基于公共服务的价值与公共行政的使命归纳出各种伦理关系的应然本质。在此基础上，作者将目光投向政府公共服务的实践，分析我国政府公共服务中伦理关系存在的问题及其原因，寻求优化政府公共服务中伦理关系的途径，以推动我国政府公共服务的改善与提高，可见其理论贡献和现实意义都是客观存在的。

当然，政府公共服务中存在的伦理关系是多层次、多类型的，但由于研究目的和篇幅的限制，这部著作没有全部触及，而只是选取政府与公民社会、非政府组织以及公民的伦理关系作为代表。这里就存在一个选择标准的问题，究竟哪些伦理关系最能体现政府公共服务的本质，对其存在重大的影响，可以说是一个见仁见智的问题，如若能引起讨论，以促进研究的深化，则此著作的功劳大矣。

我与袁建辉同学有八年的师生之谊，如今以她的博士学位论文为基础的研究成果即将付梓，为更多的人带来思想的碰撞，这无疑是一件值得庆贺的事情。作为她的硕士生、博士生导师,我希望她今后能在公共伦理这块沃土上更加努力地耕耘,并由衷地祝愿她取得更大的学术成就。

是为序。

2011. 3. 15

《新农村建设中农业多功能经营发展方式研究》序言

当代中国社会主义新农村建设是 2005 年 10 月召开的党的十六届五中全会提出来的,进行社会主义新农村建设是新时代中国社会主义现代化建设的伟大使命。当代社会主义新农村建设就是在科学发展观指导下,政府动员社会力量和全体农村居民利用农村社会发展规律科学地推动农村社会健康地、高效地向全面小康社会目标迈进的现代化建设运动。现在全国各地试点乡村都在积极探索适合本地的社会主义新农村建设模式。国内不少学者开展了社会主义新农村建设研究,有的学者根据各地的新农村建设经验总结出了一些建设模式,有的学者介绍了国外建设农村的经验,新农村建设成为国内近年来学术界研究的重要主题。谷中原同志的这本专著是他承担的国家社会科学基金 2008 年度一般项目(08BJY112)"新农村建设中农业多功能经营发展方式研究"的最终成果,是我国当代社会主义新农村建设研究领域的新成果。

该著作以科学发展观为理论指导、以可持续发展为原则、以农村问题在农村内部解决为研究范式,建构了新农村农业多功能经营建设模式。专门详细地介绍了新农村建设中的农业多功能经营特质、经营类型、评价体系、建设模式的成型机制以及促进新农村发展的效能,总结了我国一些农村地区利用农业多功能经营发展方式推动社会主义新农村建设的措施。该成果提出的新农村农业多功能经营建设模式明显不同于目前一些学者总结出的资源型新农村建设模式、工业型新农村建设模式、城镇型新农村建设模式、服务型新农村建设模式、农村城镇化建设模式、城乡一体化建设模式,也与一些学者总结的新农村建设带动模式如城市带动型、工业带动型、商贸带动型、劳务带动型、下山移民带动型不同。这种模式具有将生产发展放在首位建设、全面推动农村发展、内生推动农村发展和持续推动农村发展的特点，有利于我国利用多功能农业建设农村、消解生态问题、发展农村社区公共设施、提高农村居民生活质量和幸福指数、消除城乡差距、改善农村产业结构，助推农村社会持续发展和城乡社会和谐发展。

该著作具有如下特点。第一，研究具有创新性。该著作对当今新农村建设特质的重新解读、利用农业多功能经营发展方式建设新农村的科学道理的阐述、农业多功能经营发展方式的理论建构、农业多功能经营发展方式促进新农村建设的效能分析和实施措施的理论概括，均为创新性探索。在研究方法上，作者设立时间转换研究方法重新剖析了当今新农村建设的特性，为建立新农村多功能农业建设模式做了理论预设；采用分类学研究方法对农业多功能经营发展方式进行了面向解析，将农业多功能经营分为生态农业、有机农业、能源农业、旅游农业、文化农业、创意农业、都市农业等七种类型，建构了多功能农业经营体系；利用矛盾分析方法建立了农业多功能经营发展方式成型机制和分析模型；灵活地借用西方社会学家分析社会现代化的变量分析模式阐述了农业多功能经营发展方式推动新农村建设的特殊效能。通过创立方法和创新性地利用他人的方法对理论内容进行了深入研究。第二，研究集理论分析、实证分析和经验总结于一体。研究者采用文献法收集各种理论文献；采用社会调查方法收集各种社会现实中的第一手资料；通过将农业与旅游、文化、能源、生态、创意等非农产业相结合和泛化经营措施，探索将农业掠夺式和化学化经营方式转变为多功能经营发展方式，使农业生产不再产生负外部效应而只产生正外部效应的营运规律，建立同时产生经济、生态、社会、人文效益的多功能农业经营体系。然后借助操作性较强的多功能农业这种新型产业模式探索社会主义新农村建设的新途径。将理论分析、实证分析和经验总结结合起来，提高了研究结论的可信度和说服力。第三，学术价值突出。该著作开辟了通过实现向农业多功能经营发展方式的转变，在工业社会利用多功能农业这个新型产业模式改善农村社会，促进农村社会全面发展、持续发展、内生发展的学术研究领域。在纠正农村工业化社会发展模式的错误理念、利用工业文明改造农业经济、建立既保持农村社会本性又能适应工业社会的新型农村经济结构、促进农村社会更加科学发展方面，具有重大的学术价值；在促进社会科学实务化，服务社会以及促进农村经济学、农业社会学发展等方面，具有实际的学科发展价值。第四，研究成果应用范围较广。我国现有66万个行政村、300万个自然村，绝大多数是工业资源禀赋差而农业资源禀赋优越的行政村和自然村，除非商品粮基地和非粮食主产区外，都可以采用农业多功能经营发展方式进行新农村建设和农村经济结构调整工作，尤其是生态环境没有被破坏、传统文化保存完好的民族地区以及远离城市的边远山区，更适合采用该项目研究成果。另外还可应用到城乡生态环境改善、农业食品品质安全、农村社会治理等领域。

总之，该著作的出版丰富了社会主义新农村建设研究的理论成果，符合科学发展观的要求，符合发展现代农业和建设社会主义新农村的要求，是一本值得推荐的著作。

是为序。

2008.11.17

《灾难与救助——灾难管理中民间志愿者组织研究》序

在由农业社会向工业社会转变的过程中，我们生存环境的不确定性因素在增加，各种自然灾害和人为灾难时有发生，不可测性和不可控性成为"现代性自反"，我们的确进入了一个风险社会。英国社会学家吉登斯概括了这样一幅现代性的"风险景象"：第一，高强度意义上风险的全球化，例如核战争构成对人类生存的威胁；第二，突发事件不断增长意义上风险的全球化，这些事件影响着每一个人（至少是生活在我们这个星球上的多数人），如全球化劳动分工的变化；第三，来自人化环境或社会化自然的风险，如人类的知识进入物质环境；第四，影响着千百万人生活机会的制度化风险环境的发展，例如投资市场；第五，风险意识本身成为风险，如风险中的"知识鸿沟"不可能被宗教或巫术转变为"确定性"；第六，分布趋于均匀的风险意识，如我们共同面对的许多危险已为广大的公众所了解；第七，对专业知识局限性的意识，就采用专家原则的后果来看，没有任何一种专家系统能够称为全能的专家。[①] 面对风险社会的来临，面对几乎每天都可能发生的种种灾难，我们将如何思考？我们将如何行动？我们将如何进行社会组织的管理？这是每个人都必须深思的问题。罗军飞博士等的《灾难与救助——灾难管理中民间志愿者组织研究》一书就是这样一种思考的成果。

"志愿者"一词在自汶川大地震、南方冰灾至今很短的时间内便风行全国，志愿服务活动也逐渐在各地广泛开展起来，数百万志愿者为灾难造成的伤痛带来了暖流。志愿者基本上是完全自发的"草根"志愿者，它标

[①] 〔英〕安东尼·吉登斯：《现代性的后果》，田禾译，译林出版社，2000，第17~18页。

志着中国社会公民意识的树立,标志着在市场经济条件下真善美人性的复苏,标志着在灾区废墟上社会主义道德的升华。志愿者是一个公民社会的道德标尺,灾难虽然可怕,但它确实放大了整个社会的责任和每一个人的良心。在每次救灾重建中,中国志愿者,特别是年轻人的表现,让世人看到了中华民族美德的传承和社会主义核心价值观的弘扬。志愿者的行为既是内化的道德追求,也是外化的道德行为。道德是灵魂的力量,道德的力量可以使人变得更坚强。志愿者行动无疑是一股社会的道德清流,它让爱心延续,助推社会的精神文明健康前行。

有道是道德的懦弱比生理的懦弱更能贬低一个人。过去,中国的"80后""90后"留给世人的印象是娇生惯养、自私任性,但是,从北京奥运到汶川地震,涌现出来的千百万志愿者的行动,让人们刮目相看,评价为之一新。车尔尼雪夫斯基说过:"要是一个人的全部人格、全部生活都奉献给一种道德追求,要是他拥有这样的力量,一切其他的人在这方面和这个人相比起来都显得渺小的时候,那我们从这个人身上就看到崇高的善。"志愿服务是每个文明社会不可或缺的一部分。我们在千百万青年志愿者身上,也看到了这种"崇高的善"的复活。

联合国秘书长科菲·安南在"2001国际志愿者年"启动仪式上的讲话中指出:"志愿精神的核心是服务、团结的理想和共同使这个世界变得更加美好的信念。从这个意义上说,志愿精神是联合国精神的最终体现。"这句话指出了志愿精神的本质,表达了人们对志愿服务的由衷赞美。而成就事业的核心价值也是责任。所以说,广大青年应将志愿者的责任意识渗透到自身的思维模式当中,用内心的仁爱和真心去温暖身边每一个需要帮助的人;从一点一滴做起,用志愿者的行动去净化心灵,唤起身边每个人的真心和爱心;让世界充满阳光般的温暖,照亮每一个阴暗的角落。如果每个人都充满努力向上的动力,当这种动力积聚到一定程度时,定会使世界变得更加美好,定会促进人类文明的前进!

社会道义力量的产生固然可以使各种灾难伤痛有所减轻,但因救灾等众多公共性活动而产生的志愿者组织如何管理成了人们关注的焦点。如政府和民间志愿者组织在救灾中应如何分工配合?民间志愿者组织的协同模式如何建立?志愿者和志愿者组织如若对服务对象造成损害,是否应当承担责任？改革开放三十年来，我国在经济建设方面取得了重大成就，但各种社会服务供给相对滞后。在应对社会危机的过程中，政府一方面过分自信，所谓"没有政府办不成的事"，另一方面应对能力和执行力又相对不强，尤其是在社会公共物品的提供上存在许多问题。目前社会服务供给存在的主要问题有两个方面：一是供给的总量不足，结构上不能满足民众多元化的需求；二是服务的供给主体过于单一，多年来一直由政府充当唯一的供给主体。

社会服务供给滞后的一个重要原因是我国民间组织的发育滞后。长期以来，我们坚守国家主义的思路，导致我国社会发育非常不健全，国家权力几乎覆盖了社会所有领域。但国家的力量并不能在所有领域做到尽善尽美，这就需要社会力量参与到社会治理之中，尤其是在危机管理中，要建立多元化的供给机制，以应对民众多元化的服务需求。广大的志愿者和志愿者组织就是这种多元供给机制中最重要的主体。

我国民众中从来就不缺乏古道热肠的志愿者，事实上，中国民众自古以来就把急公好义、帮助他人视为一种美德，比如在汶川地震救灾过程中，我国的各种民间组织和民间的志愿者发挥了巨大的作用，获得了国际社会的高度评价。目前社会发育的滞后，在很大程度上是由目前的社团管理体制造成的。我国的社团管理条例规定，社团必须在各级民政部门登记注册。这一登记过程非常烦琐，审批也很困难，这无疑是造成我国民间组织发育滞后、力量弱小的主要原因之一。引导志愿者组织的发展，首先必须改变这一带有"审批"性质的登记制度，为志愿者组织提供充分的自由发展的空间。

同时，政府为志愿者组织提供经费支持非常重要。一般来说，民间组织的经费主要来自政府部门的支持、慈善收入和提供服务的收费收入。美国学者萨拉蒙的研究表明，在10个先发国家，政府支持是民间组织收入的最大来源。而我国目前社会慈善捐赠风气尚不浓厚，政府支持的经费非常有限，尚未形成政府向民间组织购买服务的运作机制，导致我国民间组织经费严重不足，加大对慈善组织的财政资金支持力度非常必要。

社会历史发展到今天，其管理模式也发生了根本性的变化，即由"统治"（government）到"治理"（governance）的转变。政府统治的权力运行方向是自上而下，它运用政府的政治权力，通过发号施令，对社会公共事务实行单向度的管理。与此相反，治理则是一个上下互动的管理过程，它主要通过合作、协商、伙伴关系、确立认同和共同目标等方式来实现对社会公共事务的管理，所以治理的权力向度是多元的、相互的。这种"治理"就是市民社会的自治。市民社会内部的活动和管理具有高度但相对的自治性质，这种高度性说明了市民社会的成熟程度，相对性则表明国家对其不足的方面进行干预、协调的必要性。这种自治原则要求个人参与各种社会活动以尊重个人的选择自由并辅以相应的责任为基础。

在市民社会中，每个成员都不是在被胁迫或强迫的情况下，而是根据自己的意愿或自我判断而参与某个社会群体或集团的事务的。这些群体或集团就是市民社会组织（简称 CSOs）。它们以民间的形式出现，并且不代表政府或国家的立场；它们拥有自己的组织机构和管理机构，有独立的经济来源。参加市民社会组织的成员都不是被强迫的，而是完全出于自愿。市民社会组织发展壮大后，它们在社会管理中的作用也日益重要，它们或独自承担社会管理的职能，或与政府机构合作，共同行使某些社会管理的职能。自愿原则应当是市民社会的重要特征之一。它是以高度尊重个人的选择自由为前提的。自愿结社的自愿原则，其重要意义在于能使人们养成负责的态度和自我管理的习惯。

民间志愿者组织管理是一个大课题，需要有公共管理学、政治学、社会学、伦理学等众多学科的参与。罗军飞博士的《灾难与救助——灾难管理中民间志愿者组织研究》一书对此做了一些尝试，希望此书的出版，能引起学术界的关注，以深化对这一问题的讨论。

是为序。

2009. 12. 4

"公共治理与公共管理研究丛书"总序

建设社会主义和谐社会是时代赋予我们的伟大使命。要完成这一使命，关键不在于有没有"大同"情怀和有没有"和谐"理念，而在于有没有社会治理模式和方法的变更。探究公共治理模式下的政府管理创新，是构建社会主义和谐社会的根本途径。这是我们出版"公共治理与公共管理研究丛书"的旨意所在。

在复杂的社会共同体中，人们为了维持良好的社会秩序，有效地实现社会目标，都要依赖一定的协调机制。鉴于市场和政府在社会资源配置中的局限，学者们提出创新治理模式补救市场与政府不足，主张用治理替代统治，愈来愈多的人热衷于以治理机制应对市场和国家协调的失败。当代治理主义观念认为市场组织存在失败的可能，但政府组织同样存在失败的可能，而且"政府失败"带来的危害比"市场失败"的问题可能更大。所以政府治理成为社会管理的关键。传统的政府统治观念建立在政府绝对理性的假设基础上，而治理主义的假设依据则是政府组织的有限理性以及政府官员的"经济人"假定，从而导致了治理模式下对有限政府的要求以及对政府官员的种种行为限制。各国政府从"统治"向"治理"的转变，促成了传统人本主义的积极嬗变和政府共同治理模式的建构，其实质是权力回归社会的过程，还是公民参与治理和同构的过程，也是政府彰显"以人为本"理念和重塑和谐的社会环境的过程。

在当代社会走向多元共生与同构的趋势中，事物发展的时空结构开始呈现其新的延伸性与嬗变性。虽然各种不和谐的现象与问题依然存在，但"和谐"正逐渐成为多数国家政府共识性的政治理念、价值取向和社会发展目标。近几十年来，构建政府治理模式的政府改革浪潮席卷全球。我国政府在建立和完善社会主义市场经济体制过程中，初始时期注重的是如何发挥市场本身的最大优势来促进市场经济尽快完善，但同时又保持社会主义的本质不变，于是政府主导成为必然。在经济全球化过程中，社会治理模式发生了重大变更，如何选择治理模式，成为我国改革开放事业向纵深发展的关键。美国著名的研究政府治理与改革问题的专家盖伊·彼得斯在其著作《政府未来的治理模式》中梳理归纳出四种未来政府治理模式：市场式政府（强调政府管理市场化）、参与式政府（主张政府管理有更多的参与主体）、弹性化政府（认为政府需要更多的灵活性）、解制型政府（提出减少政府内部规则）。在这样的社会情境中，政府选择共同治理模式，是政府通过治理促进和谐社会的构建的基本路径与方式。

公共治理是政府基于治理理论建立的与公民分享权利、分解责任和义务，从而实现同构与互动和谐关系的一种模式及过程。这一模式及过程的基本特征在于：一是政府制度设计及治理行为追求"以人为本"的价值目标；二是治理结构及其功能表现为"公共"关系的建构，即"公共"是"和谐"的政治条件与人文环境；三是公共治理方式强调政府与多元主体共享权利、分解责任和义务；四是公共治理的行政文化强调服务和服务的普适性、即时性与有效性；五是公共政策通过双向回应机制提高公信度和获得社会普遍认同。在当代，公共治理涉及社会生活的各个方面，关系到社会不同层次、不同阶层、不同团体的利益；而公共治理的主体构成也从传统的政府扩展到了所有的公共部门以及公民个人，公共治理成为一种包括政府治理在内的全社会的开放式治理。因此，探讨公共治理与公共管理的理论与实践问题，为构建社会主义和谐社会献计献策，是我们理论工作者义不容辞的责任。

我身边的一群年轻学者，近几年来致力于公共治理与公共管理研究，产生了一批可喜的成果，他们从区域公共管理、公共政策、公共领导、非政府组织等不同领域深入研究公共管理问题，既有国际化的学术视野，也有符合中国国情的政策建议，实属难能可贵。这些成果大都是他们在博士学习期间苦读经典、拜访名师并认真钻研出来的，充分展现了新一代学人的学术风格和求学精神。他们的学术观点及论证尽管有待进一步完善，但绝对是本于学术良知、出于社会责任的，为此，我无限欣慰！

是为序。

2007 年

《传统家训的伦理之维》序

传统家训是中国传统社会中形成和繁盛起来的一种家庭教育形式，主要是指父祖对子孙、家长对家人、族长对族人的直接训示、亲自教诲，其主要内容是人生教育和伦理教育。中国最早的家训可以追溯至上古三代，早在三千年前的西周时期就已有训诫意义的文字见诸典籍记载，经过几千年的立言、沉积，传统家训资料卷帙极其浩繁，蕴含的思想十分丰富。这些饱含古人伦理教育经验的历史文献，在漫长的历史演化过程中，早已超出了一家一族的训示，繁衍成全社会乃至全民族的优良文化。传统家训伦理是中华传统文化在家庭层面的阐扬，在中华文化的传承中发挥了独特而重要的纽带作用。传统家训伦理是中国传统文化的通俗化，它以一种通俗易懂的传播形式，将博大精深、玄奥缜密的中国传统文化传递给全体社会成员。这种以通俗易懂的形式表达高深文化内涵的家训，是借助代际传承的形式实现的，这可以说是中华民族文化传播上的一种突破和创造，它保证了中华民族传统文化的源远流长、绵延不绝。从某种程度上讲，离开中国传统家训很难理解中国文化何以具有如此巨大而深远的传播力和强大广阔的影响力。传统家训伦理还是中国传统社会伦理的基础和反映。在以自给自足的小农经济为主的传统社会，家庭是社会生产和社会生活的最小单位，家庭关系是社会生活中最基本的人际关系，家庭伦理规范和原则扩展开来就是调整社会关系的伦理规范和原则。因此，家训伦理既是社会伦理的基础和出发点，也是对社会伦理的微观反映。研究传统家训伦理思想必然可以为今人了解、把握传统社会的伦理内容和特质提供微观的视角。

传统是现代的基础，现代是对传统的发展。传统与现代的辩证关系使传统家训伦理理念和现代社会之间必然存在内在的关涉性。一方面，传统家训伦理作为两千多年封建社会发展的历史产物，其本质是对封建社会专制政治、经济和封建传统道德文化的反映，与现代社会具有异质性，现代社会的伦理建设不能照搬传统家训伦理理念，必须对传统家训伦理理念进行现代化转换。另一方面，任何文明都不可能割断与其母体的亲缘关系，现代社会伦理文化的生成不能抛弃传统，只有深深地扎根于中国传统文化深厚的土壤之中，吸纳传统家训伦理理念的精髓，才能支撑并指导社会的和谐和可持续发展。在新的历史时期，现代家庭伦理文化和社会伦理体系，只有立足于传统，兼容并蓄古今中外的伦理文化的精髓，才能获得生存的根基和发展的动力。因此，深入研究传统家训伦理理念与现代社会的同一性与异质性，创造性地实现传统家训伦理的现代转换，对于新的适应和谐社会需要的伦理文化的生成具有重要的意义。

在我国，传统家训所包含的丰富思想历来受学者所推崇。新中国成立以来，对传统家训的研究逐渐得到重视，六七十年代相继有学者发表论文，只是数量尚少，研究范围亦不宽，主要集中在对家训著作的文学、文字、训诂、音韵等方面的考察和研究。80年代以来，随着现代家庭问题的凸显，对家庭教育的研究广泛开展起来，鉴于传统家训思想对现代家庭教育的影响，学者们对传统家训的研究也热烈起来，出版了许多资料、评注，发表了不少有价值的论著，取得了很多丰硕的研究成果。但从某一学科领域做专门的学理性研究的成果尚不多见，戴素芳同志独辟蹊径，从伦理学理论的视角对传统家训进行系统的探索和研究，经过几年的广泛搜罗、爬梳钩沉、筛选整理，在吸取已有成果的基础上，提出了许多自己独到的见解和观点，写成了这本《传统家训的伦理之维》。此书不是一般地止于经验事实的描述，而是侧重于从伦理学理论的维度去阐释传统家训中所蕴含的精华内容，按照由近而远、由微观到宏观的顺序，对传统家训从处世伦理、家庭伦理、经济伦理、经营伦理、政治伦理、教育伦理等层面做了提炼和总结，结构合理，层次分明，内容丰富，文笔流畅。尤为可贵的是，作者在深入研究并辩证分析传统家训伦理同现代社会的伦理要求之间的异质冲突和同构契合的基础上，对传统家训伦理思想所蕴含的现代价值进行了系统的挖掘和整体的把握，集学理性和实践性于一体，有一定的理论深度和较强的现实意义。本书对传统家训伦理思想中存在的不足的批判和分析，是符合马克思主义历史唯物主义基本原理、符合批判继承原则的。可以说,《传统家训的伦理之维》的出版,不仅拓宽并加深了中国教育思想史和中国伦理思想史研究的领域,而且为构筑适应时代和社会发展要求的中国社会现代伦理理论体系、实践建设、改善现代家庭关系、建设和谐社会提供了重要的传统资源和可行的路径。

2007.11.7

《WTO 后过渡期中国政府改革研究》序

从 1986 年 7 月 10 日中国正式申请恢复在关贸总协定的创始缔约国地位起，到昨天拿到青年学者王丽萍的《WTO 后过渡期中国政府改革研究》，正好 20 年，其间中国发生了翻天覆地的变化。有长达 15 年之久的艰辛谈判，有 2001 年 9 月 17 日下午 5：20 的日内瓦的狂欢，有入世后观念上的冲突与困惑……

中国加入 WTO 后，所面临的挑战较多地表现在涉外管理体制方面，但进一步分析不难发现，涉外管理体制上的问题只是整个经济体制所存在的问题在一个特定方面的反映，根源仍在于整个经济体制本身，而经济体制不是经济问题，它是一个政治问题。如果说加入 WTO 对中国经济发展是挑战，那么这挑战背后则是中国政府整体上的体制改革，尤其是政府改革。所以，我认为加入 WTO 的政治价值远远大于经济价值。

中国政府面临角色的重新定位。入世首先是政府的入世，WTO 的最大特点就是为各成员进行国际贸易提供一套法律框架，即 WTO 规则，用以规范和约束成员的政府行为，旨在消除或者限制各成员政府对跨国贸易的干预。WTO 规则是根据非歧视、市场开放、公平竞争这三大基本原则，围绕消除或者限制成员政府对国际贸易的干预而展开的。绝大多数 WTO 规则与政府行政管理体制和运行机制有关，对各成员政府的影响是全面、深刻和长远的。从这一角度出发，有学者把 WTO 规则称为"国际行政法典"。因此，入世后受到第一轮冲击和挑战的是政府而不是企业。WTO 规则作为一部庞大的"法典"，其主要内容与要求同我们所熟悉的行政管理观念、制度、方式、手段有不少差异。对比 WTO 规则和我国现有的政府体制，可以看出，目前我国的政府体制确有许多不适应之处：经济运行体制不顺，政企职责没有明确分清，政府对企业的干预仍然过多；政府还没有完全从企业活动中超脱出来,直接干预企业经营活动的老办法还在沿用;现有的法律、地方法规和行政规章中有不少条款是与 WTO 的原则相冲突的,在不少领域我们还没有国内法;我们还缺乏现代行政管理的理念,长期以来我们习惯于自上而下的行政权力管理,国际上通行的市场监管、保护本国产业的手段我们也很不熟悉;行政管理体制的透明度和公开性不够,管理重审批轻监督,办事程序烦琐。

中国加入 WTO 过渡期结束后,中国经济运行和经济管理体制在多大程度上经得起 WTO 所带来的压力和冲击,取决于各方面改革特别是政府改革的进展程度。这显然增加了政府深化改革的紧迫性。近期政府改革的重点涉及转变政府管理观念、管理职能、管理方式、管理体制等多个方面,是一项长期而艰巨的任务。为争取掌握入世过渡期结束后的主动权,中国政府选择了一些重要而且条件相对成熟的领域重点推进。

第一,把立法、修法和执法放在首位。中国的法律体系与 WTO 规则相比,存在三个问题。首先,有一些法律是在计划经济期间留下来的,还有一些是在过渡期间留下来的,它们已不符合市场经济的发展要求,甚至还束缚和制约市场经济的发展;其次,对不同所有制主体往往颁布不同的法规,它们之间存在一些差异甚至矛盾;最后,一些地方性法规带有浓厚的地方保护主义色彩。入世后中国政府最大的决心就是建立稳定、透明、可预见性的法律体系,应按照入世所做的承诺,全面清理现行的法律法规,凡违背 WTO 规则的都应进行修改和完善。

第二,营造国内各类合法经济主体公平竞争的环境。目前内资企业的待遇存在较大差别,对某些企业的准入限制是一个非常突出的问题,准入限制既表现在不同所有制企业之间,也表现在地区和行政部门之间,严重影响公平竞争。根据非歧视原则,在国内应对所有企业实行"国民待遇",应当取消或放松准入限制。除了关系国家安全和有特定要求的行业需要有一定的限制外,对其他行业,特别是竞争性行业,原则上都应取消种种基于所有制、地区和部门的或明或暗的限制。

第三,清理政府行政性审批。行政性审批是现阶段政府干预经济的重要形式,但是许多审批的效果往往与设定的目标差别甚大。我国迫切需要对现有的各种审批进行系统清理,对保留下来的审批,应明确程序、时限和责任,增加透明度,提高效率。

第四,抓紧对具有自然垄断和公用事业特点的行业进行改革。这些行业包括电信、电力、石油石化等,其特点是国有经济比重高,竞争性严重不足,大多采取过政企合一的管理方式,这些行业的改革对政府改革的进展具有重要意义。对这些行业进行改革,关键是政企真正分开,国有资本适度退出,在价格、服务、企业准入和退出等方面形成符合市场经济要求的机制,引入新的经济主体进行竞争。

第五,加强社会保障体系建设。随着国内市场进一步开放,市场竞争日益激烈,社会对保障体系的需求也越来越强烈。建立健全覆盖全社会的,包括养老保险、失业保险和医疗保险等在内的社会保障体系,为社会主义市场经济的顺利发展编织社会安全网成为政府的一项重要职能。

第六,促进司法独立,加强司法权力对行政权力的监督,落实依法行政。一方面,我国关于政府行政的法律规范尚不健全,且使用范围太小,大量行政行为未受行政法的制约,影响政府行政效率的提高。另一方面,当前司法活动中存在严重的司法不公、司法腐败和地方保护主义。应尽快制定统一的国家行政法,建立完善的行政听证制度、公开制度、代理制度、委托制度、行政协议制度等,从法律和制度上保证政府行政过程的民主性和透明度,减少行政腐败,提高行政效率。

第七,提高政府机构效率。目前我国政府支出占 GDP 的比例不足 12%,公务员的人口比例为 2.6%,而西方发达国家政府支出占 GDP 的比例为 50% 左右,公务员占人口比例大体维持在 4.3%~13.4%。从国际横向比较来看,我国政府规模并不大。所以我国政府缺乏效率的主要原因不在于量而在于结构不合理:一是传统的管理体制使机构设置不适应市场经济体制改革发展的要求,并由此导致公务人员的部门分布不合理;二是在层级分配上,地方政府人员比例过大;三是部门内部后勤人员比例过大;四是公务人员总体文化和管理素质偏低;五是福利单位化和社会服务单位化,使得我国有限的政府公共消费更多地用于人员福利消费,造成公共支出的低效率。政府机构改革应围绕这些问题进行,建立一个精简高效的政府。

从某种意义上说,加入 WTO 后的中国政府改革比加入 WTO 本身要难得多。青年学者王丽萍经过多年的潜心研究,终于完成了这本著作,让人高兴,催人思索,给人启发。尽管其中许多观点和论述还有待斟酌和完善,但其探索精神是值得赞许的。丽萍君说要我为之作序,真有点为难我了,我的专业是伦理学,行政管理研究不是我的专业优势,不知该领域的深浅,尤其不敢对其学术主张妄加评论,仅仅是因为丽萍君在我门下研修伦理学,主攻行政伦理,基于学缘,写下这么点感受,姑且作为序,算是对学生的鼓励。

2006.7.20

农民工问题与社会正义

——《脚手架》序

当前,全国有2亿多农民工,对中国乃至全世界产生了巨大影响。尽管人们对农民工看法不一,但农民工问题关系到社会政治、社会经济、社会文化、伦理道德、人口生态、国民素质等一系列国计民生的重大问题。农民工对哲学社会科学研究者来说是伟大的思想宝库群体,具有广阔的研究价值和广泛的研究空间。研究农民工问题从什么地方入手、用什么方式思考、落脚点在哪里,是一位研究者首先要弄清楚的问题。刘翼平同志是一位在政府部门工作的干部,他利用业余时间,写就了《脚手架》一书,专门从永州赶来长沙,要我作序。刚开始,我有些犹豫,一是因为自己只是后学,怯于为他人作序;二是刘翼平同志是作家,写的是纪实文学,我是做理论研究的,理论工作者为作家作序实在是班门弄斧。不过读完《脚手架》一书,为当代农民工的生存状况而揪心,也为刘翼平对农民工的那份情感所打动,于是我这个农民的儿子有了写点文字的冲动。

当代农民工是社会的弱势群体,他们的生存状况令人担忧。一是政治权利没有保障。对农民工来说,政治权利的缺失主要表现在选举权与被选举权形同虚设。依照法律规定,农民工和城市职工一样,享有平等的选举权与被选举权,享有参与社会政治和管理国家事务的权利等,可在现实生活中,他们的这些政治权利却往往在务工地域得不到实质的落实。同时,参政渠道也不畅通。由于我国公民政治权利的行使必须按照户籍登记来进行,对于不具备城市户口的农民工来说,这一权利根本不可能在居住地行使,结果农民工这一弱势群体因没有表达呼声的机制和渠道,故而被排斥在城市的政治生活之外。二是经济权利缺失。一些城市为了提高本地居民的就业率,对农民工普遍实行总量控制,并且实行先城后乡的政策,设置种种职业、工种的限制，甚至有些城市政府下发红头文件，要求一些部门清退农民工，为本地下岗失业人员腾出位置，搞所谓的"腾笼换鸟"把戏，最终导致农民工在城里难以找到理想的工作，有些人不得不以乞讨为生。农民工的劳动时间都很长，他们中绝大多数人的工作时间超过国家的法定时间，极少有固定休息日，超时疲劳工作现象严重，身心受到极大的摧残。由于户籍制度的限制，农民工被排斥在城市社会保障之外，在生活条件、就业、医疗等诸多方面都随时受到威胁。例如，城市职工下岗可以享受低保，取得政府再就业的支持，而农民工却完全处于无助的状态。三是享受不到文化教育的权利。农民工自身的教育：农民工普遍文化水平较低，缺乏技术能力，在城市中处于很不利的地位，城市中的培训计划也将他们排除在外。农民工子女的教育：许多城市的中小学并不接受农民工子女，即使接受，也要交纳许多费用，如择校费、借读费等高额费用，而农民工收入微薄，进城后开支项目多、数额大，因此交不起这高额的费用，许多人只好放弃他们的子女接受教育的权利。四是农民工的心理问题突出。农民工是城市中的"边缘人""候鸟"，这些称呼反映了城市中农民工的矛盾心理。他们满怀希望来到城市，努力工作，为其所在城市做出了巨大贡献，自己却受到排斥与歧视，难以融入城市之中，许多人又不愿再返回家乡务农，从而处于两难境地，成了"边缘阶层"。同时，他们的心理也出现了"边缘心态"，即在城市和农村都找不到自己的位置，大多数农民工不同程度地感受到心理压力和不适。长期和过度的心理压抑，不仅会使农民工患上精神类疾病，有时还会导致农民工进行一些过激行为或犯罪行为。

1971年，美国当代著名学者约翰·罗尔斯发表了震惊西方学术界的力作——《正义论》，罗尔斯在书中提出了正义的两个原则："第一个原则：每个人对与所有人所拥有的最广泛平等的基本自由体系相容的类似自由体系都应有一种平等的权利。第二个原则：社会和经济的不平等应当这样安排，使它们在与正义的储存原则一致的情况下，适合于最少受惠者的最大利益；并且依系于在机会公平平等的条件下职务和地位向所有人开放。"罗尔斯认为自由相应于第一个原则，博爱相应于第二原则。这是因为第一个原则强调一种平等的自由：每个人对与所有人所拥有的最广泛的基本自由体系相容的类似自由体系都应有一种平等的权利;第二个原则强调一种补偿和博爱:社会和经济的不平等应这样安排,使它们被合理地期望适合于每个人的利益,并且依系于地位和职务向所有人开放。总之,罗尔斯正义原则的一个基本观念就是:"所有社会价值——自由和机会、收入和财富以及自尊的各种基础——都应该平等地加以分配,除非对其中一些或所有这些基本善的不平等分配合乎每个人的利益。"①

基于这种正义理念,在农民工问题上,政府要主动承担起责任。第一,政府要通过舆论、大众传播媒体等手段,树立正确的"公民"观念、"权利平等"理念,改变一些城市市民对农民工的偏见和歧视。同时,农民工自身也要树立自强自立意识,积极主动地通过各种方式提高自己的知识水平和就业能力,适应社会的发展,通过自身的奋斗改变自己的生存环境。第二,政府要制定法律法规保障农民工权益。国家应该进一步完善各项法律,为农民工的生活和工作提供一个更有保障的环境,为农民工提供更多的救助,维持社会的稳定。另外,要改革户籍制度以适应时代要求。城乡二元户籍制度是我国在特定时期为了从农村获取更多的农业剩余而采取的一项临时政策。随着我国改革开放的深入,这种户籍制度已经严重地制约了我国经济的发展,因此,消除二元户籍制度,促进劳动力在城乡的合理流动,将有利于农村富余劳动力向城镇转移,加快我国的工业化和城镇化进程。

农民工问题十分复杂,需要社会各方面的关心。这种关心已经不仅仅是同情,更重要的是从制度设计上下功夫、见成效。

是为序!

2008.11.7

---

① 〔美〕约翰·罗尔斯:《正义论》,何怀宏等译,中国社会科学出版社,1988,第58页。

《农村社会学新论》序言

我的知识兴趣是伦理学。早些年读过费孝通先生的《乡土中国》一书，这对我后来分析中国伦理关系的特性以及为什么会形成中国的"人情主义伦理"、为什么中国社会会形成强大的"自我主义"甚有助益，从此我也开始懂得社会学的重要性，并且悟出在中国研究社会学始终要以乡村社会为重点，只因不是从事这个专业，也就没有更多的机会关注社会学研究状况。我院优秀的学者谷中原博士告诉我，他写了一本农村社会学方面的教材，出于对社会学的那一点点机缘和初识，我异常兴奋，想先读为快，正赶上该书要出版，通读全书，感慨几句，说点外行话，仅为"无知者无畏"吧。

农村社会学是学者用社会学理论和方法研究农村社会而形成的一门应用社会学。这门学科在当代中国具有特别的研究价值。第一，直至今天，农村人口还占世界的大多数，世界多数国家还处于农业社会，大量的农村社会问题需要学者进行研究，需要学者在研究基础上为政府部门提出治理建议。第二，农业是母体产业，永远都是朝阳产业，农村社会也是人类社会的胞衣，一直孕育着、支撑着工业和城市的发展。农村社会运行和发展直接关系到工业和城市社会的发展状况。第三，中国正处于农业社会全面向工业社会转型的过程中，农村剩余劳动力的转移问题、农民增收问题、农村建设问题、工业反哺农业问题、城乡一体化问题等各种农村发展和城乡关系问题，都显得非常突出。第四，农村居民比较分散，农村社会的组织化程度比较低，正式社会制度对他们的影响比较小，需要对农村社会管理问题进行深度研究，才能找到农村社会善治方法。谷中原同志的这本著作是他多年从事农村社会学教学和科研的结晶，对农村社会进行了深度研究，值得肯定。

该著作以农村社会是农村社会主体在客观基础上通过各种社会实践来推动的人为世界为逻辑线索，较系统地研究了农村社会特性、农村赖以存在和发展的客观基础、农村社区、农村社会主体、农民行为、农村社会问题的防治、农村社会发展、农村社会建设等关乎农村社会科学发展的基本问题。该著作具有如下特点。第一，系统性较强。整个内容逻辑线索比较清晰，以促进农村社会科学发展为视角，在实践研究范式下，全面阐述了农村社会发展方面的基本内容，而且关照了每个章节的内在联系，能给读者留下一个整体印象。第二，理论性较强。尽量做到感性与理性的统一，每章不仅介绍了相关研究成果，而且对实证材料进行了适当的总结概括，用理论观点统摄了感性素材，有助于引导读者对论述的农村问题进行理论思考。第三，实践性较强。正如作者在前言强调的，农村社会学的教科书不仅要教会学生认识农村社会，更重要的是培养学生建设农村社会的实践精神，启发学生思考如何才能将农村社会建设得更美好。作者立足农村社会运行和发展条件，介绍各种农村社会主体及其社会行为，提出防止农村社会问题出现的措施，从普适性高度介绍农村社会发展的原则、模式、动力因素，总结和阐述了农村社会建设的基本经验。这种范式的研究成果有助于增强科学研究的实践性，在很大程度上克服了理论脱离现实的弊端。第四，具有创新性。该著作以实践研究范式为手段，以促进农村发展为轴心，选择了不同于以往农村社会学教科书的内容，结合收集的各种文献和自身开展的相关理论研究，阐述了农村社会学的基本知识和理论观点，内容比较新颖，是农村社会学理论体系的新探索。

农村社会学是一门非常有应用前景的学科，希望谷中原博士及其团队在这个领域继续深入研究，超越前人，形成特色，真正为中国社会学的本土化做出贡献。

是为序！

2009.9.16

《企业家行为：一种伦理规范分析》序

在我国，随着市场经济体制的完善和政治体制改革的深入，市民社会正在形成。中国市民社会的主体是以创造物质财富为主的企业家阶层和以创造精神财富为主的知识分子阶层。但在一段时间内，中国企业家"短命现象"相当严重，即"能人"变"罪人"的现象相当普遍，由此引发了学术界关于企业家成长环境问题的探讨。由于政府对企业有过多干预，以政治行政的管理模式来管理企业家，甚至给企业家以行政级别，经济行为带上了政治的框框。可见，中国企业家的"短命"与制度设计的不合理有密切关系，对企业家的成长问题进行研究在中国有特别的意义。

企业家行为的复杂性、不确定性和通常意义上的不可实证性又导致这一课题的研究难度很大。在经济学的语境中，经济学家会认为企业家行为是一种纯粹自利或追求利润最大化的经济行为；而在伦理学的研究语境中，企业家行为就可能是一种富有道德意涵、能够做出价值判断的道德行为；而在政治学家看来，企业家行为很有可能是关涉政治稳定和社会发展的政治行为。总之，不同的学科研究，有可能采取不同的研究方法，赋予其不同的研究意义。

从伦理学层面对企业家行为进行定向研究的著作并不多见。因为通常人们认为企业家行为是一种纯粹的经济行为，是经济学研究的理论课题，在研究的过程中，应该坚持价值中立或者价值无涉，不需要伦理学这种空洞的说教。我们不能说这种观点没有道理，但是有道理并不见得就正确。在一个高速发展、日新月异的现代社会，确实需要有创造性的理论探索和应用研究。如果仅仅停留于过去有限的几个学科领域，很难说有多大的理论创新。而理论创新需要研究方法和研究思路上的创新。其实，人们对伦理学常常存有误解。这不能怪那些存有误解的人，而只能怪伦理学自身。

伦理与事理

在以亚里士多德为代表的古典时代，伦理学、经济学和政治学就是同宗共源的。在亚里士多德看来，伦理学是关于生活美德的智慧；经济学是关于实现生活美德或人生完善之目的的技术的知识；而政治学则是关于人们如何形成良好美德，过上幸福优裕生活的知识。这一研究的优秀文化传统被斯密、罗尔斯等著名学者继承与发展。由此，我们就可以很清楚地了解到经济学研究的问题也许就是伦理学和政治学应该关注的问题。谁能说企业家或者说企业家行为就与伦理和政治无关呢？特别是在我们国家的现实条件下，经济学的问题似乎更加蕴含有道德和政治的意义。况且，伦理学本身所内含的对生活的批判与建构功能，可以使我们更清楚地认识经济问题的实质。对企业家行为进行伦理定向研究，强调的正是这种批判与建设性的意义，而不是简单地为批评而批评，为评价而评价。不可否认，随着现代经济学的发展，伦理学方法的重要性越来越被人们淡化了，伦理学所内含的批判功能也正在"丧失"。例如，被称为实证经济学的方法论就不仅在理论分析中回避规范分析，而且还忽视了人类复杂多样的伦理考量，他们没有考虑到人类的这些伦理考量其实是能够影响人类自身的行为的。因此，这本著作的研究恰恰就弥补了经济学研究的不足，应该说是拓宽了关于企业家行为的研究领域，为我们了解企业家，规范企业家行为提供了一个崭新的研究视域。

著作从企业家这一经济行为主体入手，通过对经济学语境与经济学之外语境中的企业家这一行为主体的比较研究，深入细致地分析了"企业家"这一争论了数百年至今仍充满歧见和困惑的理论问题。经济、政治、宗教、历史传统乃至地理环境等多重因素的差异，必然导致不同的经济学家和其他学者或同一时代的不同社会的学者对"企业家"概念存在不同的理解。而企业家个体也可能由于不同的个人经历、人格特征、社会地位、家世背景乃至年龄等方面的差异而表现各异，个人价值观的不同同样深深地影响着他们作为企业家的行为。要给企业家做一个抽象的富有普遍意义的定义是很难的，本书的作者清楚地认识到了这一点，他们试图融合各种理论，提出自己的见解。这种创新与勇气应该予以充分的肯定。

企业家行为既是企业家个体心理活动的结果，又是企业家心理在经营管理过程中的外在表现。企业家的动机、价值观、性格、态度等企业家行为的道德心理学基础,是影响企业家行为的深层道德心理因素,作者对此进行了深入而极有意义的理论探讨。我反对那种过分注重心理因素的唯心理论或心理主义的研究,但是,我认为,对企业家行为做心理学特别是道德心理学方面的分析是有创造性的研究,因为企业家行为毕竟基于一个深刻的道德心理学事实,而这正是我们很多学者在研究中未予以足够重视的。作者通过分析关于企业家行为的"经济人"假设、"道德人"假设和"政治人"假设等三个假设,提出企业家是一个"经济人"、"道德人"与"政治人"相融合的完整的统一体,并认为企业家的动机是由趋利动机、求善动机和寻权动机等组成的动机体系的观点,对于解释企业家以及企业家行为都有创新意义,也能够合理地解释某些现实中令人困惑的问题。值得注意的是,作者对我国企业家政治心态的道德心理分析,对企业家与官员的错位现象做出了合理的解释,有理有据,令人信服。著作结合现实,对企业家行为选择的道德意义以及企业家行为的道德责任也做了探讨。特别是对企业家的所谓"原罪"问题提出了自己的见解,为我们深入研究企业家的责任问题提供了另一种视角。

著作结合个体主义和整体主义的方法论,认为企业家行为与社会变迁之间存在一种互动关系。一方面,企业家行为要依从经济理性;另一方面,制度与意识形态以及文化伦理对企业家行为的影响又极其深刻。这样,企业家既要突破制度的羁绊,又要服从于制度,因为企业家不能选择制度,而只能在制度的限度内行动。当然,制度等社会环境因素也需要企业家作为行为主体的内化和契合。作者认为,我国处于社会转型期,规范企业家行为几乎是不可能的。这一结论似乎过于悲观。从著作来看,作者想调和个体主义和整体主义的研究路径,但是还是明显地表现出个体主义的方法论特征,对于整体主义方法论的把握略显不足,二者结合得不够紧密,有些观点也值得商榷。

我和两位作者亦师亦友,他们都曾经做过我的学生,他们当年分别将企业伦理和经济伦理作为他们硕士学位论文的研究选题,且获得了湖南省优秀硕士学位论文的荣誉。我们对于一些共同的问题有过交流和探讨,对于他们的学业我是满意的。作为同事,我们共事多年,也曾就一些现实问题争论过,而且他们也曾在中南大学开过企业伦理与经济伦理方面的课程。因此，对于他们合作的这一成果，我表示衷心的祝贺。期待着他们取得更大的成绩，百尺竿头，更进一步。

是为序。

2004.6.28

《伦理学与公共事务》简介

随着知识生产方式的变化和从事知识生产的人的数量的增多，知识生产总量也在增长，自然就会出现学术的繁荣（无论是真实的还是虚假的），而知识的创新与增长总是以其公共性的呈现为条件的（即公开发表与出版）。然而我国的出版体制又有非常严格的限制，特别是期刊申请难上加难，于是乎就出现了"以书代刊"这样一种"另类"期刊，大有"红杏出墙"之意味。这种出版物是合法的，因为它有国家的正式出版号，并且也是连续出版物，形式上像期刊；它又是特别的，因为它用的不是期刊号。这种"另类"期刊有如下特点：一是主办方多为大学的学院（系）、研究中心（所）或某个重点学科；二是领域非常集中，问题意识突出，特色鲜明；三是时间不限（有的一年一期，有的一年两期，还有的一年四期）；四是基本上限于圈内人或业内人交流，不是这个领域的人，鲜有知晓；五是基本上用来交流，很少有大量发行的；六是文章质量相对于一些"正规军"期刊略高，因为它没有字数限制，基本上是组稿和约稿。尽管这种"另类"期刊是被逼出来的，但它对中国的学术交流和学术发展所做出的贡献是巨大的，在当代中国学术发展史（期刊史）上应当记上一笔。

我从事的是伦理学研究，又兼做政治哲学和公共管理，做一本具有问题意识和国际学术视野，追求学术的纯粹性，同时达到较高学术水准的伦理学专业学术刊物是我的夙愿。几经艰难，想走"正规军"之路而终未能如愿，只好办出了"另类"的"以书代刊"：《伦理学与公共事务》。众所周知，《伦理（学）与国际事务》（*ethics and international affairs*）和《哲学与公共事务》（*philosophy and public affairs*）这两种重要的期刊在国际学术界有良好的声誉和重要的影响，前者重视将伦理学理论应用到国际事务、国际关系和国际政治等领域，后者则强调哲学与公共生活、公共事务、公共问题的结合。我们希望自己的刊物能学习和借鉴二者的长处，故名之为《伦理学与公共事务》（ethics and public affairs）。刊物创刊于 2007 年，由最初的每年 1 卷到现在的每年 2 卷，逐渐得到了学术界的认可，并产生了较大的学术影响，这是我倍感高兴和欣慰之事。

《伦理学与公共事务》与时代共呼吸，注重稿件的原创性、前沿性和动态性，关注当代中国政治、伦理、公共事务等各个领域的重大理论、重大事件及重大命题，以实际问题的研究为自己的学术追求，以建设性地解决问题为自己的学术标准；侧重具有国家及世界意义的公共事务问题研究，侧重事关中国国家利益的国际问题研究，侧重影响现实及未来发展的历史研究；力图反映当代中国伦理学与公共事务领域具有一流水准的研究成果。《伦理学与公共事务》追求严肃、深刻的办刊风格，追求明快、清新的写作文风，坚持客观公正的学术立场。稿件采取专家匿名外审制度，取舍稿件重在学术水平，力求具有真知灼见，不受篇幅限制，既欢迎重大选题，也欢迎精粹的短篇。

本刊由国内外 40 余名知名学者组成了强大的学术委员会。杜维明教授和曾钊新教授担任学术委员会顾问，万俊人教授担任学术委员会主任。美国哈佛大学的 Thomas Scanlon 教授、哥伦比亚大学的 Thomas Poggie 教授、普林斯顿大学的 Stephen Macedo 教授，加拿大麦吉尔大学的 Will Kymlica 教授和清华大学的 Daniel Bell 教授担任外籍学术委员，保证了刊物刊发稿件的前沿性和学术水准。

《伦理学与公共事务》得到了伦理学界知名学者的支持。我们广泛联系国内外的知名学者，把我们办刊的宗旨和理念和盘托出，竟然得到了广大同人的支持，大家纷纷惠赐稿件，这样保证了刊物的学术水准。每一卷我们都会发表 2～3 篇国外名家的稿件和 2～3 篇国内名家的稿件。例如，第 1 卷我们刊发了史蒂芬·马西度的《移民与社会正义》、约翰·奥尼尔的《内在价值的多重含义》和丹尼尔·贝尔的《西方大学通识型教育与中国儒家式教育之比较——一场关于东亚人文教育的（虚拟）辩论》，也刊发了黄万盛的《大同理想：时代的使命和责任》、高兆明的《黑格尔国家哲学思想的现代解读》；第 2 卷我们刊发了日本著名学者井上达夫的《全球化的矛盾：对政治理论的一种跨文化挑战》、香港学者陈祖为的《儒家思想是否具有社会正义观》、台湾学者江宜桦的《"四书"中的政治观念》，也刊发了任剑涛的《公共管理如何可能——作为一个"中国问题"的审视》、宋惠昌的《民主、法治与社会主义的命运——读索尔仁尼琴〈古拉格群岛〉札记》、樊浩的《"道德世界"的和谐》；第3卷我们刊发了约瑟夫·拉兹的《政治中的自由：在自主性与传统之间》、约翰·斯科诺佩斯基的《正义、义务和善》、斯科特·西文斯顿的《美国视角下的未来美中关系》、肖恩·麦卡尼尔的《美德伦理学的一种亚里士多德式的解释：论道德分类学》，也刊发了东方朔的《"无君子则天地不理"——荀子"心与道"的关系片论》；第4卷我们刊发了诺曼·杰拉斯的《将马克思带向正义：补疑和反驳》、德瑞克·艾伦的《马克思恩格斯论资本主义的分配的正义》、安德鲁·莱文的《迈向马克思的正义理论》，同时刊发了朱贻庭的《"和"作为一种制度伦理的解读》、王中江的《〈穷达以时〉与孔子的境遇观和道德自主论》、陈谷嘉的《元代理学伦理思想体系构成的基本问题及其特征简论》、余治平的《孔子恕道的哲学辨证》、韩东屏的《从"实然"能否推出"应然"？》、江畅的《德性与幸福关系再思考》等文章。有了名家的支持，刊物一开始就有很高的起点，也为我们的进一步发展打下了坚实的基础。

《伦理学与公共事务》重视学术新人的文章。我们每一卷都会刊发一定比例的青年学者的稿件。例如，第1卷刊发了唐文明的《宽恕的困难》和左高山的《论"敌人"》，第2卷刊发了李义天的《美德伦理学会陷入相对主义吗？》和张彭松的《乌托邦观念及其批判性重建》，第3卷刊发了胡祎赟的《麦金泰尔德性方案的现代性限度》和李欢的《论流亡者及其命运》，第4卷刊发了丁瑞莲的《中国金融市场个体道德状况的经验分析》和张永义的《积极的世界主义伦理观：联合国与集体安全》。这些文章引起了学术界的广泛关注，也得到了一些学者的回应。

《伦理学与公共事务》重视团结和联系学者。本刊协同中南大学应用伦理学研究中心每月均会就重大现实问题举行 seminar，每年举办一次"伦理学与公共事务"高端论坛。我们相继举办了"社会公平正义与政治文明建设""中国道德文化的传统理念及其现代化""核心价值观的建构与践行""全球化背景下的当代道德建设"等学术研讨会，既加强了与学术界的联系，保证了刊物的稿源，同时也就重大现实问题进行了深入的探讨。

《伦理学与公共事务》与知名出版社有良好的合作。刊物的创刊得到了湖南人民出版社的大力支持，每年免费为我们出版 1 卷，印数由最初的 2000 册扩大到了 3000 册。为了继续扩大刊物的影响，也为了创造更好的发展平台，我们在 2010 年和北京大学出版社进行战略合作，每年出版 2 卷，印数在 3000 册以上。

自创刊以来，国内各大图书馆均收藏有《伦理学与公共事务》。许多文章得到了引用和转载，广大读者均给予了充分的肯定。当然，我们也深深地知道，《伦理学与公共事务》尚处在襁褓之中，期待着广大同人的关注和支持。我们有理由相信：在学术界广大同人的关心和支持下，我们将努力形成自己的学术特色，做一份敢于担当的学术期刊，不负于我们的时代。同时也期待，对于学术界出现的这种"另类"期刊不要另眼相看，而是要平等对待，只要承载的是作为"公器"的学术，那么"另类"也就不成其为"另类"了。

2011.7.28

图书在版编目(CIP)数据

伦理与事理：三思斋时评及其他 / 李建华著. --
北京：社会科学文献出版社，2019.8
ISBN 978-7-5201-5056-9

Ⅰ.①伦… Ⅱ.①李… Ⅲ.①时事评论-中国-文集
②伦理学-中国-文集　Ⅳ.①D609.9-53②B82-53

中国版本图书馆 CIP 数据核字（2019）第 119742 号

伦理与事理
——三思斋时评及其他

著　　者 / 李建华

出 版 人 / 谢寿光
责任编辑 / 周　琼
文稿编辑 / 程丽霞

出　　版 / 社会科学文献出版社·社会政法分社（010）59367156
　　　　　 地址：北京市北三环中路甲 29 号院华龙大厦　邮编：100029
　　　　　 网址：www.ssap.com.cn
发　　行 / 市场营销中心（010）59367081　59367083
印　　装 / 三河市龙林印务有限公司

规　　格 / 开　本：787mm × 1092mm　1/16
　　　　　 印　张：19.5　字　数：306 千字
版　　次 / 2019 年 8 月第 1 版　2019 年 8 月第 1 次印刷
书　　号 / ISBN 978-7-5201-5056-9
定　　价 / 89.00 元

本书如有印装质量问题，请与读者服务中心（010-59367028）联系

版权所有 翻印必究